北京建筑大学
东华大学
广东工业大学
广西艺术学院
广州大学
广州美术学院
湖北美术学院
华东师范大学
华南理工大学
华南农业大学
江南大学
鲁迅美术学院
南京工业大学
南京艺术学院
齐鲁工业大学
清华大学
山东工艺美术学院
上海大学
深圳大学
四川美术学院
天津美术学院
西安美术学院
西南林业大学
浙江师范大学
中国美术学院
中南民族大学
中央美术学院

（按拼音字母排序）

优秀课程实录

EXCELLENT

沈康 主编

COURSE

RECORD

第十一届全国高等美术院校
建筑与环境艺术设计专业教学年会

中国建筑工业出版社

图书在版编目（CIP）数据

第十一届全国高等美术院校建筑与环境艺术设计专业教学年会优秀课程实录 / 沈康主编. -- 北京：中国建筑工业出版社，2014.12

ISBN 978-7-112-17480-5

Ⅰ．①第… Ⅱ．①沈… Ⅲ．①建筑设计－课程设计－高等学校 Ⅳ．①TU206

中国版本图书馆CIP数据核字（2014）第263538号

责任编辑：唐　旭　李东禧　张　华
装帧设计：席珺珺
责任校对：陈晶晶

第十一届全国高等美术院校建筑与环境
艺术设计专业教学年会优秀课程实录
沈康　主编

*

中国建筑工业出版社出版、发行（北京西郊百万庄）
各地新华书店、建筑书店经销
恒美印务（广州）有限公司印刷

*

开本：889×1194毫米　1/20　印张：19$\frac{2}{5}$　插页：3　字数：790千字
2014年12月第一版　2014年12月第一次印刷
定价：98.00元
ISBN 978-7-112-17480-5
（26705）

前言

PREFACE

　　现在呈现在大家面前的是本年度全国各艺术（美术）院校在空间设计学群上所实践的教学思考和探索。不同于国内八大建筑学院为代表的经典建筑学教育，艺术院校的空间设计教学实际上包括了城市与建筑设计、环境设计、景观设计、室内设计等方向、特色各有侧重的艺术设计专业，更多的是在艺术设计的背景下来思考空间设计教育的多样性和可能性。尽管艺术设计学和经典建筑学教育有着学科背景上的差异与错位，我们仍旧可以将"建筑与环境艺术设计"概括为一个关乎"空间"的共通的设计专业范畴，可以寻求建筑与环境艺术设计等相关专业在知识建构方式和思维原则上的共同性话题与命题，交换各自在空间设计教学上的思考、探索与实践。我想这也是全国高等美术院校建筑与环境艺术设计教学年会的初衷与愿景所在。

　　由于以梁思成、杨廷宝为代表的第一代建筑教育家的学术背景大多出自巴黎美术学院传统（20世纪20年代的宾夕法尼亚大学），以及20世纪50年代对苏联建筑学教材和教学大纲的全面引进，全国大部分建筑教育在内核上继承了"布杂"（巴黎美术学院）的教育传统，其理工科的学科归属并不能掩饰内在的教学理念，与我们的美术院校其实乃是同根同源。尽管这一模式在20世纪80年代之后经历了包豪斯设计基础课程的冲击和洗礼，在教学内容和方法上均有所改变和转向，但"布杂"的思想、理念仍然是远未

终结且影响深刻的坚核。比较而言，尽管我国的艺术设计教学最初是从中国香港和日本引进"三大构成"等设计教学经验和成果，但在源头上反而与包豪斯开创的现代设计思想联系更紧密。而伴随着我国当代艺术创作的繁荣与发展，艺术设计背景下的"建筑与环境艺术设计"教学研究和方法探索似乎又显得没有那么包袱沉重，更乐于也更勇于开展各种教学实验，而回顾和审视我们这些尝试和探索，又有着特别的意义和价值。

　　当我们已然将"建筑与环境艺术设计"概括为一个专业教学的领域，那么不妨从学科知识化、系统化的角度来展开一些思考和讨论。福柯通过《词与物》、《临床医学的诞生》、《知识考古学》等一系列经典著作阐述了"知识型"（episteme）的概念，他认为在各知识或学科领域的内部有一些它们所共有的、规定着人们在思维中如何有序地把事物组织起来的基础性原则，即"一组匿名的历史规则"，而在不同历史时期又有着不同的知识建构方式。就空间设计的学科发展而言，如同临床医学的诞生，"建筑与环境艺术设计"等空间设计相关专业的变革与发展本质上在以"空间"为核心的知识上发生了一次次结构性转变和句法重组。

　　从知识建构的角度来说，首先是"观念"在学科知识化、系统化构筑中的关键性作用。文艺复兴时期

的透视学原理促成了美术学院的诞生以及建筑与设计教育的萌芽；而"美的艺术"的观念催生了建筑学教育的巴黎美术学院传统；包豪斯的出现则是立足于20世纪初期的抽象绘画艺术和格式塔等视觉心理学的发展，并因此成为现代设计教育的起点。在这个意义上，关于"空间"的观念性思考和探索是支撑起空间教学内容与形式的关键。这些观念性思考涉及我们生活的诸多变化，如人与空间的互动关系、空间视觉的扁平化、时间与空间的关系、空间的互联网思维、空间的社会生产等话题。观念的开放性、多样性、实验性将是我们教学探索实践的关键。

具体到教学方法上，观念又与工具的使用直接相关。在这个时代，计算机技术和互联网是无可回避的大趋势和大背景，我们需要特别关注的是"工具"在空间设计知识系统中的状态、作用和角色。从AUTOCAD 到 RHINO，计算机辅助设计的技术层出不穷，不仅仅是设计工具本身的便利与快速，其对设计思维的影响也是显而易见的，诸如参数化设计的热度就是证明；不仅是操作性工具，"图纸"和"绘图"这些空间设计最为基本的思维工具也在发生重要的变革与转向。长期以来，绘画都在设计基础训练中扮演着十分重要的角色。文艺复兴时期，透视学的发展奠定了"绘图"作为设计工具的作用与意义，并在此基础上建构和完善着以"布杂"为代表的建筑教育体系；而现代主义对"再现"的颠覆，转向"图底关系"的视觉认知与思维则表现为包豪斯的核心知识观念。在当代，图解进一步发展为一种新的设计思维和设计方法，代表了空间学科知识的重新配置。伯纳德·屈米 1981 年发表的《曼哈顿抄本》就与大多数的建筑图不同，它们既不是真实的方案，也不仅仅是想象，而是以图解的方式提出建议、并转录一个现实的建筑阐释。埃森曼则发展了以图解为基础的设计方法，他从建筑知识的角度研究了绘图（Drawing）向图解（Diagram）的发展，他指出了绘图在当下的困境和局限，以及图解如何成为"设计思想的种子"。

课程教学的进程组织也总是表现为对专业知识系统和结构改变的回应，包括教学进程的设置以及作业要求的制定。包豪斯的基础教学就曾借鉴了福禄贝尔（Froebel）等儿童成长和学习的方法与经验，使得设计训练变得更具有启发性和操作性。我们注意到本次结集的优秀课程实录中在这些方面有着非常可贵的探索，特别注意了教学过程的组织与考核评价的细节。

当然，问题和方向都是多元和多向度的，在此不可能一概而论，我们或许可以提出以下问题以引起更广泛的关注和思考：

以素描和色彩为主的美术训练是否还是专业基础训练中不可或缺的学习内容？如何将当代艺术中关于绘画的观念性变革引入绘图在空间设计专业训练？

设计教学是以空间类型的训练来组织还是以解决问题为导向的模式？

设计成果除了图纸和模型，是否还有其他的形式和可能？

设计教学如何开展对社会更具建设性和批判性的研究和思考？

……

这些问题都将成为专业教学方法思考研究的重要线索。空间设计教育最为聚焦的关注仍然是：设计师是如何被训练出来，以运用所掌握的技巧完成各类人们生活空间的设计。我们不难发现，不同历史时期的思想观念、教学理念、教学空间以及工具使用不仅深刻影响了那一时期空间设计知识（建筑学）的构成，也进一步深刻影响了那一时期的建筑师、设计师们，当然也毋庸置疑地影响了那一时期的建筑与城市。因此，空间设计教育无法回避其责任和使命，我们需要更大的勇气、更开阔的视野和更深入的思考以面向未来。

广州美术学院建筑艺术设计学院　院长　沈康

2014 年 11 月

目 录
CONTENTS

BASIC TEACHING
基础教学

PROFESSIONAL TEACHING
专业教学

GRADUATION DESIGN
毕业设计

基础教学

BASIC
TEACHING

课程名称：

设计初步

空间设计训练：形式结构凭借——四界

主讲教师：李沙、张羽

李沙：男，学士学位，北京建筑大学，教授。
张羽：女，博士学位，北京建筑大学，讲师。

一、课程大纲

空间设计训练： 形式结构凭借——四界

（一）教学目标

以具体的空间形式作为设计的结构性凭借，培养结构意识，培养对结构进行利用、破解、控制的能力。学习建筑与"结构凭借"之间种种关系的可能性组合，体会设计操作的逻辑性。

学习并实践"建筑的动作"：

1. 空间之间的关系——穿越、贴附、悬挂、夹间、骑跨、镶嵌、粘连、并置、凭借、对位……

2. 观的动作产生的空间关系：窥探、凭望、透漏、闪差、仰止……（实践第一学期学到的"观"的动作）

学习空间的定义：深度、浅表、层次、时间、体验……

培养设计的分析能力和表述能力。 学习对空间形式——行为——事件的关联认识。学习并体会设计形式结构与建筑力学结构之间的关系。

（二）设计内容

以给定的 4 个界面（墙垣体系）：围、半、层、回作为形式与结构的凭借，进行建筑空间设计，并完成相应的叙事铺垫。

建筑空间设计需满足：可居、可游、可观的要求。建筑空间设计需要与叙事关联。"建筑的动作"在设计中必须要有一定的体现与落实。

建筑空间设计需满足：可居、可游、可观的要求。建筑空间设计需要与叙事关联。"建筑的动作"在设计中必须要有一定的体现与落实。

1.围

一个围合的内向性的空间形式，空间有双重性，体现在中心与边缘的一对关系：分为内围和外围。内围置于当中，建立了对空间基本的辨识，当然这取决于对图形的不同解读：

或为内围所构筑的回寰的空间；

或为重重构筑的几进院落；

或为两墙之间的经营，而其余皆为外。

2.半

半，剖分之意。

一个十字形的墙就是一个物质的坐标，他分解出方向、位置、朝面（阴阳向背），建立了基本参照体系，十字的剖分，对行为活动作为一定的形式分区，建立了看似均质但却拥有微妙的差异，简单之中蕴涵了很多重关系：中心与边缘、角落与空场、壁上与墙下、墙左与墙右、形式与结构……

3.回

此图形表示的既是"回"字的形式又是进入的动作。

成为一个结构凭借的同时，它又建立了一个行为的过程和方式，如峰回，如路转，具备一个明确的指向性，暗含了起点与终点、中心与边缘，时间……

当然，它在可能的条件下可以被破解或者被反向阅读或多向阅读。

4.层

层字与層字是相互并存的两个字。

可以认为它们表示度量空间的载体不同：一个是"云"，就是墙垣。一个是"曾"，就是时间，它属于经验。他们在相互解释：云层般的墙垣建立了对时间感的落实，而空间其实是时间累积的经验。

它要我们穿越它，反复地。

（三）条件与要求

1.尊重并有效利用原墙垣体系

（1）解读分析原墙垣体系包含的空间关系和形式意义。

（2）在以上工作的基础之上，允许对墙垣体系进行有目的、有意义的、适度的修改和破解（高度的变化、厚度的理解与定义、洞口的开设、透明度等），以利于设计的展开与推进，以及生活的进驻。

（3）对"设计模型"进行观察研究

打光、布置单纯背景、多视点、多角度数码拍摄。

体会明暗、深度、透视、体积、视穿、氛围、光影等关系在时间下的变化。

原墙垣体系尺寸范围：12m×12m（墙垣高度12m、8m两种基本高度），须严格遵守。墙垣厚度有0.4m（仅作墙体）和1.2m（内部必须有活动）的选择，以体现其作为结构的意义。

2.部分设计条件与内容的具体要求

（1）设计严格按照12m×12m×12(8)m的尺寸规定，不得超越。

（2）设计中墙体的位置设定：必须按照给定的图形和尺寸（总尺寸为12m，分尺寸均为4m）作为基准线进行控制，不得随意扭转与移动，其中"围"、"回"、"层"最外围墙体只得沿基准线向内侧设置，中间墙体可沿基准线中央或两侧设置；"半"按图形只设定横纵两道墙体，相互交叉，墙体可沿基准线中央或两侧布置。

（3）墙体的尺寸是按照一片片整墙（以无方向变化为原则）进行高度（12m或8m）与厚度（1.2m或0.4m）的设定。选择1.2m的墙体空间进行设计时，可自由地进行活动组织，墙体厚度最少可为0.15m。

（4）根据设计训练要求，突出"凭借"的设计主旨，要求所有附加物的设计要考虑不得有其他与地面直接连接的结构支撑（楼梯、坡道等垂直交通空间除外），所有依托均靠选定的墙垣体系完成。

（5）根据给定图形的位置，规定上为"北"。

3.重视参考文献的解读与思考。

4.重视过程性成果的提交以及分析评价。

二、课程阐述

《设计初步》系列课程强调理论教学与实践教学并重，重视在教学中培养学生的实践能力和创新能力。

课程在原有优势的基础上，结合生源的现状，改变以往课程内容中单纯的二维表达技巧的训练带来的"学与用"相脱节的状况，建立以培养学生空间想象力与创造力为目的，以解读与解析具有中国特色的空间语汇与中西方经典建筑空间为主要内容，表达训练(模型+图示)和相关理论知识点有效穿插与组织于其间的课程体系，使课程结构主次分明，主辅线训练相结合，课题内容环环相扣。

教学中，突出强调设计思维过程中三维模型与二维图示表达的密切关系，强调空间创造与尺度的关系，使学生在专业学习之初就建立"空间"与"尺度"的概念，建立良好的设计思维方法。

三、课程作业

模型＋图纸

（一）模型：研究模型＋表达模型

无需在设计高度上外加地板，地板厚度含在设计高度中。

1. 研究模型：比例为 1：50 或 1：100，材料不限，应采用两种不同材料以反映"界"与"建筑动作"的关系；

2. 表达模型：比例 1：25（480mm×480mm），模型材料使用：两种不同材质或色调，一种表达"界"，一种表达"设计新增部分"。具体材料结合《模型工艺》课程的要求再定。

（二）图纸

（1）设计过程草图（研究阶段）；

（2）成果图（最终表达阶段）。

（三）图幅

正式图纸图幅绘，图纸 A1，2~3 张。

（四）内容

标题，设计说明，各层平面图（含屋顶平面图）、立面图、剖面图、轴测图、叙事表现图、模型照片。

（五）构图

构图须严格按照范图构图方式布置。

（六）学生作业

1. 漂浮空间——四界"半"

借助分解图能够更好地观察四界的交通流线和体块穿插，漂浮空间的主要交通流线藏在界的墙垣体系中，在分解图中可以清楚地表现。

1：25 方案模型

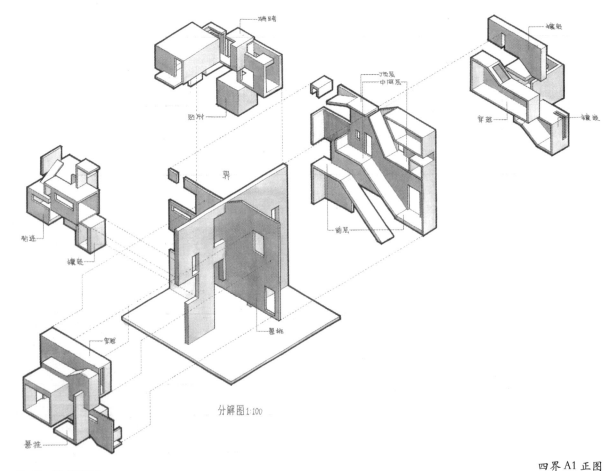

分解图 1:100

四界 A1 正图

方案分解图

设计说明：

漂浮空间，旨在依照环形贯通的动作流线，模拟云朵轻盈的体量感，把建筑基本的几何体块组合出可居、可观、可游的形式，使人身在其中的时候有穿梭于流云之中的感官体验，在界内外有意破除了与地面的稳定关系，在界内设置多层的楼梯，把界作为连接各体块的主要通道。

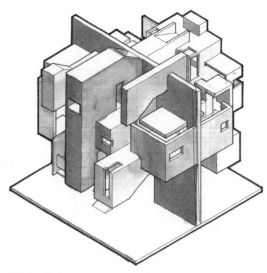

正图局部 轴测图

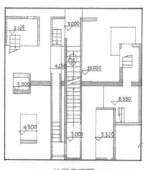

首层平面图1:100

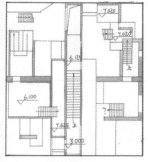

中间层平面图1:100

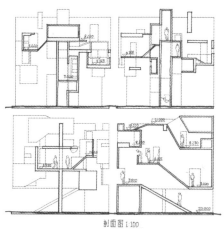

剖面图

剖面图1:100

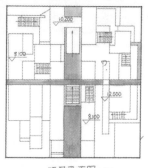

顶层平面图1:100

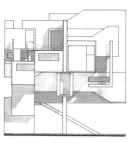

模型照片

平面图

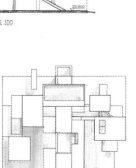

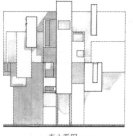

东立面图1:100

北立面图1:100

西立面图1:100

南立面图1:100

立面图

013

2. 记忆的雕塑 ——四界"半"

空间是时间积累的累计，是放映记忆的雕塑，我尝试在脑海中寻找被遗忘的地方，构筑出故事的叙述者，让旧的记忆获得重生，它可以是城市、森林；可以井然有序，可以杂乱无章；可以诗人漫步、停留、呐喊、沉默。

模型照片

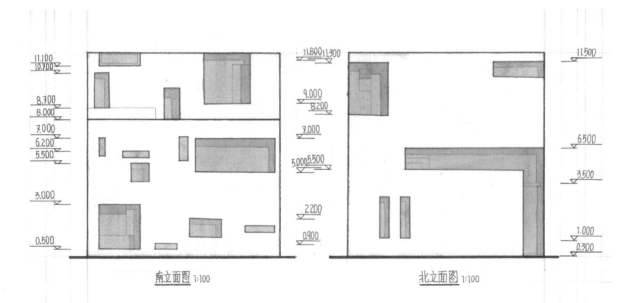

轴测图 1:100

轴测图

南立面图 1:100　　　北立面图 1:100

立面图

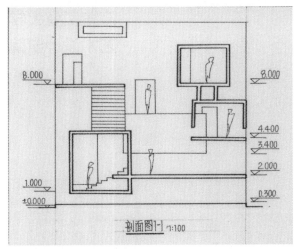

有参照人物的剖面图 视角一

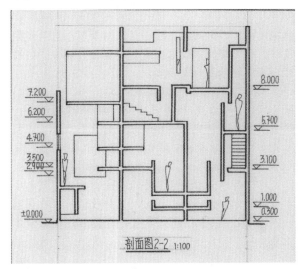

有参照人物的剖面图 视角二

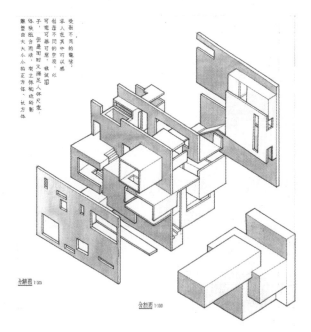

受到不同的敲梁。
半人在其中可以感
创造不同的空间，以
可蜷可蹲可卧可居，
子。但是同时又满足人体尺度
体块组合而成。有立体构成的影
雕塑由大大小小的正方体、块方体

分解图 1:100

轴测展开图

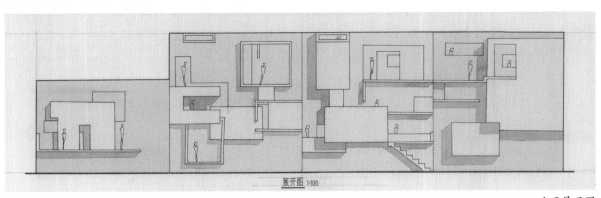

立面展开图

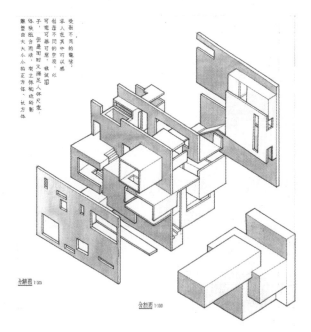

基础教学 ／ 专业教学 ／ 毕业设计

015

课程名称：

环境设计与建筑速写

广东工业大学
艺术设计学院

主讲教师：黄华明、胡林辉、徐茵、徐奇明、任光培、刘怿

黄华明：艺术设计学院副院长、教授、硕士研究生导师。1988 年毕业于广州美术学院，获学士学位。主持完成 7 项省部级纵向课题，30 多项横向设计实践项目；在国内外公开发表学术论文 60 余篇；十多幅作品入选省部级展览；出版专著及教材 5 部。

胡林辉：环境设计系副主任、讲师，广东省高等学校"千百十工程"第七批校级培养对象，清华大学美术学院国内访问学者，广东省美术家协会会员。2008 年毕业于苏州大学艺术学院，获硕士学位。在《装饰》、《美术观察》、《西北美术》等国内外公开发表学术论文 10 余篇，编写教材 5 部，作品入选包括"第十二届全国美术作品展"在内的省部级展览 20 余次，获奖 10 余次。

徐茵：环境设计系副主任、讲师，2005 年毕业于广州美术学院，获硕士学位。曾参与广西南宁大自然花园小区、新兴苑花园小区及翡翠园小区的规划设计；四川绵阳市酒店建筑设计等设计项目。国内外公开发表学术论文多篇。

徐奇明：讲师。1995 年毕业于华南师范大学，获学士学位。主持完成多项市级课题，获"广东省技术能手"荣誉称号，在国内公开发表学术论文多篇。

任光培：讲师，中南大学在读硕士，中国建筑学会室内设计分会会员，广州方所装饰设计有限公司创始人，主持横向项目 30 多项，在国内外发表学术论文 5 篇。

刘怿：讲师，2007 年毕业于广州美术学院，获硕士学位。曾参与《现代景观建筑设计》等教材的编写。关注地域主义建筑空间方向研究，发表《潮汕传统民居的生态地域性简析》等多篇论文。

一、课程大纲

广东工业大学艺术设计学院环境设计专业的《环境设计与建筑速写》为专业基础课程，共两周（32学时），分为两部分：1.理论学习部分；2.外出写生实训部分。主要内容包括：建筑速写与设计的关系、透视规律、观察与表现形式、室内空间设计的表现、建筑外观设计的表现、景观表现、实地测绘等。

（一）写生目的

本次实习是针对环境设计专业大一的学生，通过建筑速写的训练，提高学生的造型、设计与表达能力。

（二）写生基本要求

1.写生地点：省内或省外。

2.写生组织：为了加强实习指导工作，参加写生的班级组成写生队，由系主任指定教师担任队长，由教师和班干部组成队委会，全面负责写生队的领导工作。

（三）实习成绩评定

参加写生的学生写生完结束后，须提交完整的符合要求的写生作业及实习报告，并准备接受对实习的考核，根据指导教师的考核结果，最终确定实习成绩，按五级积分制（优、良、中、及格、不及格）评定。

二、课程阐述

通过对建筑及环境的快速描写，可以更好地了解其设计的精髓、形态特点、构造样式、材料色彩等诸方面的知识。速写也是从事建筑与环境艺术设计必需的一项专业技能，通过速写可以有效地培养徒手绘制设计方案的能力。在设计初期的方案研讨交流中，它也是最好的设计传达与沟通的工具。

三、课程作业

（一）作业内容

1.建筑平面图（图文并茂的方式），手绘草图不少于2张。

2.建筑立面图（图文并茂的方式），立面草图不少于4张。

3.建筑局部速写图，不少于6张。

4.建筑整体速写图，不少于8张。

5.完成一份2000字左右的考察报告。

（二）工具准备

针管笔、中性笔、钢笔、铅笔、水彩或水粉颜料、绘图工具、尺子、相机、画纸（A3、8开、4开尺寸）。

（三）成绩评定

《环境设计与建筑速写》成绩按以下标准评定：1.考察态度占20%；2.组织纪律占10%；3.实际制作能力占60%；4.考察报告占10%。

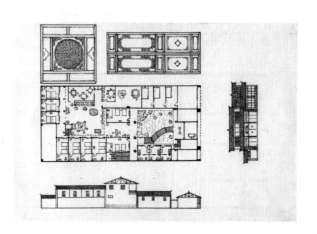

教师评语：能较好地按照老师要求完成作业，空间尺度及比例准确，但是图面表达欠规范。

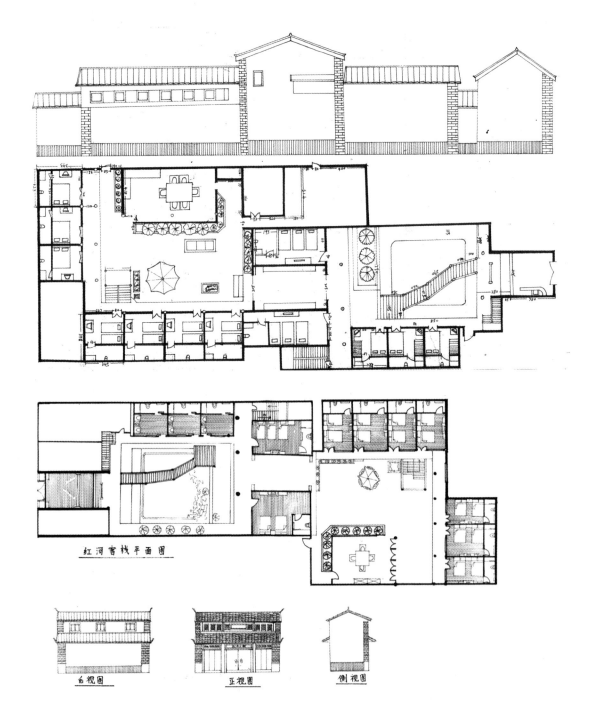

红河客栈平面图

台视图   正视图   侧视图

教师评语：能较好地按照老师要求完成作业，空间尺度及比例准确，但是图面表达欠规范。

教师评语：画面完整，层次较丰富，刻画较深入，但是
笔法上有些拘谨，画面有些生硬。

教师评语：画面主体不够明确，主次不分，面面俱到，注意画面的取舍。

课程名称：

手绘快速表现

广西艺术学院
建筑艺术学院
建筑环境设计系

主讲教师：贾思怡

贾思怡：女，四川成都人，四川美术学院艺术设计学硕士，广西艺术学院讲师、广西高级建筑装饰设计师、中国陈设艺术设计师。长期从事手绘艺术和陈设软装设计方面的教学与研究工作，兼任中国建筑学会室内设计分会会员。所参与设计项目曾获国家部委级嘉奖、跨省区大赛空间设计竞赛等多项大奖，主持并开展多项省级科研课题研究工作。

一、课程大纲

课程学分：共5学分
课程学时：100学时
课程安排：二年级上学期
课程性质：专业必修课

（一）课程开设的意义和教学目的

本课程承接本科一年级通用建筑艺术设计基础课之后，为二年级下学期开始的专业课做技术和思维意识方面的培养准备。

通过本课程的学习，学生对多种手绘工具、设计表达意识和快题表现技法都具备熟练掌握能力和自属个性认知，并能独立完成建筑类、景观类、室内类等空间快题方案设计，为专业学习和工作打下图面表达方向的基础。

（二）课程构建理念

按照建筑环境设计系的教学要求"地域特色鲜明、专业素质全面、创新实践并重"，本课程遵循能力全面、现场载体、赛事检验的指导思想，实现学生学习成果与实际工作要求保持一致性。

1. 能力全面：（1）工具使用能力，重在培养钢笔、水粉、水彩、马克笔和彩铅五种工具的全面使用能力；（2）单张效果图表现和快题方案设计表现的双能力并重培养。

2. 现场载体：在进行了前1周大量临摹作业和讨论后，第2~5周师生深入社会领域去现场感受和学习，例如琅东商务区、民歌湖酒吧区、民族大道沿线广场区和各个特色住宅区等。在第三周带领学生到设计院、设计公司进行为期三天的学习，了解设计团队的合作流程，熟悉设计师在项目现场的表达方式。通过在现场的锻炼，使学生直观社会对手绘、快题表达能力的要求，学生感到"学有所表、学有所长、学有所用"。

3. 赛事检验：以国家级、省级专业赛事为检验学习成果的标准之一，同时为特定赛事为导向实施教学。

（三）课程考核方法和标准

1. 考核方法

020

本课程满分 100 分。课程考核按照"课堂作业 + 动态评价 + 考勤"进行综合评价：课堂作业按照课题 1~4 进行评分，评定成绩以 55 分记。动态评价由两部分组成：（1）作业对外展览时外界评定，以 20 分记；（2）社会考察时外界评定，以 20 分记。考勤以 5 分记。

2.考核标准

（1）能否熟练掌握 1~2 种手绘工具。

（2）能否按课程教学要求，按质、按量、按时完成作业。

（3）能否体现一定的自主学习能力。

二、课程阐述

（一）实施过程

第一周（20 课时）

课程内容：（1）透视、构图、色彩的理论讲授，线条、单体小品的训练；（2）钢笔、水粉、水彩、马克笔、彩铅工具使用方法。

作业形式：（1）作品临摹，3~5 张；（2）单体和小品独立练习，3~5 张。

作业要求：透视和形体准确，绘制精细，多种工具使用基本熟练。

第二周（20 课时）

课程内容：水粉效果图快速表现。

作业形式：A3 或 A4 规格水粉纸，1~2 张。

作业要求：以水粉纸笔等主要工具快速表达空间主题。着重于对空间形体的塑造。

第三周（20 课时）

课程内容：水彩效果图快速表现。

作业形式：A3 规格水彩纸，3~5 张。

作业要求：以水彩纸笔为主要工具快速表达空间主题。着重于对空间、物件主次虚实的主观性设置和水彩特性的表现。

第四周（20 课时）

课程内容：马克笔彩铅效果图快速表现。

作业形式：A4 纸，2 张；A3 纸，2 张。

作业要求：以马克笔和彩铅为主要工具快速表达空间主题。着重于对时间控制、马克笔的熟练运用和画面主观表达能力。

第五周（20 课时）

课程内容：绘制建筑、室内、景观类工程的快题设计方案。

作业形式：全套快题设计方案图，含平面图、立面图、大样图、透视图和设计说明等内容。A2 或 A1 纸，3 套方案以上。

作业要求：（1）表达方式有一定的自属个性，用笔准确，绘制精细，图文俱备完整，图面布局合理。（2）着重培养学生对某种工具的喜爱和熟练程度，以及快速绘制的方案统筹能力。

（二）教学方法

1.多媒体教学。通过图文并茂讲解和任课教师课堂补充示范的形式，介绍手绘效果图、方案快题基本理论。

2.课堂案例讲授。分门别类地介绍五种主要手绘工具的实际运用经验，以经典作品和步骤图为例进行启发式教学。

3.实地写生采风。广泛出击，指导学生走进售楼部、样板房、广场、小区、商业街等多种形式空间，任课教师现场示范作画和指导学生现成作画，剖析从现场实物的选择、比较、研究到落实成个性化作品的全过程。

4.到设计单位实地考察。到设计单位办公现场，观摩设计师的表达设计构思的形式和体会从手绘到 3D 效果图、团队交流、实现设计成品的过程。

5.对外举办"课程汇报展"。同时以课程作业为形式参与各种专业竞赛并获奖。

三、教师课堂示范作业

工具：钢笔、水粉、水彩、马克笔、彩铅及相应纸张。

时间：0.5~2.5 小时。

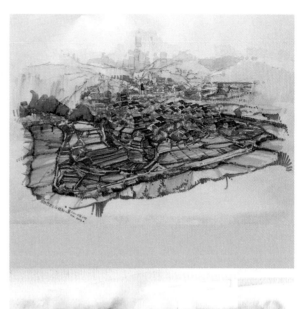

四、课程作业

水彩效果图快速表现——软装室内卖场

工具：A3 水彩纸规格、水彩笔、水彩颜料、遮盖液、蜡笔。

时间：1.5~2 小时

马克笔效果图表现，25 分钟

教师评语：工具使用熟练，透视、造型基本准确，笔触生动，需注意空间虚实关系。

水彩效果图表现，40 分钟

教师评语：能主观优化建筑组合关系，构图较好，水彩特性表现力较强，需注意建筑细节刻画。

水粉效果图表现，3 小时

教师评语：注重个性表达，绘制精良，元素比例优美。

马克笔效果图表现，50 分钟

教师评语：现场写生控制力强，色彩准确，防止琐碎。

水粉效果图表现，1.5 小时

教师评语：工具特性表现较好，构图独特、造型准确。

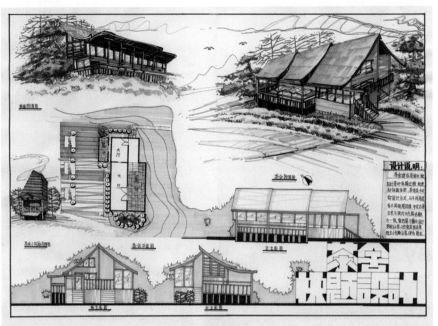

快题方案设计——茶舍

时间：3.5 小时

工具：马克笔、钢笔、拷贝纸、A2 绘图纸。

教师评语：卷面整体安排合理，图面清爽，图文完整，色彩和谐，马克笔使用较为熟练。整体建筑方案设计合理，体现出本地特色。

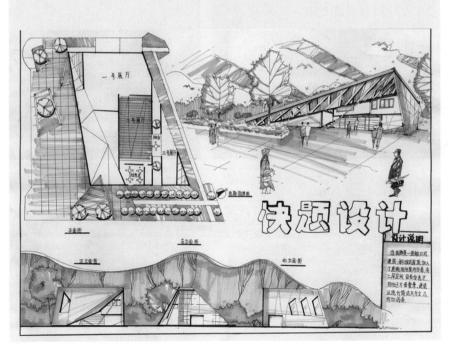

快题方案设计——小型展厅

时间：3.5 小时。

工具：马克笔、钢笔、拷贝纸、A2 绘图纸。

教师评语：卷面整体安排合理，图面简洁，图文完整，色彩处理能体现出自属风格。马克笔使用熟练。笔触生动。整体建筑方案设计个性，符合设计主题。

缺点：缺少前期分析图，建筑在图中表现不够突出。

课程名称：

创意基础

主讲教师：雷 莹

雷莹：女，副教授，高级环境艺术设计师 硕士研究生导师，主持广东省哲学社会科学"十一五"规划（艺术学）项目，完成《广东·云浮·郁南·非物质文化遗产博物馆设计》项目。出版专著《岭南非物质文化遗产保护研究》、出版系列口袋漫画书和教材《创意图案设计实验教程》。在《装饰》等核心期刊发表论文数十篇，获得"广州大学最受学生欢迎的老师"称号。

一、课程大纲

　　创意是美术与设计专业教育的核心，也是对美好生活的理想追求和表达。本课程是学科基础课程，旨在使学生掌握创意规律和有效传达信息的视觉语言的基本技能，促进创新思维，培养现代设计的艺术观和审美观。

（一）教学目的

　　力求使学生从较为宏观的角度，认识广义的艺术概念和创意的性质和规律，掌握一定的创意表现技能，为后续的美术与设计专业课打下良好的理论与技能基础。

（二）教学要求

　　使学生了解什么是创意的意念与意象创造，同时明确创意与想象力、艺术和艺术设计的关联。在此基础上，研究形的创意规律和意的创意规律以及形与意结合的创意规律。

　　《创意基础》在美术专业和设计专业的教学过程中处于承上启下的过渡位置，能够引导学生将前期具备的表现能力转向后期的专业创作和设计中。

二、课程阐述

在艺术设计的教育体系中，《创意基础》是一门重要的设计启蒙课程，它承担着将学生已具备的造型能力、创造性思维方式引向专业所需的方向与方法的重任；让学生掌握将"物"发展成"图"的观察造型表现语言的能力。

本课程旨在使学生探讨如何把握图形：是对自然的再现，还是一种美好的表达；通过赋予图形真实、丰富、新颖而生动，予以美的意义，运用它表达人的思想、感情和才智，以满足精神生活的需求，同时勾勒我们的世界。

力求使学生从抽象的点、线、面以及形式构成研究出发，力图达到内在精神的表现。掌握一定的创意表现技能，为后续的美术与设计专业课打下良好的理论与技能基础。

围绕"传统—现代"、"平面—空间"、"设计—生活"之间的关系，探讨图形创意真正的设计理念，追求创新形式的突破，思维从矛盾的空间走向精神的转换。

三、课程作业

《军训物语》　作者：区成淦　指导老师：雷　莹

教师评语：

军训作为我们踏进大学大门的第一门课程，锻炼我们这些新生的体能和意志。
故事讲述的是广州大学10室内的同宿舍同学，在军训过程中学会了坚强团结和乐观。

该漫画作品获得第十届北京电影学院动画学院奖"优秀作品奖"。

《小龙夺桥记》　　作者：区成淦　　指导老师：雷 莹

教师评语：作品用动物拟人化的手法，表现恐龙的可爱和亲和力。结合红军长征的主题，创作的形象有时代感。以该形象创作的漫画参加"2011 常州国际动漫节"，并获得了"最佳漫画提名奖"。

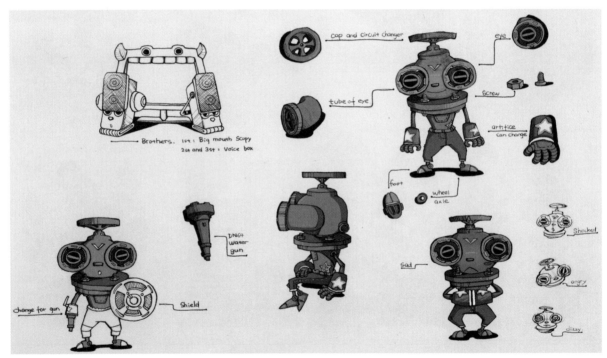

《拾荒旅途》（一）　　作者：区成淦　　指导老师：雷 莹

教师评语：

将物拟人化作业，将消防栓改造为小 V 机器人，发生了系列阻止戈壁兵团的环境保卫战……漫画作品获得"第十二届中国（北京）国际大学生动画节 [Aniwow! 2012] 小白杨奖"最佳漫画提名奖；该设计获得全国第十二届"挑战杯"广州大学校赛一等奖；以此申报课题《低碳环保的创意玩具设计再造》获得文化部·教育部·国家级大学生创新创业训练项目·良好结题。

《拾荒旅途》（二）　作者：区成淦　指导老师：雷 莹

课程名称：

空间设计基础

广州美术学院
建筑艺术设计学院

主讲教师：王铭、何夏昀、李致尧

王铭：广州美术学院建筑艺术设计学院讲师，广州美术学院建筑与环境艺术设计专业本科、硕士。

何夏昀：广州美术学院建筑艺术设计学院讲师，清华大学美术学院环境艺术设计专业本科、硕士。

李致尧：广州美术学院建筑艺术设计学院讲师、广州美术学院建筑与环境艺术设计专业本科、硕士。

一、课程大纲

（一）教学目的和任务

该课程是针对建筑艺术设计学院空间设计专业大一学生设置的专业基础课程，通过对三个阶段：眼睛——形式语言、手——材料与工艺、身体——功能与体验的系列训练。让学生具备并建立其空间形式的基本知觉认识，更好地承接之后的专业设计。

（二）课程内容与计划

本课程教学时段为13周，共计208学时，分为三个阶段进行。

1.第一阶段5周：关于"眼"的训练——形式语言 Eyes – Formal Perception。

（1）阶段训练目标简介

形式语言课程是针对眼睛的练习，通过对于视知觉的训练，使学生脱离纯粹应试绘画的桎梏，为现代设计提供一个与之相应的形式感知觉基础，更好地承接之后的专业设计。本课程的教学法受到包豪斯早期的教学方法的启发，通过训练学生视知觉的抽象能力，去重新认识客观世界中形式的元素，包含形状、体积、空间、光影、质感和色彩等，并利用这些元素进行重组和创作，从而感知现代设计中的形式源泉。

（2）阶段训练具体内容

1）1周：观察与描述：确定研究对象，以两个微观物件，如植物、昆虫、器物等，或以宏观的两个大型空间如大学城、天河区某中心地段为研究对象，进行体验、描述。需要有正确的观察体验角度，通过素描的方式准确地表达物件的明暗、形状（画面中的正负形关系）、体积（几何结构和重量感）、空间（集合结构和容积感）、光影、材质等。

2）2周：抽象与表现：对之前研究对象的形式元素进行提炼、抽象及各种信息的编排与整理。

3）2周：逻辑与生成：运用照片剪辑、混合媒体、拼贴等方式对形式展开联想与表现，并用简单的材料完成二维图形到三维图形的生成方式，完成新的形式语言的生成与创造。

2. 第二阶段 4 周：关于"手"的训练——材料与工艺 Hand – Material and Tectonic

（1）阶段训练目标简介

材料与工艺课程是针对手的练习，通过手对于材料的加工与利用，让学生初步了解材料属性、材料的设计与其加工方法，训练学生以材料的特性出发进行空间设计，帮助学生从二维空间的思考转换为三维空间的思考。

（2）阶段训练具体内容

1）材料的基本属性与加工方法（1 周）： 主要讲述材料的区分与多样性的目的、材料的标准尺寸、材料的处理、材料构建等。

2）材料的常规运用与创意运用（3 周）：主要讲述如何进行建材市场的考察与实地考察，尺度概念、材料的创意性运用，案例研究。

以"Suitcase Pavilion" 作为本次课程的作业，场地在广美大学城校区自选，完成一个可供人休息（至少两人）、可供作业展示、一定程度上可供避雨的临时展馆。设计文件包括：设计分析图、手绘设计草图、若干小模型和最终搭建模型。

3. 第三阶段 4 周：关于"身体"的训练——功能与体验 Body – Function and Experience

阶段训练目标简介：使学生了解功能的意义，明确功能与设计的关系。能基本分析各种具体功能的特点与重点，以及分析现实中实现特定功能的各种方式。了解人体工程学的基本原理和内容，熟练掌握人体工程学中与日常生活各类型活动有关的标准尺度和数据。熟悉与人日常生活有关的各种活动的空间特点与尺度。掌握把亲身体验作为深入观察的一种手段，学会理性地设计和记录各类型亲身体验活动。能有条理地记录和整理各种物件空间体验的结果，并能以合适的图示或文字方式表现出来。

1）1 周：亲身体验，并运用人体工学原理分析特定空间或物件所能提供的各种实用功能。

2）1 周：根据指定的实用功能或抽象功能，亲身体验现有相应的多种具体物件或空间，分析比较其各自对指定功能的满足情况。

3）2 周：以系列图形的方式，整理和记录之前的体验和分析结果。

二、课程阐述

有关教学点的基本要求包含以下三个方面：

1. 视知觉的训练：形式研究是视知觉训练的主体，形式的元素包含形状、体积、空间、光影、质感和色彩，其中形状、体积和空间属于对形式的本质的研究，而光影、质感和色彩属于对形式表象的研究。就训练的次序而言，应该是先本质后表象。

通过对现代艺术表现手法与思想的探索，学习更多的思考方式与方法来表达认知的内容，并将它们融合在每一次专题训练中。

2. 身体力行的试验：强化美术学院所擅长的动手能力，通过在车间不停尝试、试验、加工的过程中体会空间组成重要元素——材料的属性与感受。

3. 日常生活的体验：教学原则上鼓励学生主动学习，尝试组织学生评价自己和同学的学习成果，交流学习经验和心得。组织学生进行各类型的亲身体验活动，以日常生活作为研究范围，通过亲身体验生活中各种物体和各种空间场所的使用状态，掌握深入分析事物的方法。

要求学生学会对日常生活中接触到的各类型物件或场所的各种功能进行理性地分析，理解功能与设计的相互关系。并能有条理地记录和整理分析。

三个阶段的课程以若干的递进或并列的分解训练贯彻每个研究对象的始终。让学生完成对不同研究对象的观察—体验—理解—创作的过程。对于缺乏空间设计训练的学生来说，学习和掌握有关的概念和方法是非常必要的。学习的另一个重要的内容是蕴含在操作过程中或的空间设计中的基础语言概念。随着步骤的推进，概念和方法在累积最终体现在最后的创作中。让学生具备并建立其空间形式的基本知觉认识，更好地承接之后的专业设计。

三、课程作业

（一）第一阶段：关于"眼"的训练——形式语言

作业1（图1～图2）：观察与描述，确定以玩具挖土机研究对象，进行体验、描述。

作业2：（图3～图12）抽象与表现，对之前研究对象的形式元素进行提炼、抽象及各种信息的编排与整理。

教师评语：该作业从研究一个玩具挖土机开始，认真对对象的 各个属性进行准确的描述。

在抽象与表现作业（图3～图5、图9）中，该学生运用了从现代绘画中学习的共识性再现的手法，将原物件的特征元素打散重新组合，得到了对对象新的理解。

在正负形（图6～图8）的作业中，作业从对象中抽象提取出具有对象特征的正形进行重叠，构图饱满，步骤清晰，正形与负形之间相互关联，相互独立又相互依存。

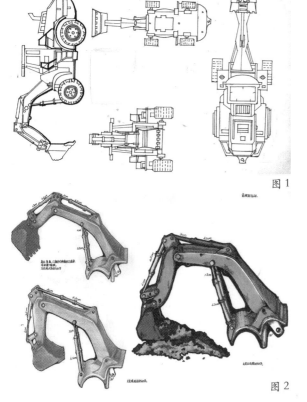

图1

图2

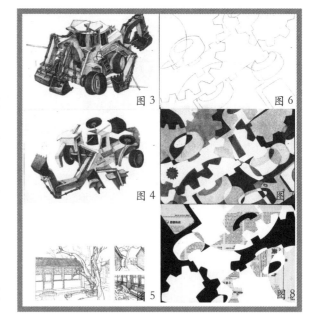

图3　图6

图4　图

图5　图8

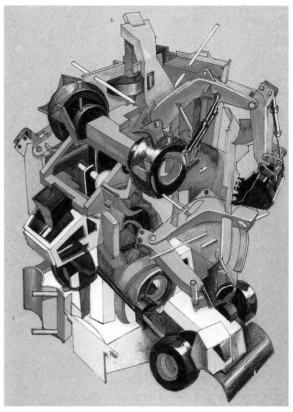

图9

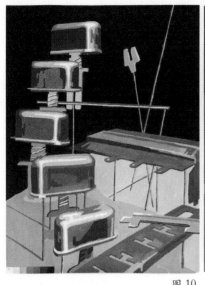
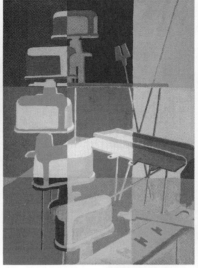
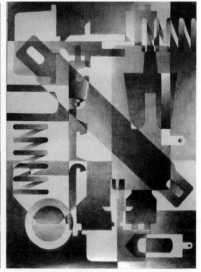

图 10　　　　　　　　　　　　　　图 11　　　　　　　　　　　　图 12

教师评语：（图10～图12）该作业从研究一个机器按键开始，清晰地表达了对象特征，通过色彩和正负形叠加的手法，完成了对形式元素的抽象、提取、与认知。

　　作业3（图13～图15）：逻辑与生成，对形式展开联想与表现，并用简单的材料完成二维图形到三维图形的生成方式，完成新的形式语言的生成与创造。

教师评语：在作业中（图14～图15），作者通过对之前抽象的二维图形元素进行再次抽取、提拉、旋转、折叠，一步一步完成从二维到三维的转换，逻辑清晰，明确。整个过程形式语言特征被很好地保留并得以延续、发展与应用。

图 13　　　　　　　　图 14　　　　　　　　　　　　　　　　　图 15

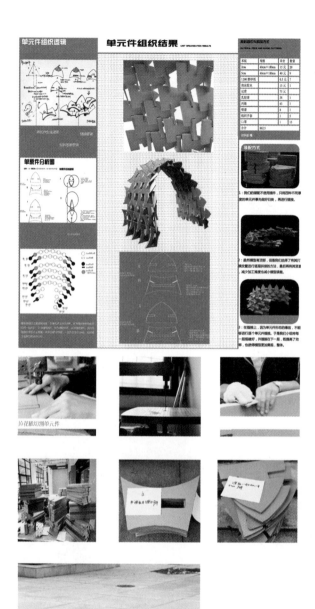

（二）第二阶段：关于"手"的训练——材料与工艺

作业：以纸为元素完成一个可供人休息（至少两人）、可供作业展示、一定程度上可供避雨的临时展馆。

教师评语：作业发展了卡纸本身的插接特性，从单元件到结构方式都经过了精细设计，整体逻辑思维清晰，拆卸后，材料可以被完整保留。

图 16

图 17

（三）第三阶段：关于"身体"的训练——功能与体验

作业：亲身体验商场公共区域的空间功能，并选取一个空间节点进行改良，以强化各自节点的空间特征或改善一些突出的空间问题。也希望能给经过或者停留在这些空间节点的人们带来一种全新的空间体验。

教师评语：通过几天考察体验，小组在商场的公共区域中发现了一个容易产生流线混乱的空间——手扶电梯的梯口，这里的空间既适合人们做短暂的停顿以驻足观看，但同时又是一个人群快速流通的交通节点，是一个矛盾统一的空间。最终小组成员巧妙地在地面做了一个区域暗示，在不破坏原本空间关系的基础上，又给这两种行为的人群划出了各自合适的区域。当时正是冬天，小组还特意在冰凉的不锈钢栏杆上绕上棉线，既强化了空间的区域感，又给驻足的人群带来了身体上的温暖感。

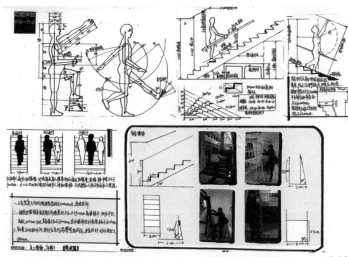

图 18

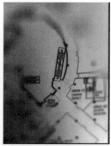

图 19

图 20

课程名称：

设计基础

主讲教师：张进、何东明、
**　　　　何凡、朱亚丽**

张　进：男，设计方向：建造。
何东明：男，设计方向：本土建造理论与实践。
何　凡：男，设计方向：当代艺术与设计表现。
朱亚丽：女，设计方向：形式美方法论。

一、课程大纲

（一）课程目标

　　"临时建造"教学以实践为线索，与《空间与建构》等课程构架本系基础教学体系，强化学生对空间建构与建造的认知，形成良好的建造意识；推进教学中关于本土建筑理论的相关研究，为专题教学提供前沿性的准备；通过课程的实践强化大学生创新与社会实践能力。

　　以"临时建造"形成系部教研各专业方向不同专项教学课题，并以此作为校际教学交流平台与开放课题教学实践平台，推进设计联合教学。

（二）课程教学内容

　　"临时建造"课程，以每年不同的教学选题让学生参与建造实践，体验材料与建造的关系，学习传统以及当代建筑理论，同时选题以建立大木作、小木作、石作等本土性建造体系与工艺当代性，以及探索新型材料在本土建筑设计中可能性。

（三）教学方法

　　通过对指定材料及其构筑方式的了解，理解基本的构造方式和特点。将其运用至空间建造中，通过对"形"的抽象分析和建造操作，使学生把握一套处理空间建造的方法，并致力于与材料、构造和建造空间的真实体验和操作训练。

（四）课程教学计划与评价

　　第一周："临时建造"题讲座与课程调研调查报告，综合评议；

　　第二周：设计陈述与讨论，PPT汇报与1：5工作模型；

　　第三周：初步设计与讲评，设计展板与1：5工作模型；

　　第四周：构造节点研究，节点大样研究；

　　第五周至第八周：实地建造及现场施。

二、课程阐述

（一）课程设置基础

　　在艺术院校设计基础教学中，使学生能更好地转换绘画与空间关系，空间建造训练是课程设置的难点；强化教学中空间训练，并使已有的《空间与建构》教学能通过建造实践完善学生对材料与构造的认知，是该课程的设置依据。

"临时建造"课程设置不仅延续了包豪斯教学体系，另一方面可以形成以《空间与建构》—《临时建造》—《地方建筑理论》（拟选修）为课程线索特色的建筑专业方向的教学思路。

（二）课程教学意义

"临时建造"教学实践，作为衔接基础教学和专题教学的课程，不仅深化教学中空间建构意识，同时能使学生通过1：1的建造课程充分认识建造在设计中的意义。另一方面，该课程的教学可以作为教学与研究的探索课程形成特色，并拓展其他可能的教学模式。

（三）课程研究与专业特色探索

"临时建造"课程一方面完善基础教学中构造知识的教学，另一方面从理论和专业特色研究方面，我们在教学中可以强化设计本土和地域意识，探索设计的场所性。中国传统建筑在历史中奠定了营造与法式的互成关系。以大木作体系为例，其相应的布局体系、平面体系、铺作制度、材契制度等都在建造和适应性中取得了平衡。传统建筑所追溯的价值体系并不是永恒不变的，而且木材本身具有可替换性，从这个层面来说中国传统建筑实质是一个临建系统。另一方面，在历朝的建造体系中，我们可以看到建筑细节及其布局都有所延续，建筑在营建与再建中维护了建造系统的法式精神，也维护了建筑与场所自在的关系，所以从历史的语境来说，"临时建造"的概念与弗兰姆普敦所主张的，必须使自己既

与先进工艺技术的优化，又与始终有在那种退缩到怀旧的历史主义或油腔滑调的装饰中去的倾向相脱离的"后锋"立场是一致的。

（四）"临时建造"课程前言

路易斯·康曾经说，学校最早开始于树下，开始有人在树下沉思，再后来有人到树下讨论问题，学校的场所就形成了。空间是行为的载体，也是改变行为认知的途径，校园作为文化活动的场所，不仅能生产丰富的交往形式，更能生产不同的空间形式；校园需要为学生提供更多的而且丰富的外部空间，以及空间建构的可能性。

当下的校园文化，显然不再仅仅限于传统的教学活动和社团活动，校园的交往形式从微话题到微社团等，而这种外部空间可以以"临时建造"的方式存在。作为第二届临时建造主题竞赛，我们以校园微空间设计为主题，希望参赛者在给定的湖北美术学院环艺教学区附近的外部环境中选择一处区域，并对校园文化及空间进行充分调研，并在此基础上建造一个3m×3m×3m体量以内的校园微空间，以其多样的组合可能性适应艺术院校学生外部活动。

其中，建造材料需要考虑环保及基本功能需求，空间形式不限，并对细部构造有创意性研究。

设计要求：

1. 空间建构符合材料特性原则；

2. 空间的设计考虑使用者的行为尺度；

3. 材料选择富有创意，建造体现适应性内涵；

4. 微空间有场所性的空间价值。

三、课程作业

第一周："临时建造"题讲座与课程调研调查报告，综合评议；

第二周：设计陈述与讨论，PPT汇报与1：5工作模型；

第三周：初步设计与讲评，设计展板与1：5工作模型；

第四周：构造节点研究，1：1节点大样研究；

第五周至第八周：实地建造及现场施。

教师评语：该作品利用木材的特性，使用榫卯、扣接的构筑方式，自然形成四周造型统一的空间形式。做到构造即是形式的核心，形式即是构造的反映。

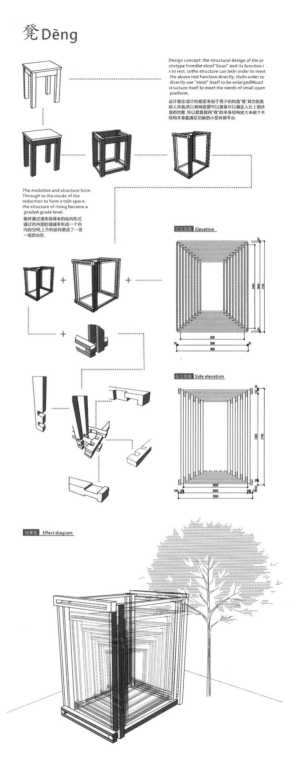

凳Dèng

Design concept: the structural design of the prototype from the stool"Stool" and its function is to rest, sothe structure can beIn order to meet the above rest function directly, theIn order to directly use "stool" itself to be enlargedWood structure itself to meet the needs of small open platform.

设计程尘设计的原型来自于凳子的构造"凳"其功能是供人休息,所以其构造便可以直接用可以满足人在上面休息的功能 所以就直接用"凳"自本身结构放大来做一个小型休憩平台。

The evolution and structure form. Through to the inside of the reduction to form a toIn space, the structure of rising became a gradeA grade level.

最终通过演变而得来的结构形式 通过向内部的缩减来形成一个向内的空间,上升的结构便成了一级一级的台阶。

正立面图 Elevation

侧立面图 Side elevation

效果图 Effect diagram

课程名称：

模型设计与制作

主讲教师：李莉

李莉：华南理工大学设计学院讲师，广州君作建筑工程设计有限公司总建筑师。1980年生；2003年，华南理工大学建筑学本科毕业；2006年建筑设计及其理论硕士毕业并留校工作至今。主持省级纵向课题1项，在核心期刊及统计源期刊发表论文多篇，两次荣获校级本科教学优秀奖。致力于居住区规划设计研究、景观建筑设计研究及人居环境理论。

一、课程大纲

48学时，3学分，学科基础课。

模型的设计与制作是设计表达手段与形式之一。通常使用易于加工的薄质片状或轻质块状材料，按设计图纸或设计构想，按一定比例缩小成的单体或群体的造型样品，借以研究和推敲设计的空间关系、体型及与周围环境的设计效果，模型制作要求充分体现出设计创作所要表达的思想、意境和氛围。学生通过课堂理论知识的传授及示范，能培养动手能力，掌握模型制作的材料、技巧和要求，作为设计表达的重要表现方式。

本课程模型制作部分分数，占该课程总评成绩的80%。在指定名作中选取其中一个，以小组合作的方式制作模型。评价标准：模型制作是否准确，表达清楚建筑各要素之间关系；模型制作牢固，精细；整体表现到位，重点突出。本课程根据考勤、讨论评定学生的平时成绩，占该课程总评成绩的20%。

二、课程阐述

教学内容分由理论讲解和模型制作两大部分组成。其中理论讲解部分安排如下：

第一章：概述　　　　　　　　　　（1学时）

1.建筑模型的定义

2.建筑模型的作用

3.建筑模型的要求

4.建筑模型的类型：

（1）方案模型

（2）展示模型

第二章：材料准备　　　　　　　　（1学时）

1.工具：测绘工具；剪裁、切割工具；打磨喷绘工具

2.材料：主材类、辅材类、粘贴剂

第三章：建筑模型的制作步骤　　　（6学时）

1.了解图纸与制作设计：了解图纸，总体制作设计

2.建筑主体制作：

（1）泡沫塑料模型制作基本技法

（2）纸板模型制作基本技法

（3）有机玻璃板模型制作方法

3. 配景制作：

（1）建筑模型底盘制作

（2）建筑地形制作

（3）道路制作

（4）模型绿化制作

（5）其他配景制作

（6）研究推敲设计效果

（7）展示模型的制作（色彩、质感、环境、室内、构造细部制作）

4. 模型制作部分安排如下：

（1）分析要进行模型制作的具体作品的详细图纸，进行设计制作前期的讨论　　（4学时）

（2）选择及购买必要材料与工具　　（4学时）

（3）分组进行模型制作　　（30学时）

（4）模型分析及评价　　（2学时）

三、课程作业

在指定名作中选取其中一个，以小组合作的方式制作模型，具体要求如下：

作品选择要求有详尽（项目本身以及相关背景）的材料，如各层平面图、立面图、剖面图、文字说明、图片照片等。平面图应有名称标注或能够清晰辨别其功能，能尽量读懂每个作品。

依据图纸，制作空间构成抽象模型，比例根据项目规模进行适当选择，要求建筑及室内项目的模型盖顶或是侧面可移开以便观察内部结构；模型要求制作精致、牢固。

简要分析作品的功能分区、空间构成，并结合该设计师的其他作品，或具有相同地域性特点的其他案例，抽取共性特点做横向比较等，并制成 PPT 文件，小组共同完成，其中各成员总结自身心得体会，共同进行中期汇报，每组控制 10 分钟。

教师评语：该模型选取中山岐江公园内一旧厂房改造而成的博物馆作为制作对象，采用黑、白、灰三色卡纸为制作材料，较为细致地表达出原作在立面改造上的设计手法，模型对周边地形、水体及绿化环境等进行艺术简化处理，更好地突出建筑主体。模型整体风格简洁，粗中有细，主次分明，达到课程训练目的。

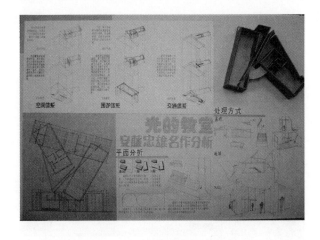

教师评语: 模型制作对象为安藤忠雄名作——"光之教堂"。模型用单色调进行总体制作控制,各建筑元素制作正确,同时注重室内细部刻画,对作品光线的理解深入透彻,力图在模型中还原真实的光环境。绘制的相关分析图纸,细致到位,有自己的独特观点。该作业较好地表达出"光之教堂"对光线运用的独特设计手法。

教师评语：模型选择了白派建筑师代表理德·迈耶的作品进行制作，利用最为常用的白色卡纸板，通过对原作建筑细部的刻画，例如天窗、天桥、栏杆、不同的开窗方式，形体的咬合关系等，非常好地把大师作品中对各种建筑元素的设计，对空间的营造，对立面的处理等多种建筑设计手法通过制作模型而领悟，达到课程学期的目的。

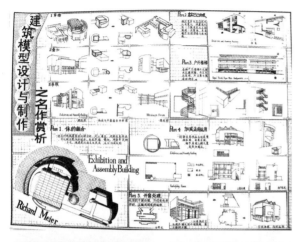

教师评语：该作业对广东四大名园之余荫山房进行了模型设计及制作，采用了较为写实的制作风格，较好地体现了岭南园林的意境。制作初期对实地进行详尽调研，故能准确地按照原作进行模型复刻。在细部的制作中，抓重点，对具有岭南建筑装饰特点的元素进行了刻画。

课程名称：

3D 效果图制作

华南农业大学
艺术学院环境设计专业

主讲教师：冯悦

冯悦：现任华南农业大学艺术学院环境设计专业助教，2009 年毕业于北京林业大学并取得环境艺术设计专业学士学位，2012 年毕业于意大利罗马一大并取得设计专业硕士学位，2012 年开始任教至今，主要讲授《3d 效果图制作》、《Autocad 工程制图》、《手绘效果图表现技法》等课程，主持教学改革课题 1 项，教学中注重产学研的结合。

一、课程大纲

（一）课程性质与任务

《3D MAX 效果图制作》是环境设计专业开设的一门和专业相关必修课。本课程的任务是旨在运用技术和艺术的理念，对三维软件 3DMAX 作系统的讲述，使学生掌握 3D MAX 软件的使用方法，并能够应用该软件从事相关的专业设计。

通过系统学习本课程专业理论知识与专业技能，使学生了解三维设计基本原理，掌握三维建模的基本方法、材质的使用编辑、灯光效果的使用等基本设计技能，并能运用于三维室内效果图的制作中。着重于建模与环境设计的理论、设计表现、设计方法的学习与运用。要求学生掌握室内环境与空间设计的基本理论、设计方法。

（二）课程教学目标

通过本课程的学习，使学生了解三维建模制作流程的性质和意义，在培养学习方法和设计理念的基础上，进一步掌握三维建模的基本设计方法和表现内容，掌握不同模型的类型、功能与性质，确定环境中模型空间、形态、材料和功能的关系和规律，其中对于三维建模流程必须要有较深的认识和理解，并能根据不同的功能、性质，能应用 3D MAX 及相关软件进行合理的设计和绘制。

（三）课程重点与难点

重点：掌握 3D MAX 软件的建模技术；3D MAX 软件的材质效果；3D MAX 软件的灯光塑造；3D MAX 软件的渲染技术。

难点：如何掌握一些特殊形态的建模；如何在渲图过程中营造逼真的材质效果；如何调制适合的灯光系统以及如何达到完美的渲染效果。

（四）课程教学方法与手段

以课堂理论讲授教学和实践教学相结合，利用多媒体教学手段课堂讲授基本理论和概念，讲解 3D MAX 软件的使用技术。结合理论学习，组织学生进行案例步骤练习，从案例练习中系统掌握 3D MAX 软件的实际使用。

（五）课程内容与要求

教学内容	教学目标	学时分配
1. 3D MAX 基础知识与操作		4
1.1 3D Max 系统简介	了解	2
1.2 3D Max 工作界面	了解	2
2. 二维建模与修改		4
2.1 创建扩展基本体	掌握	2
2.2 三维建模的修改	掌握	2
3. 二维图形及二维图形生成三维模型的方法		6
3.1 二维建模基本图形	掌握	2
3.2 二维物体转化成三维图形的常用方法和技巧	掌握	4
4. 高级建模与三维对象的修改		8
4.1 放样建模	掌握	2
4.2 布尔建模	掌握	2
4.3 面片建模	掌握	4
5. 材质		6
5.1 材质编辑器	掌握	2
5.2 各种材质的编辑与使用	掌握	4
6. 灯光		6
6.1 灯光的类型与性质	掌握	2
6.2 灯光的参数设置	掌握	4
7. 摄影机		4
7.1 摄影机的种类及参数设置	掌握	2
7.2 使用摄影机的一些技巧	掌握	2
8. 大气环境效果制作		4
8.1 设置环境	掌握	2
8.2 体积光及标准雾的应用和设置	掌握	2
9. 渲染输出与后期制作		4
9.1 渲染输出	掌握	2
9.2 输入和输出文件	掌握	2

二、课程阐述

（一）课程性质

《3D MAX 效果图制作》在环境方案设计中效果图的制作中占有重要的地位。主要培养学生掌握环境空间、形态、材料和功能的关系和规律，并对三维建模流程必须要有较深的认识和理解，并能根据不同的功能、性质，能应用 3D MAX 进行合理的设计和绘制。

学生在第五学期进行本课程的学习，每周 3 次，每次 4 课时，整个课程持续 4 周，在学习本课程之前，学生已经系统学习并掌握了环境设计专业的相关专业基本课程，如：《室内设计原理》、《Atuocad 工程制图》、《手绘效果图表现技法》、《平面构成》、《立面构成》、《色彩构成》等。为学习 3DMAX 课程打下良好的基础。

（二）课程学时分配

本课程总学时为 48 学时

教学项目	课时分配	
	理论课时	实践课时
3D MAX 基础知识与操作	4	—
三维建模与修改	4	2
二维图形及二维图形生成三维模型的方法	4	2
高级建模与三维对象的修改	5	3
材质	4	2
灯光	4	2
摄影机	2	2
大气环境效果制作	2	2
渲染输出与后期制作	2	2

（三）课程设计思路

本课程以培养学生的环境设计方案的效果图制作能力为设置依据，以能进行室内外设计的基本要求设置课程的内容，按照方案驱动的教学模式编排课程内容，在教学过程中，采用主要以实际案例制作演示，培养学生实际通过操作 3D MAX 软件来完成效果图所需的知识及能力，为学生以后的专业发展奠定良好的基础。

课程内容	教学要求
3D MAX 基础知识与操作	要求学生能够熟练掌握 3D MAX 的基本操作，提高作图的速度
三维建模与修改	要求学生完成实例三维体的建立
二维图形及二维图形生成三维模型的方法	要求学生完成实例几何图形的建模
高级建模与三维对象的修改	要求学生完成几何图形的修改
材质	要求学生掌握基本材质参数及贴图通道的使用，以及建筑材料的调整并初步完成室内材质的添加
灯光	要求学生熟练掌握灯光的参数设置
摄影机	要求学生熟练掌握摄影机的参数设置
渲染输出与后期制作	要求学生熟练使用 vray 并根据实际情况调节材质灯光和网格细分及图像的渲染输出设置

（四）课程实施

1. 课程条件要求

所有课程内容都要求用计算机专业机房，并安装有 3Dmax、Vray 软件。为保证教学顺利进行，故教学用机要求配置较高。

2. 课程模式

本课程检查教学做合一的设计理念，以重点培养学生的建模技术、渲染能力为目标，以实际课程任务的学习为切入点，以从简单模型到复杂模型、单体模型到组合模型的原则，保证课程内容的合理性与连续性。以示范操作、作业指导、模拟训练的教学方式展开教学过程。

（三）课程作业

1. 作业内容

作业分成两大部分，一部分为平时的课程练习作业，另一部分为期末的结课方案作业。

2. 课程练习作业

作业内容	分值	占总分比例（总分为45分）
1. 简单几何图形的建模 2. 齿轮的制作	15	33.3%
添加一特定场景的材质	15	33.3%
特点场景的大气及灯光设置	15	33.4%

3. 结课方案作业

根据一套设计图和语言描述，运用 3Dmax 软件制作一个特定的室内场景模型，其中包括必要的道具、造型和灯光。

整个课程作业分为两个项目：小户型设计、餐饮空间设计。

（1）小户型设计的空间平面为老师给定，面积约为 80 ㎡左右，比较容易上手，设定不同的居住人群，任意选择三个不同的功能空间，角度构图自定，共渲染 6 张效果图，并配置相应的设计说明，作业以 pdf 的格式完成。

（2）餐饮空间设计的空间平面为老师给定，任意选择不同的功能空间，设计风格以中式为主，角度构图自定，渲染 6 张效果图，并对应相应的设计说明，作业以 pdf 的格式完成。

4. 课程评分标准（总分50分）

（1）3D 建模技能熟练，可以结合不同建模方法既定模型（5分）。

（2）模型不嫌干净、清晰（5分）。

（3）室内装潢符合既定风格特点（10分）。

（4）室内家具的材质参数设定和室内灯光的真实性（15分）。

（5）室内设备具体并完善以及室内色调的把控和渲染出图是画面的构图完整程度（15分）。

教师评语：此课程作业为客厅空间采用一点透视的构图，画面较为饱满，较好地把握住室内材质的运用，让效果图有较强的真实性。

教师评语：此课程作业为卧室空间画面构图完整，较好地把握住室内材质和灯光的运用。

教师评语：此课程作业为起居室空间整体画面构图完整，较好地把握住室内材质和大气氛围的运用。

居住空间

教师评语：此课程作业为卫浴空间较好地把握住了室内材质的运用，缺点是构图不够美观。

教师评语：此课程作业为客厅空间采用一点透视的构图，画面较为饱满，较好地把握住室内材质和灯光的运用，让效果图有较强的真实性。

教师评语：课程作业为客厅空间采用一点透视的构图，构图完整，较好地把握住室内材质和大气氛围的运用。

餐饮空间

教师评语：此课程作业为餐饮空间采用一点透视的构图，画面较为饱满，较好地把握住室内材质的运用，让效果图有较强的真实性。

教师评语：此课程作业为餐饮空间较好地把握住室内材质的运用。

教师评语：此课程作业为餐饮空间整体画面构图完整，较好地把握住室内材质和大气氛围的运用。

教师评语：此课程作业为餐饮空间较好地把握住室内材质和灯光的运用，缺点是构图不够美观。

课程名称：
立体构成

主讲教师：文增著、金长江

鲁迅美术学院
环境艺术设计系

一、课程大纲

（一）本门课程的教学目标和要求

　　要求学生系统掌握立体构成设计的基本理论，使学生从立体的思维方式了解三维空间造型规律和构造方法，深入研究美学规律、力学原理，并探讨抽象立体形态在环境设计中的应用，为环艺设计开拓立体想象空间。

（二）教学重点与难点

　　教学重点在于培养、提高学生对立体空间的认识能力、审美能力，开拓思维，同时训练学生的制作技巧和动手操做能力。在强调纯形态练习的同时，注意与应用形态（建筑与景观形态）相结合。要求形象创造具有原创性、材料选用经济性、合理性。

　　注意体现应用设计意味时，避免受其限制。由于学生制作技巧经验缺乏，应引导其选择易加工的轻型材料，这也是这门课程的教学难点。

（三）教学对象：环艺专业本科生　年级

（四）教学方式：课堂讲授、讨论、辅导、材料调研

（五）教学时数：90学时

（六）学分数：课堂讲授、讨论、辅导、材料调研

二、课程阐述

（一）立体构成的基本理论

1. 教学目标和要求

这部分教学以审美感知为切入点，自理性到感性，训练立体思维概念。要求学生充分研究形式美学原理在立体设计中的应用，认识审美心理的反映过程，激发想象力。训练立体思维想象能力，培养创造性思维方法，激发学生创造欲望，使学生具备判断如何造型的审视能力。

2. 教学重点和难点

本阶段要使学生捕捉创造灵感，开发创造想象之潜能。深入研究美感要素，提高审美能力。从感性到理性，研究立体设计构成法，完成从平面到立体的思维转换。

3. 教学方式：课堂讲授 4 学时

4. 复习与思考题或作业

（1）形式美原理。

（2）立体思维与构成方法。

（二）立体构成创造方法

1. 教学目标和要求

这阶段课程主要学习立体构成中材料的合理使用技巧，研究形态、材料、强度、连接类型等造型与美学、力学的关系。深入研究板材、线材、块材的构成方法及心理特征。

2. 教学重点和难点

使学生了解材料特性，研究形态机能，认识三维基本形态生成方式。特别注意的是如何将形态美与力学原理的有机结合。

3. 教学方式：课堂讲授 4 学时

4. 复习与思考题或作业

（1）三维基本形态生成方式主要有几种。

（2）立体形态的连接方式有几种。

（三）立体构成创作实践

1. 教学目标和要求

在这阶段主要是课堂辅导，完成立体构成作业的构思及手工制作。作业应体现形态美、材料美、技术美的结合。

2. 教学重点和难点

创造具有美感的、有原创性的（并与本专业特点相结合的）三维形态。注意设计方案在后期制作时的可行性。

3. 教学方式

课堂讲授 2 学时、讨论 4 学时、作业辅导 72 学时、市场调研 4 学时。

4. 复习与思考题或作业

（1）根据讲授内容，复习课堂知识。

（2）以最优化的巧妙设计构思，最经济、易加工的材料，制作出立体构成作品。

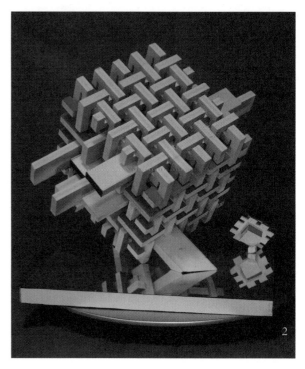

教师评语:

1. 圆形金属片组合成球体,多个球体组合成富有美感的造型,相互依托、相互支撑创造完美空间造型,体现学生的严谨造型能力和较强的美感修养。

2. 方体表面的体块图形穿插,是每一条线有始有终的在空间中组织成体,感官中透露出民族风,这其实源自于我们的中国结。

3. 同样的表达山脉与河流,所运用的手法新颖独特富有当代气息。有型为山无形为水,中国绘画的留白被运用到空间当中,富有美感且耐看。

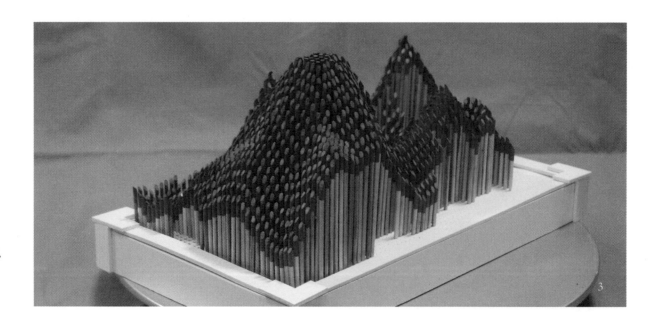

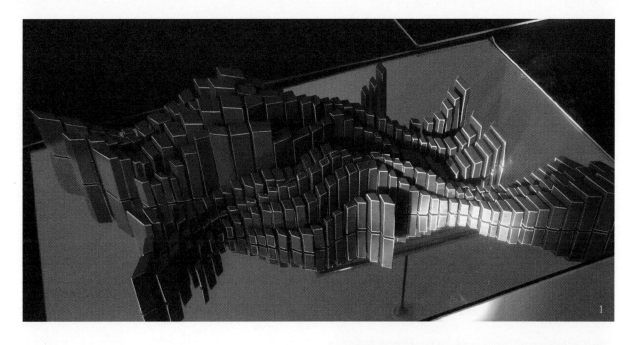

教师评语：

1. 流动的单体组合简洁而舒展，好似山脉好似河流，很巧妙地把空间和情绪融入作品当中。

2. 多个球体的组合构成，相接形体之间没有任何多余材料来辅助，形体既是结构。外型与内型共同塑造创意空间。

3. 二维码利用在空间造型上，体现学生很富有想象力加之灯光的表达很好的诠释了黑与白的个性。造型中每个面又有不同地标建筑的图形创意，这立体和平面的交织创意很耐人欣赏。

4. 方体随着每个空间轴序列运动又加之大小变化的构成。动感和力量好想没有停止过。

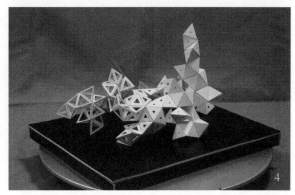

教师评语：

1. 把中国传统建筑进行拆解重构形成造型基本形体，木结构搭接也源于传统，看上去现代又不失传统思想。

2. 立方体空间穿插给视觉带来稳定感的同时又使观者富有想象力去寻找空间原因。

3. 7个方体简单组合，恰好的中式镂空造型及图形的运用使得构成感在稳定中富有力量。

4. 两条螺旋轴线穿插，高与底、聚合与分离在平面的空间中创造了一种戏剧感！

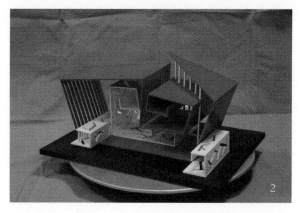

教师评语：

1. 图形转变成实体结构，实体造型转变成镂空图形，思想与现实的实践过程，完成了学生最初的设想。

2. 回龙纹的中国风造型创意，完整的形体塑造，使得黑、白、红显得有当代艺术感。

3. 三角体有序与无序的形体组合对比，白色与木色结合并没有给人以强烈的冲击感。

课程名称：

模型制作

讲教师：隋震、吕在利

隋震：生于 1969 年 10 月。1994 年毕业于山东艺术学院环境艺术设计专业，同年入职齐鲁工业大学艺术学院环境艺术系执教至今，先后承担多门本专业本科及研究生专业主干课程的教学任务。曾先后出版著作六部，专业论文七篇，国家知识产权局授权专利十余项，近年来主持并参与多项文化部及山东省教育厅、文化厅课题。

吕在利：生于 1961 年 6 月。1986 年毕业于山东轻工业学院艺术设计系装潢设计专业，现任齐鲁工业大学艺术学院教授、硕士生导师、环境艺术设计系副主任、中国工业设计协会展示委员会委员，先后承担多门本专业本科及研究生专业主干课程的教学任务。曾先后出版著作六部，专业论文七篇，国家知识产权局授权专利十余项，近年来主持并参与多项文化部及山东省教育厅、文化厅课题。

一、课程大纲

（一）理论教学内容（16 学时）

　　1. 理论讲授（10 学时）

　　（1）绪论

　　（2）模型设计的构成要素

　　（3）模型制作材料与设备

　　（4）模型设计制作

　　（5）电脑设计与雕刻制作

　　（6）模型鉴赏

　　2. 课程作业及课堂辅导（6 学时）

　　（1）作业安排

　　（2）作业要求（如有实际项目，可以实题真做）

本课程设置以下三个系列的作业（任选一系列，完成课程作业）。

　　作业 A 系列：

　　（1）结合地形用单体进行自由的空间造型练习：即用圆形、方形或插接空间构成。

　　（2）用木棒及长方形硬纸板进行空间尺度法则和空间组合的研究。

　　目的：理解空间概念及空间量的概念，了解空间联系，加深对空间尺度法则和比例的理解，加深对空间限定手法运用的认识，锻炼空间组合能力，培养模型的基本制作能力。

　　作业 B 系列：限定性的空间设计制作（材料、形式不限）。

　　目的：在纯空间构成的基础上，加入功能性的限制，学习综合运用多种模型材料创造出有一定功能的建筑空间。

　　作业 C 系列：

　　（1）平面划分练习：设计一单层小住宅的平面空间（约 60~180m²）并用平面截断模型表达出来。

　　（2）参考一经典建筑设计范例，制作出完整的模型，含环境。

　　目的：锻炼以功能性为主空间设计，学习用模型进行设计构思。

　　（3）课堂辅导

　　根据学生作业出现的不同问题，有针对性的对学生进行个别辅导。

（二）实践教学

　　实验（48 学时）

　　（1）实验项目：

　　雕刻实验（16 学时）

　　实验类型：验证性实验

　　建筑模型制作（32 学时）

实验类型：设计性实验

（2）实验目的和要求

通过实验课程的训练，掌握建筑模型设计制作的基本程序与方法，独立完成限选题的模型设计制作。探讨并研究各类模型材料与造型的视觉效果。通过实验教学环节的安排，锻炼、培养学生良好严谨的学习作风，锻炼学生发现问题、分析问题和解决问题的能力，促进学生的探索精神和创新能力。

通过实验教学，学生应达到下列要求

1）严格实验操作程序，保证实验过程的安全。

2）了解和掌握建筑模型的基本知识和设计方法。

3）重点了解并掌握建筑模型的材料及加工工艺。

4）开拓设计思路，培养学生动手能力和造型设计的综合表达能力。

（3）基本设备与器材配置

嘉宝雕刻机、宙斯激光机、小型电动工具、五金工具、涂饰设备；塑料、木材、金属材料、其他消耗材料。

（4）成果形式

根据课程教学安排，独立设计、制作设计模型或者终结模型。所用材料根据方案选定，模型类型、比例、数量可根据作品大小灵活掌握。

（三）考核方式

以课堂作业作为该课程成绩。

（四）评分标准

项目指标	分值	评分说明
设计创意	40	作品的创新性和创意的独特性
设计表达	30	作业构图、造型、色彩、材料、工艺等方面的综合设计水平
作品效果	30	作业完成质量、最终的效果以及艺术性

注：1. 以平时上课考勤确定学生是否具有考试资格。

2. 根据考勤、学习态度等情况，对于出现旷课、迟到等现象的学生酌情扣分。

（五）主要参考书目

1. 郁有西.建筑模型设计.北京：中国轻工业出版社，2007，1.

2. 张锡.设计材料与加工工艺.北京：北京理工大学出版社，1999，1.

3. 嘉宝公司.嘉宝雕刻教程.2000，4.

二、课程阐述

模型制作课是环境艺术设计方向的专业选修课程，计划在第7学期完成，共计80学时，其中讲课32学时，实验48学时。

《建筑模型》是一门融理论实践为一体的课程，是环境艺术设计专业方向本科生的必修课程之一。本课程重在培养学生的空间思维能力和动手能力，在利用模型进行空间塑造的过程中，使学生理解模型是探讨建筑构思和表达建筑方案的最佳方法。同时本课程将使学生了解常用模型的制作材料，制作方法及程序，使之具有初步制作建筑模型的能力。

使学生掌握使用模型进行建筑空间创作的程序与方法，为环境专题设计打下坚实基础。

课程作业：

本课程设置以下三个系列的作业（任选一系列，完成课程作业）

作业A系列：

（1）结合地形用单体进行自由的空间造型练习：即用圆形、方形或插接空间构成。

（2）用木棒及长方形硬纸板进行空间尺度法则和空间组合的研究。

目的：理解空间概念，了解空间联系，理解空间量的概念，加深对空间尺度法则和比例的理解，加深对空间限定手法运用的认识，锻炼空间组合能力，培养模型的基本制作能力。

作业B系列：限定性的空间设计制作（材料、形式不限）。

目的：在纯空间构成的基础上，加入功能性的限制，学习综合运用多种模型材料创造出一定功能的建筑空间。

作业C系列：

（1）平面划分练习：设计一单层小住宅的平面空间（约60~180m²）并用平面截断模型表达出来。

（2）参考一经典建筑设计范例，制作出完整的模型，含环境。

目的：锻炼以功能性为主空间设计，学习用模型进行设计构思。

教师评语：

该课程方案模拟真实地形结合设计内容并选择使用简单
材料加以制作完成。通过对一系列点、线、面与实体的
应用，在理解相关的空间概念的基础上进一步加强对空
间塑造的练习，并在空间与空间尺度和比例关系上加以
重点处理。通过对空间表现手法的运用，增强空间组合
与表现力。在制作过程中加强对相关材料的了解与把握，
并有效提高了对空间的认知，极大加强了对模型的基本
制作能力，并取得了良好的效果。

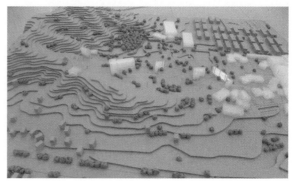

课程名称:

基础课程
——专业设计

清华大学美术学院
环境艺术设计系

主讲教师: 管沄嘉、刘北光、
于历战、杜　异

管沄嘉: 清华大学美术学院环境艺术设计系副教授, 设计艺术学博士。
刘北光: 清华大学美术学院环境艺术设计系教授。
于历战: 清华大学美术学院环境艺术设计系副教授。
杜　异: 清华大学美术学院环境艺术设计系副教授。

一、课程介绍

人的使用和需求无疑是人工环境得以存在并具备价值的基本前提, 也是空间形态生成的重要诱因之一。这意味着空间中人们的活动和使用方式会对空间的形态、组织关系及其提供的设施提出比较直接而具体的要求。一般而言, 空间中的功能和使用需求可以分为两个基本的层次: 第一个层次, 包括满足空间直接的使用目的、提升空间的使用效率和满足空间舒适性的生理需求等内容; 第二个层次, 是人类更为深层的对安全、自由、审美、社会与个体之间关系认同的心理和精神性的满足。前者可以通过对静态和活动中的个体及群体的相关统计数据进行分析和归纳, 从而推导出具有一定逻辑性的形态结果, 后者则需要通过与使用者进行交流, 并对人们的空间传统、文化脉络以及集体记忆加以关注和洞察, 才能演绎出恰当的空间类型。

设计形式与使用功能之间的关系在设计界曾经历过广泛而持续的讨论。从早期现代主义的倡导者们对于二者之间如机器般因果联系的诸多宣言, 到罗伯特·文丘里对空间复杂性和矛盾性问题的关注。人们逐渐认识到在真实的生活中, 人们对空间的使用需求不仅存在着多重性和不确定性, 而且空间的形式与空间的用途及其使用方式之间也并不存在直接对应的简单逻辑。此外, 路易斯·康等人不断探索人类活动深层意义的理论和实践, 也使人们意识到了空间对其内部的功能和使用需求并非只是被动的接受和实现, "它同时也包含了设计者对于这些需求所给与的诠释"。所有这些都意味着空间形态及其组织关系与空间的使用需求之间不仅应该保持充分的弹性, 而且还应该具有某种相互的启发和约束性。

"专业设计"的课程重点关注人们具体的使用和行为需求与空间形态及其组织关系的相互影响, 并由此尝试空间形态生成的某种可能途径。

前一阶段的专业设计课程安排中虽然已涉及人的参与和体验，但前一阶段的课程所给予的行为设定是比较模糊含混的，更多关注的是人在空间中观看、停留和行走等较为抽象的活动以及相应的心理感受。比较而言，前者更侧重空间的纯粹性、形式感和审美体验等空间本体性的内容，而后者则更注重人的行为方式、行为心理以及个体与群体之间关系等环境行为学和社会学层面的内容。课程具体的操作始于对人的行为尺度和特征进行实际调研和数据整理。与此同时，要求学生在对已有设计案例中使用者个体与群体行为模式及其相应空间模式进行分析研究的基础上，针对特定适用人群演绎出多种不同的空间类型，进而发展出较为完整的设计成果。通过一系列相对专项的课程训练，加深学生对空间——行为互动关系的理解。

二、课程阐述

课程为八周，每周两次，共64学时。具体课程安排分为三个阶段：

第一阶段，12学时（含阶段讲评），设计内容为“一个人的住宿空间”，需满足的功能和活动包括睡眠、盥洗和学习三项基本内容。要求学生进行分组（两个人一组），从对组员中的一个人的单一活动的动态尺度进行测量开始，绘制出该项活动所需占据的物理空间范围，并根据本人进行不同活动时的心理舒适度扩充出相应的心理空间范围。在此基础上，要求学生对这三种活动之间的关系进行分析，并将依据各自的行为特点对前面绘制的空间范围进行整合。在满足基本使用合理性和舒适度的情况下，达成最优化、最紧凑的空间形态。（图1~图3）

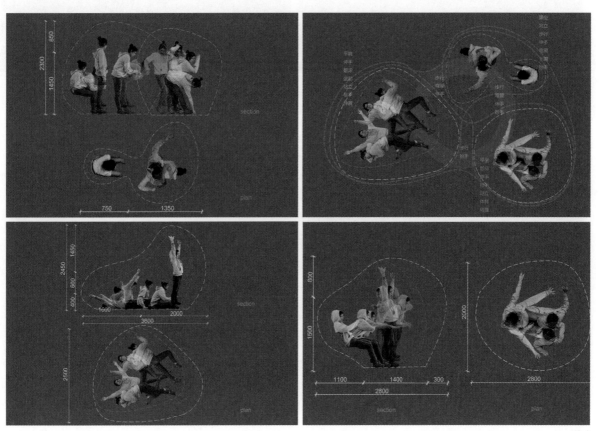

图1

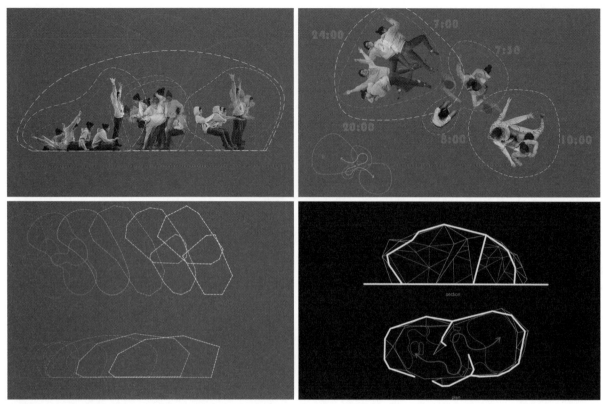

图 2

图 3

　　第二阶段，24学时（含阶段讲评），设计内容为"五个人的住宿空间"，除满足睡眠、盥洗和学习三项基本内容外，还应包括五个人所需的群体交流空间，五个人的具体组成由学生自行采集样本确定。这一阶段的研究重点首先需要放在对个体行为和群体行为之间的关系方面，涉及初步的社会学内容。课题没有规定五个人的各项活动是在独立的空间还是在共用的空间中完成，以期给学生留出适度的设计弹性，并让学生尝试通过不同的空间安排对不同人群关系和行为模式进行诠释的多种可能性。在这一阶段的工作中，学生并不能将前一阶段一个人的空间单元进行简单复制就可以完成，而是可以利用与第一阶段相似的数据采集和分析方法，针对小型群体的行为特点进行观察和整理。具体的工作内容分为个体与群体行为关系分析、物理空间数据采集、心理空间范围拓展、最终空间形态整合等几个步骤。设计要求与第一阶段相同，即在满足使用合理性和舒适度的情况下，达成最优化、最紧凑的空间形态，同时需要适度地考虑采光和通风问题（图4、图5）。

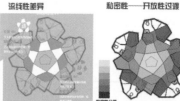

最公平原则
五人=五角形

行为推导轮廓
一至五人不等发生的一切交往轮廓

得出轮廓

引入单体空间

流线性差异

私密性——开放性过渡

●感官分析

1). 听觉

听觉的半径一般为7m，超过这个范围则很难从声音中获取信息。

除了空间尺度，墙体的设置也保障了空间私密性。

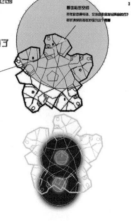

2). 嗅觉

嗅觉强烈反应的半径为1m，3m内人可以接收到气味。

3). 视觉

人与人距离的不同可以体现出两人的关系也可以体现出个人性格以及心理活动状态。过近途、过近距离都会影响两人的交往效果。

图 4

第三阶段，28学时（含最终讲评），设计内容为"50个人的住宿空间"，除满足每个人睡眠、盥洗和学习三项基本内容外，还应包括50个人所需的群体交流空间。这一阶段的课题除了对供50人活动的公共空间的建筑面积和总体的占地面积加以限定外，仍旧对其他因素不加以过多限定。由于人群数量的上升，课题的复杂性和可能性大为提高。因此，这一阶段课程与前两个阶段课程的要求有着较大的不同。一方面，学生需要在前两个阶段研究成果的基础上，进一步对更大群体相关活动的尺度和行为特点进行调研、分析、归纳和整理。另一方面，学生还需要对已有的相关案例进行查阅和整理，通过对可能的空间关系和组织模式加以分析和归纳，为自己的空间创造提供借鉴。前两个阶段，学生基本遵循"自下而上"的设计方法。

图 5

　　而在这一阶段的工作中，需要学生结合"自下而上"和"自上而下"两种不同的工作方法，才能完成课题的最终成果。设计的最终成果要求对包括使用合理性、舒适度、空间的层次感等多个方面加以综合考虑的情况下，达成最优化、最紧凑的空间形态，同时需要适度地考虑采光和通风问题。(图6~图10)

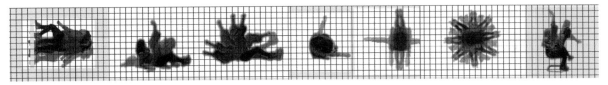

图 6

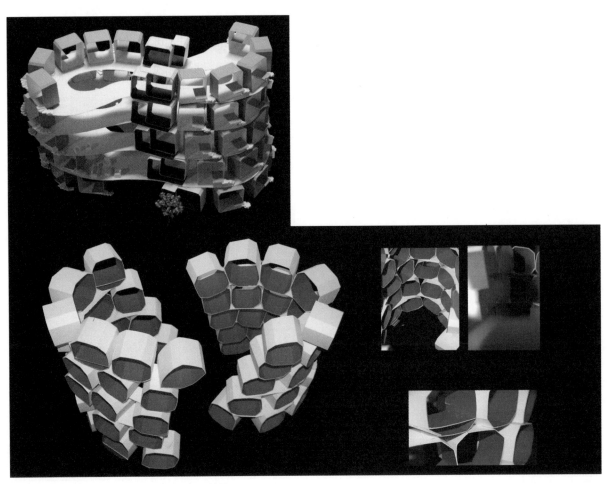

图 7

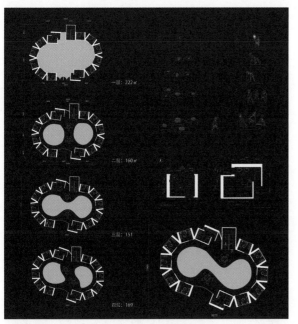

图 8

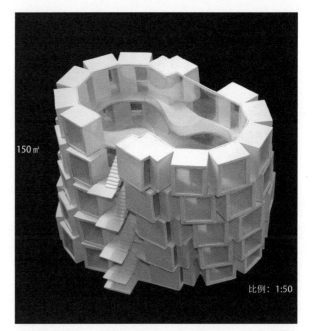

150 ㎡

比例: 1:50

图 9

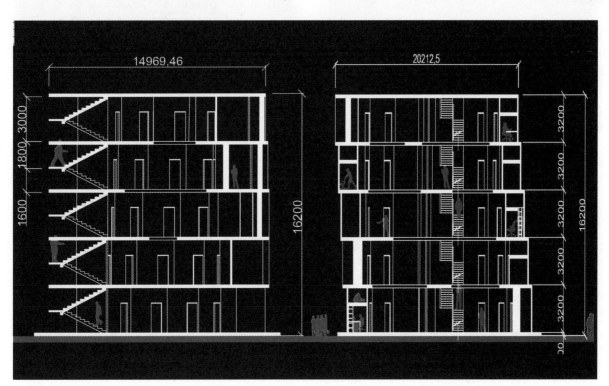

14969,46

20212,5

16200

图 10

课程名称：

建筑设计基础

主讲教师：石媛媛等

石媛媛：天津大学建筑学学士，山东大学历史学硕士，副教授。

黄晓曼：山东建筑工程学院建筑学学士、山东建筑大学建筑技术科学硕士，副教授。

朱　铎：山东建筑工程学院城市规划学士、山东建筑大学城市规划与设计硕士，讲师。

张春单：烟台大学工学学士，北京建筑工程学院建筑学硕士，讲师。

王　芳：山东建筑工程学院城市规划学士、山东建筑大学城市规划与设计硕士，讲师。

山东工艺美术学院 建筑与景观设计学院

一、课程大纲

建筑设计基础是建筑学专业的一门重要的专业基础课，开设在本科一年级的两个学期里。在建筑学专业五年的本科教学进程中起着引导学生进入专业设计领域、了解建筑师的职业特点、学习建筑学的基本知识、逐步领会建筑空间概念及设计方法的作用，是学生学习建筑设计的基础和前提。刚刚接触建筑学专业的学生中有很大一部分人并不真正了解这一专业，需要教师进行生动有效地介绍和引导，通过课程的进展激发学生学习这一专业的兴趣，从而顺利地进入二年级及以后的建筑设计阶段的学习。建筑设计基础课就承担着"领进门"和"承前启后"的重要作用。

一年级上学期的建筑设计基础课主要是延续造型基础课的教学脉络，进一步深入学习有关建筑的基本知识和理论，了解建筑功能、空间、形体尺度的构成及基本概念，培养建筑意识和建筑感觉，继续进行表现技法的基本功训练，初步了解建筑设计的过程和正确方法。这

是学生第一次接触建筑学专业的核心课程，计划从日常生活中人们比较熟悉的人体尺度入手，进而延展到家具尺度、空间尺度、建筑尺度、城市尺度等专业范畴，逐步建立起建筑空间的概念，并通过建筑测绘、大师作品研究等作业加强对建筑的认识。

一年级下学期的建筑设计基础课则是在上学期的基础上，引导学生着重学习建筑空间的构成和表达。通过课题训练掌握基本的设计手段和表达手段，前者需要掌握空间的概念、类型、感受、空间组合方式等，后者如设计草图、草模、仪器草图、工作模型、渲染图等。通过课题设计，学生能够逐步掌握从平面构成到三维空间的演变过程。大致了解建筑空间的尺度和设计工作的方法。初步形成完整的建筑空间概念，掌握建筑空间的构成要素和造型手段。了解与建筑有关的专业知识，如设计步骤、有代表性的建筑师、建筑作品、设计特点、建筑尺度、建筑材料等。具备一定的设计表达能力，能用图纸和模型准确地表达设计方案。能用图纸和模型准确地表达设计方案。

两个学期的建筑设计基础课程各有侧重，第一学期侧重于对建筑的初步认识，主要通过观察和临摹学习相关知识；第二学期开始引入设计的概念，让学生利用已经掌握的专业知识亲自进行设计尝试。两个阶段的课程中都伴随着建筑设计相关知识、相关规范、表现技法、模型制作方法等知识的讲解和示范。以上内容不再单独开课，从而避免了学生学过就扔、学过就忘、学了不知何处用的尴尬境地，有效地提高了课程的整合性和综合性。

本课程的教学初衷和特点在于：在学生作业的过程中融入表现技法和初步知识，让学生在动手操作的过程中逐渐建立空间概念和设计概念，"实践"是贯穿课程始终的内容和原则。这一理念在课程进行中得到了充分的重视和体现，并取得了较好的教学效果。

二、课程阐述

建筑设计基础课由理论讲授和作业命题两部分组成，但二者并不完全割裂，而是你中有我，我中有你的关系，二者相互穿插，相互影响。根据教学进度和反馈，有针对性地讲授相关建筑设计知识，并辅以实例演示、佳作分析等手段，强调形象和启发式教学。设计阶段则以一对一辅导为主，根据学生的不同思路进行讨论和引导。

一年级第一学期的建筑设计基础课从人体尺度入手，首先讲授人体尺度与建筑空间的关系。从建筑起源看，尺度本质上是一个建筑的基本度量单位，以人体尺度为标准进行的建造活动，使建筑物能够最大程度地满足于人的使用。人体尺度是建筑设计的基础，而且与每个人息息相关，便于学生切入和掌握。在课程进行中，结合作业形式，讲授建筑制图规范、徒手草图、仪器草图、墨线淡彩的绘制方法。通过本单元的训练，让学生在建筑设计方面理解人体尺度在建筑设计中的基础性作用，掌握常用的人体尺度和建筑构件数据，初步理解建筑空间和行为尺度及行为模式的关系。在建筑设计表现技能方面，学生在绘图过程中能够掌握比例、比例尺、尺寸标注的基本方法，掌握绘制平面图、立面图、剖面图及轴侧图、透视图时不同线型的表达方法，以及裱纸、水彩渲染等基本技法。

在学生了解了人体尺度和建筑空间的相互关系之后，建筑设计基础课进入第二个单元，即大师作品学习阶段。通过研究著名建筑师有代表性的独立住宅设计作品，学习建筑空间构成的各种要素和组织手段，并能进一步理解人体尺度在建筑空间中的运用和体现。之所以选择住宅建筑是因为这一类型的建筑学生比较熟悉，比较容易理解其空间组成和尺度要求。课程进行中穿插讲授著名建筑师的专题介绍、建筑模型的制作方法和步骤。通过研读图纸，并用图纸、模型的方式重建作品，学生在建筑设计方面可以收获识图的能力，建立起二维图纸与三维空间的联系；学习资料收集、整理、分析的过程和方法；进一步熟悉和掌握建筑空间的基本尺度，对建筑功能和建筑空间有一定的认识，了解建筑的基本构成要素，掌握典型的设计手法。在建筑设计表达方面则进一步掌握了工具线条图的规范表达和模型制作的方法与技巧。

一年级第二学期的建筑设计基础课进入设计阶段。要求学生在给定的空间结构体系内，利用点、线、面、体多种空间限定的元素进行空间形态构成训练。可以通过解读现代建筑大师的代表作品，分析借鉴其空间设计手法，也可从参考书及实体建筑中获取空间塑造手法的灵感。通过该课题的训练，提高学生的空间想象思维能力；体会空间设计的手法，理解拆解、扭转、拉伸、拼接等手法的运用；熟悉空间设计的基本要素和尺度概念；学会提炼优秀作品的设计手法与空间要素，感受和体验建筑空间的架构和塑造；巩固建筑图纸的绘制及制图规范的掌握，进一步锻炼从二维到三维的思维转化能力。课程进程中讲授建筑空间限定和组合的基本知识、草模的制作方法以及草模在建筑设计中所起的作用。在课堂教学之余，组织学生参观调研某建筑作品，切实体会多种建筑空间的组成形式，熟悉不同的建筑风格，最终达到提高建筑设计能力的目的。

通过本科一年级的建筑设计基础课的专业训练，学生要掌握建筑的初步知识，了解建筑设计的主要任务和工作方法，掌握基本的空间组织手段，并具备一定的绘图能力和模型制作能力。

三、课程作业

作业1：小型建筑空间测绘

选择一处小型建筑空间进行测量，并在2号图纸上绘制其平面、立面、剖面及轴侧图或透视图。

测量内容：建筑长、宽、高；门窗尺寸及门窗距墙端或地面尺寸、墙厚、柱子大小、室内主要家具等。

表现方法：墨线淡彩。

作业2：著名建筑师独立住宅设计作品研读

（1）资料收集 ——选定某现代主义建筑著名建筑师的独立住宅设计作品，搜集相关资料，内容包括建筑师生平、建筑思想、设计风格和代表作品等，所分析的建筑作品的设计背景，建筑平、立、剖面图及详图等。

（2）资料整理与研读。

（3）从多个方面对建筑作品进行分析和解读，要求思考的基本问题包括：建筑师的背景；建筑的概况；建筑与环境；建筑平面分析与功能组织；建筑形体特征；建筑结构形式；建筑空间布局特点；建筑交通流线组织；建筑立面分析；建筑材料的运用与细部处理等。

（4）绘制图纸并制作模型。

作业3：建筑空间的分割与组合

（1）选取某个建筑师或者某个建筑作品，解读其建筑空间形式，提炼其形体特征、空间塑造手法、设计要素等并加以总结分析。

（2）以阶段1中的分析结论做线索，每人在12m×12m×12m的立方体空间里，运用点、线、面等基本要素，做一定的空间分割和空间组合的练习，要求空间流线清晰，造型美观。要求提出多个设计方案，用草模表达设计方案。

（3）选定设计方案，制作正式模型并绘图。

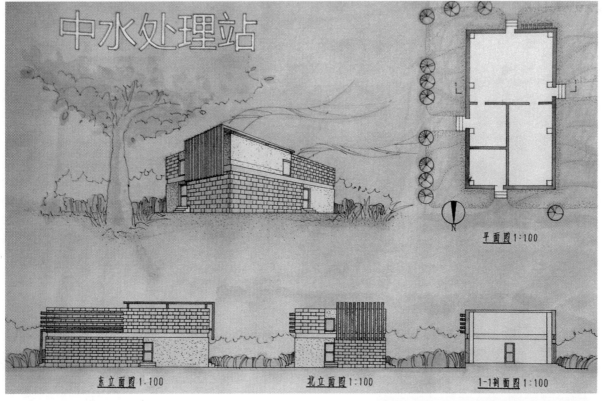

中水处理站

平面图 1:100

东立面图 1:100　　　北立面图 1:100　　　1-1剖面图 1:100

小型建筑测绘

教师评语：

在收集、整理各种人体尺度的基础上，进一步研究建筑尺度。以中水处理站为对象，测量工作方法得当，数据测量准确周到，记录清晰明确，图面表达规范，制图认真细致，构图均衡，色调柔和，配景生动。

宿舍空间测量

教师评语：

工作方法得当，理解透彻，完成度高，草图记录充分准确，徒手绘图能力强，表达清晰准确，水彩渲染技法熟练，色彩均匀，制图认真细致。色彩过于浓烈，版面布图稍显不均衡，还可进一步调整提高。

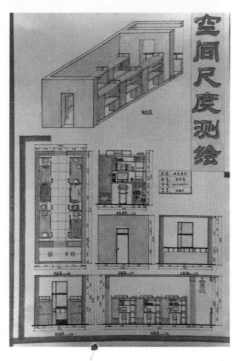

空间尺度测绘

071

向大师学习——文丘里母亲住宅

教师评语：

充分研读了文丘里的代表作——母亲住宅的设计思想及其理论，用自己的理解清晰准确地表达出来。

制图版面均衡，图纸表达充分，制图规范充分，色彩渲染均匀，配色和谐，透视图不够突出，可适当放大。

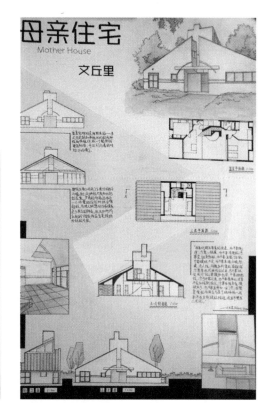

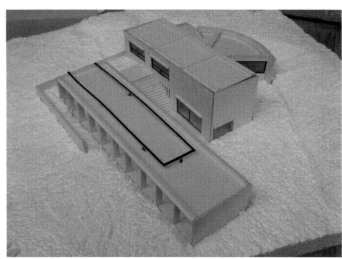

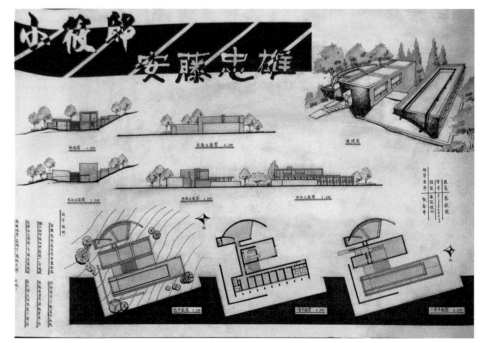

向大师学习——安藤忠雄小筱邸住宅

教师评语：

充分细致地研读了安藤忠雄的这一作品，设计背景、空间构成、体两特征等，并能准确地用图纸和模型进行复建，图纸表达准确严谨，构图生动活泼，色彩稳重，模型制作精良，充分表达出了该作品的设计特点。

建筑空间的分割与组合
课题设计

教师评语:

充分运用建筑构成元素
的切割、组合、拼贴等
手法,力图创造出丰富
的建筑空间与建筑表
皮,排版规矩纯粹,模
型制作精良,准确,与
图纸有较高的契合度。

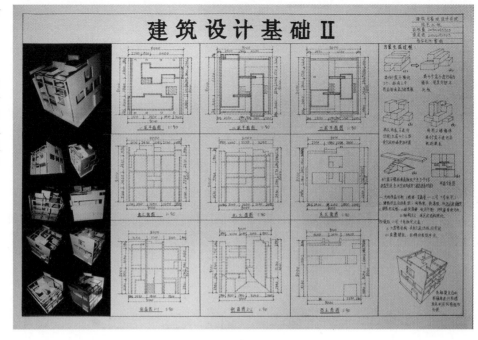

建筑空间的分割与组合
课题设计

教师评语:

在给定的空间范围内,
有组织地进行空间的分
隔与组合,努力创造尽
可能丰富地空间体验,
版面有序,重点突出,
单色渲染技法熟练,色
彩层次丰富。

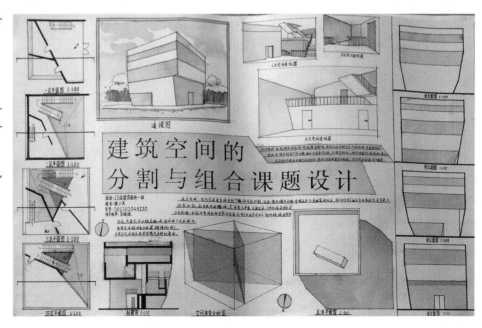

课程名称：

建筑艺术
考察与写生

主讲教师：王冠英、许宁

王冠英：副教授，1964 年出生于吉林，上海大学美术学院建筑系艺术造型教研室主任，硕士生导师。

许宁：讲师，1980 年生于上海，2002 年毕业于上海大学美术学院，2006 年硕士毕业，现执教于上海大学美术学院建筑系。

一、课程大纲

在建筑设计专业的课程中，艺术考察与写生课程是一个必不可少的教学环节。它是由考察中国古现代的优秀建筑，了解人文环境和艺术气息等相关元素入手，进行的艺术形式和修养方面的训练课程，也是培养学生收集资料的方式和方法的训练课程，是一门造型训练的基础课，是建筑设计艺术专业的基础。它主要是通过对地理、历史、人文、建筑形态、空间、造型及光影等问题的研究与探讨，使学生能以专业的角度来认识建筑的立体形态与空间与环境的关系，并能以开拓性的思维对历史上优秀的建筑和造型进行系统的考察与记录，进而培养学生对祖国历史上和现代的优秀建筑的继承、借鉴和发展的能力。因此，建筑艺术考察与写生课程的设置是一项非常重要的任务。

"建筑艺术考察与写生课程"的设置不仅是为了能提升学生的绘画表现能力，还可以为学生今后的考察和记录方法打下良好的基础。培养学生独立思考、多方借鉴与比较、意图表达、实践动手能力等的综合能力，并且能运用这些积累的知识去挖掘生活中及历史建筑的美，表现美的事物，这对培养学生的创新思维具有很大帮助。

（一）课程目的与要求

1. 建立合理的知识结构，掌握基础美术课程的基本知识。

2. 在教学内容、课程的设置、实施与实践教学等方面进行符合专业特点的优化，建立一套符合建筑设计艺术教育的课程体系。

3. 重视实践环节，为学生的绘画力和表现力提供一个良好的支撑。

4. 结合灵活的教学模式，加强师生之间的多向交流与互动。

5. 重点加强建筑艺术的考察实践教学环节建设，在考察的教学环节中应致力于培养提高学生绘画的能力、观察动手记录的能力、继承与发展的创新能力。

6. 此外，考察结束后，组织《建筑艺术考察与记录课程》的教学研讨，任课教师互相交流，互相沟通，提出自己在教学过程中发现的问题和有效的教学方法，共同研究，共同提高。

（二）课程计划

课时：50 课时（理论讲授与作品欣赏 4 课时）平时随机授课一起讨论。

课程安排：

1. 理论讲授与作品欣赏（4课时）

（1）理论讲授（2课时）

讲授考察地建筑的历史及风格特点。用以连贯所讲授的理论和绘画的写生知识。

（2）作品欣赏（2课时）

本课程在考察前对将要去的地区的优秀建筑进行了解，再进行直观上的有的放矢的讲解，提高了教学的形象性、直观性、知识性，拓展了学生的思路。

2. 到达考察地点

在本课程的考察与实践教学中，大大加强了课程的丰富性，使学生主动进行学习，让作业达到开放性的发挥和表现。

二、课程阐述

（一）记录考察与绘画记录的实践练习与辅导（44课时）

本课程的实践练习与辅导采用讲解与示范的教学法。采用启发式、研讨式教学法，鼓励学生大胆实践。引导学生交流研讨，激发学生学习的主动性，让学生学会发现问题、分析问题，并且能够独立解决问题，努力营造一种开放式的学术氛围。引导学生进行对建筑艺术实际感受和体验，鼓励学生在考察中留意历史及现代优秀建筑的审美意味与表现形式。考察与写生课结束后写出感受与畅想。鼓励学生在绘画表现方法上开发创造性思维，获得对建筑艺术的深层理解，并根据这些知识，发展创造出新的建筑空间。通过这种考察与写生的教学方式增加了学生对优秀的历史和现代建筑的感知力。

1. 考察地点的设计首先要有地域特点，要有人文特点，并且建筑风格相对独特。

这次课通过讨论和听取建筑老师的建议选择了山西省的几个地点：平遥、晋祠、碛口、乔家大院等地。

2. 记录方式及表达方式

绘画能力的训练是建筑专业学生必修课，是将来设计交流必不可少的工具，是设计能力的体现方式。

具体教学辅导如下：

（1）考与察考：对于历史优秀建筑的了解是建立在了解历史的来龙去脉的基础上，要求在学生考察前了解所要去的地方的人文、地理、风俗习惯等方面的知识，要学生课前自行先做好这方面的功课。了解了建筑的历史及建筑设计风格后，对于每座建筑要注意什么，了解什么就相对清楚明了。

（2）记与录

记：首先是用心记，知识只有在你的头脑中才能在用的时候真正发挥作用。其次是用画记，当学生用笔画过后的记忆就会累计加强，会在你的脑海里留下深刻的印象，需要时去翻下速写本就一切了然于心了。三是用相机记，现在的记录手段多样化，拍照是简单方便的方法之一，只是回来后要认真整理分类，否则就成了僵尸文件夹，毫无用处。

录：这些记的手段的载体，最终刻录在学生们的大脑里才能真正地变成他们的知识。

（3）技与巧

技：绘画的技巧，图示记录和交流是作为建筑师必须掌握的能力。绘画能力的高低决定了建筑师创造力和表达能力的高低。

巧：在只艺术上的修养。只有具备较好的艺术修养才会设计出好的巧妙的建筑。

（二）课程作业要求

1. 1000字的考察报告。

2. 10张水彩（水粉）。

3. 50张速写。

（三）考核标准

1. 学生成绩的评定采用以主讲教师为主，严格把握评定的标准。

2. 学生成绩为百分制，由三部分构成：课程过程中表现（20%）、作业完成情况（30%）、作业的质量（50%）。

课程作业

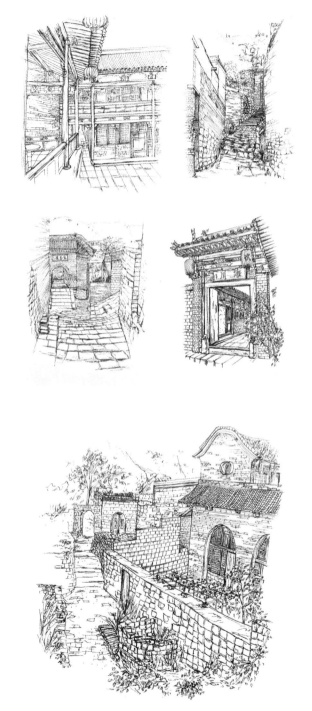

教师评语：态度决定一切。这是曹秋颖等同学画的速写作业，可以看出他们认真地执行了老师的教学指导和老师所教授的基本技能，并充分地表现在画面上。画得如此精确细致。很好地完成了建筑地系学生应该掌握的技能之——"精确记录"。我们相信这在他们今后的学习中受益匪浅。作品稍显呆板，今后在进行学习时尽量画得放松些，那样画面将会更具有艺术性。

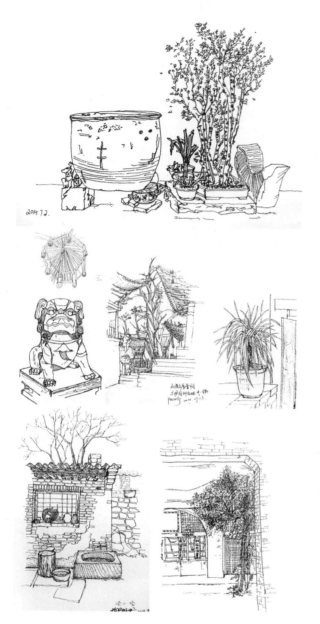

教师评语：这次写生课增加了水溶性彩色铅笔的绘画练习，蒋梦影和张艳群及沈方舟等同学的作品基本掌握了水溶性铅笔的绘画技法，画面效果清晰明了。蒋梦影同学所画桥的栏杆色彩变化自然。张艳群同学的作品色彩单纯清新。沈方舟同学较好地利用了彩色纸的特性，画面效果独特又具有意味。这次好多同学们的作品都可圈可点。这种练习同时也为后面的建筑表现技法课进行了技术的储备。

教师评语：水彩是很多建筑师喜欢的绘图工具，老一辈著名的建筑师基本都是出色的水彩画家，因为水彩的工具相对轻便好携带，绘画的表达更便捷，画面透明轻快。所以，好多建筑专业的学校都把水彩画列为色彩的重点学习课程。我们这里也进行了水彩写生的练习，大部分的同学都是初次进行水彩的写生学习，所以对水味的掌握，色彩的干湿浓淡的把握难度很大，通过示范辅导和学生们的努力，基本上掌握了水彩的绘画的技巧，只要在今后的学习工作中他们积极地练习，一定会画出很好的作品。以上的作品是常春藤美、李知颖、张艳群、李泰冉、陈佳蕙等同学的作品。

教师评语：在中国，水粉画是一个特殊的画种，因为高考时大多数的美术院校考试都以水粉颜色为主要的考核色彩能力的方法，所以，这次水粉画也是同学们练习写生的工具。对于这些没有基础的理工生来说，并不容易掌握。在短短的几天写生中，老师的辅导和学生的努力就变得非常重要，经过同学们不懈地努力，基本上掌握了水粉画的特点和表现方法。以上的是学生曹秋颖、黄影、马逸馨、沈方舟和王旭飞等同学的作业。

课程名称：

空间概念设计

主讲教师：都红玉 王星航

都红玉：女, 1974 年生，天津美术学院环艺系讲师，昆明理工大学建筑设计及其理论专业硕士，2004 年 12 月于天津美术学院任教至今。

王星航：女，1978 年生，天津美术学院环艺系讲师，天津大学建筑学院设计艺术学文学硕士。2005 年 5 月于天津美术学院任教至今。

一、课程大纲

（一）课程目的与要求

本课程是环艺专业系列课程的专业延修课之一，处于环艺专业设计课程的基础教学阶段，该课程系统地介绍了建筑空间从单一空间到多空间的塑造方式，旨在加深学生对建筑空间的认识，提高审美素质和创造性思维能力，为专业设计后续课程提供空间思维的准备。

（二）本课程要求学生了解并掌握以下内容

1.空间的概念与分类；2.单一建筑空间的限定与影响因素；3.建筑空间的两两组合；4.多空间的组合。

课程进度安排

周 数	理论讲授	作业1 空间印象	作业2 单一空间	作业3 空间序列
第一周				
第二周				
第三周				
第四周				

理论讲授　　　学生作业进度　　　辅导进度　　　评分进度

二、课程阐述

《空间概念设计》课程的特色在于：

（一）课题为主 层层展开

空间概念设计课程旨在使处于设计启蒙阶段的学生理解空间的理论框架，掌握空间设计的基本手法，为专业学习做好空间思维的准备。由于空间概念理论通常被认为十分抽象、晦涩难懂，同时考虑受众的层次和阶段水平的特点，因此不宜大量灌输原理性知识，而应以课题为先导，在作业安排中，从单一到复杂，用一系列相关作业来循序渐进地训练学生对空间的敏感性，将每一个知识点融入课题中，以作业来加深对抽象理论的学习和了解。

（二）注重实验性和操作性

由于空间需要学生自己主动地去体会和创造，因此课程作业强调实验性，重在启发学生多元而活跃的创造性思维，作业没有一定的程式，学生在探索中启发和发现新的灵感，在设计、反思、再设计的反复过程中达到新的理解，在开放式的互动中提升自己的空间思维；强调可操作性，课程将一系列空间的基本理论知识赋予实践方法，转化为可操作的真实可感的具体作业形式，利于学生理解和掌握抽象的理论知识。

（三）兼具交叉性和趣味性

考虑课程的学科位置具有承上启下的作用，课题设计具有艺术设计基础启蒙的性质，又具有某种专业设计课程的特点，因此作业设计将创意训练和形式训练有机地结合，采用相近学科、相关理论的知识来激发学生的发散性思维，具有融合多种艺术设计形式的交叉性；强调过程的趣味性，由于是实验性设计作业，作业的深度依赖学生的主动性和参与性，因此作业采用独特的切入点，以促使学生在一种积极地、主动地、发现型的状态中完成作业，体验空间构成的乐趣。

三、课程作业

作业一：空间分析

要求：训练学生对空间基本要素的掌握。运用多种试验教学的方式，使学生从雕塑空间思维转换到建筑空间思维方式，实验和掌握空间的基本要素。课题如空间想象、感知光影等。

作业形式：根据不同的课题制定作业形式，综合采用多种表现形式，如素描、制作模型、写专题分析演示。

感知光影

光影实验

空间想象

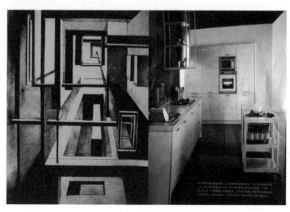

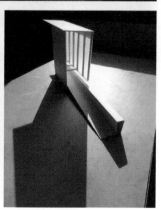

作业二：空间限定要素

要求：设计并制作一个模型尺寸在预定大小的建筑空间场所，灵活采用基本限定要素对其进行空间限定；空间考虑人体尺度，标注比例；通过设计采光口，探讨光在空间中的作用。

作业形式：绘制草图，制作空间模型，从各空间各角度拍摄照片，同时在暗室中投射光线模拟日光效果，拍摄纸箱内部空间光效照片。撰写设计文字结合照片制作演示文件。

08级 朱亚希、曲云龙、王霄君

08级 王家宁、李椿生、张晋磊

教师评语：设计"路过"源于组员对空间路径的探讨，通过对空间引入，路径设计，空间巡游，使得在空间中行走的人感受到丰富的空间体验，虽然设计还很青涩，但能感受到学生的创作热情。

教师评语："数字概念"这个作品在方正的空间内使用了不均衡的体块组合方式来形成空间，空间具有动感和丰富的空间体验，是个有创意的、生机勃勃的作品。

作业三：空间"十乘十乘十"

要求：设计并制作一个模型，尺寸为 10m×10m×10m 的空间场所，自我设定所处地，空间功能，材料，结构，构造，要求综合使用空间的路径、引入、开口、连接、对比、衬托、高潮等处理手法，空间序列完整，有感染力。

作业形式：制作空间模型，绘制平面图、立面图、剖面图和效果图，撰写设计说明文字并排版。

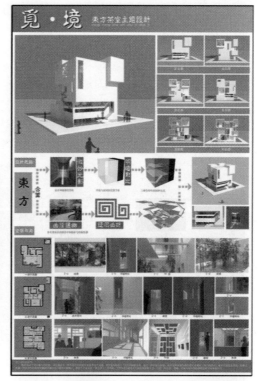

10级 刘强、李楠、郭达宇

教师评语：作为一个经典的建筑设计习作练习，不同的学生对课题的理解不同，因此产生了别具特色的设计方案。立意不同、表达方式不同，却皆属佳作。

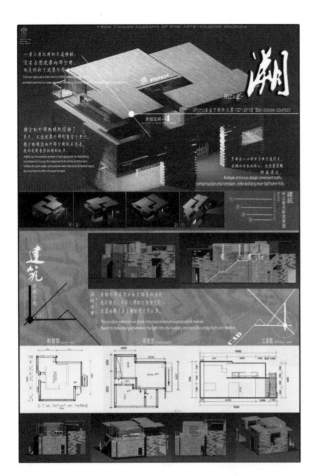

左上：12 级 朱清、朱思佳
教师评语：方案将常见的木材进行充分设计利用，设计手法新颖，体现了一定的构思创意水平。

右上：12 级 何明凤、景青
教师评语：方案为我们展示了一个生动有趣的空间游戏，设计具有创意性、趣味性。

下：12 级 李悦
教师评语：线面的穿插，为我们营造了一个简洁轻盈的休闲空间，可以看出该组学生具有较强的构思水平和创意能力。

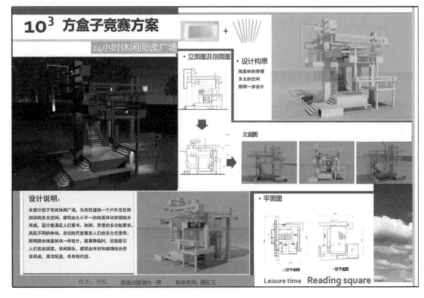

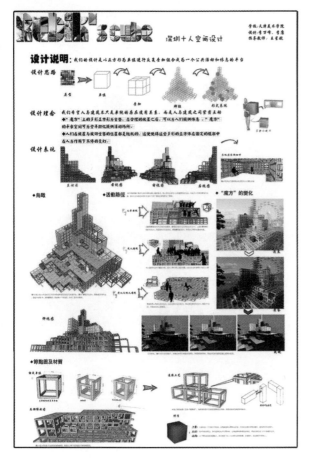

左上：12级 李万峰、李康
教师评语：方案利用光与色，并结合人体特点为公共场所提供了一个休息娱乐的新颖空间。构思新颖、独特。

右上：12级 杨媛、徐贵贵
教师评语：方案充分考虑空间虚实、材质冷暖等的对比，虽手法还稚嫩，但想法及勇气值得赞许。

下：12级 金翠鹏、郝春艳
教师评语：营造的光影空间充满浪漫气氛，对于初次接触建筑空间设计的学生难能可贵。

课程名称：

建筑绘画与表现

主讲教师：王 娟

王娟：副教授，2001 年始任职西安美术学院建筑环境艺术系。多年来致力于专业基础与专业设计课程的研究与改革。教授的课程多次在省级、校级赛事中获奖。《古建测绘》课程获陕西省教育部优秀课程二等奖，《建筑绘画与表现》课程获西安美术学院教学成果展览一等奖。个人在专业绘画方面始终兴趣颇浓，对专业表现的教学与发展不断探索，先后在课程基础上进行新的跨学科研究与尝试，指导学生参与设计大赛，收获颇丰。

一、课程大纲

1. 概述

　　1.1 建筑绘画表现的概念

　　1.2 建筑绘画表现的特点

2. 建筑绘画表现与环境艺术专业的关系

　　2.1 与基础课程的关系

　　2.2 与设计课程的关系

　　2.3 与专业发展的关系

3. 建筑绘画表现的历史发展

　　3.1 中国建筑绘画表现的历史沿革

　　3.2 西方建筑绘画表现的历史沿革

4. 设计表现图基本要素

　　4.1 构成设计表现技法的三个基本要素

　　4.2 透视的分类及角度选择

　　4.3. 表现图中的素描问题

5. 设计表现图的基础技法

　　5.1 单线条训练

　　5.2 立方体组合训练

　　5.3 单体、局部空间的表现技法训练

6. 设计表现图分类技法解析及欣赏

　　6.1 水粉色技法

　　6.2 水彩色技法

　　6.3 透明水色技法

　　6.4 彩色铅笔画技法

　　6.5 钢笔画技法

　　6.6 马克笔技法

　　6.7 综合工具技法

7. 设计过程中表现图的呈现

　　7.1 设计推敲阶段

　　7.2 设计完善阶段

　　7.3 设计表达阶段

　　7.4 案例分析

　　7.4.1 快题设计

　　7.4.2 室内设计

　　7.4.3 景观设计

　　7.5 总结

二、课程阐述

建筑绘画表现是环境艺术学科的重要设计手段，是一种用来表达设计构思的绘画。如同环境艺术学科是从传统园林学、规划学、建筑学的学科发展交融所至，环境艺术设计表现技法也是从建筑绘画表现发展而来的。建筑绘画表现是设计师必备的技能，也是业界对设计师资格审核最为重要的标准之一。

（一）课程性质

《建筑绘画与表现》是建筑环境艺术专业的专业基础课。与其他基础设计课程一样，属于专业课程训练中承上启下的一门课程，在人才培养过程中起到基础性、技能性的作用。

课程从基础到修养，从技法到步骤，从材料到质感，从色彩到空间，通过理论讲授、技法训练与作品创作表达，完成该课程的掌握与延展。使学生能使用绘图技法表现设计思想，表现设计方案，完成设计交流。

（二）课程目的

通过学习建筑绘画与表现课程，了解建筑绘画的演变与发展，了解建筑绘画的不同风格，认识建筑绘画的分类、功能特性以及表现类型。掌握建筑绘画不同工具的表现技法。完成从基础绘画到专业绘画的转换。

(三)课程整体设计

1.课程目标设计

（1）能力目标

1）掌握水彩、马克笔、彩色铅笔等工具材料的特性、使用技巧与步骤。

2）熟悉掌握室内外空间表现图技法，记录（手绘）设计方案。

3）能对设计方案进行视觉和造型上的创新，向用户分析与评价方案的合理性。

（2）知识目标

1）系统地掌握建筑绘画与表现图纸技法的基础知识及设计方法。

2）通过"理论—实训—创作"一体化教学模式的实施，掌握建筑表现图技法设计整个流程。

（3）素质目标

1）培养勤于思考，勤于图像化展示的职业习惯。

2）培养学生的创造思维及创新能力。

3）培养专业绘画作品的鉴赏能力，提高职业素养。

2.教学内容与目标

（1）模块一：基础技法（6学时）

具体内容：

1）课程内容讲述

2）工具、材料的使用

3）完成透视知识在表现图中的转化

教学目标：

1）理解课程的相关理论内容

2）熟悉与掌握手绘工具

3）掌握综合材料的表现步骤

4）提高快速表现透视的能力

（2）模块二：专项训练（12学时）

具体内容：

1）基础线条训练

2）立方体组合训练

3）小品与单体训练

教学目标：

1）掌握线条在表现质感中的多种技法

2）训练空间思维能力

3）掌握家具的造型特点及其质感表现

（3）模块三：综合空间表现训练（24学时）

具体内容：

1）室内空间表现

2）景观空间表现

教学目标：

1）掌握表现技法步骤程序

2）掌握综合工具的使用方法

3）熟悉室内外空间的表现技法

（4）模块四：综合快题表现（22学时）

具体内容：

1）室内快题表现训练

2）景观快题表现训练

教学目标：

1）掌握室内外平面图的表现方法

2）掌握分析图的表现方法

3）熟悉室内外设计的专业表现程序

三、课程作业

（一）作业内容

1. 线形训练（3~5幅）

2. 立方体组合（3~5幅）

3. 室内单体训练（单色2幅、全色2幅）

（家具、灯具、装饰品、电器）

4. 景观单体训练（单色2幅、全色2幅）

（植物、人物、汽车、公共家具）

5. 室内空间表现图纸临摹（3幅）

（居室、办公、商业）

6. 景观空间表现图纸临摹（3幅）

（水景、广场、园林）

7. 室内空间快题训练（1组）

（平面图、立面图、分析图、效果图）

8. 景观空间快题训练（1组）

（平面图、立面图、分析图、效果图）

（二）作业要求：A3装订成册

（三）考核方案

考核方式（依照课程教学大纲制定）

总分100分，其中：

1. 卷面成绩50分，占总分50%

要求：各技法训练作业分类合理、数量完整。

2. 课堂训练30分，占总分30%

要求：训练过程认真、积极，技法掌握有明显提高。

3. 电子文件10分，占总分10%

要求：电子文件整理清晰。

4. 考勤情况10分，占总分10%

要求：按时上下课、按时完成指定作业。

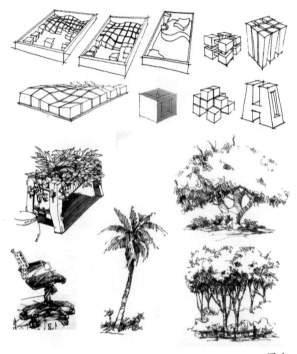

图 1

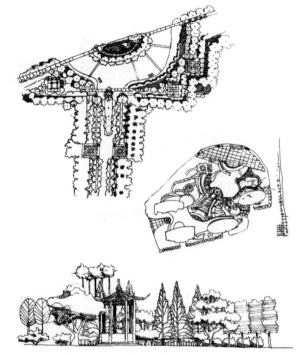

图 2

教师评语：

图 1 在立方体基础上加入曲面变化，探索不同视角，有
效提升训练难度，表现出较强的空间思维能力。

景观小品训练线条流畅、疏密有致，亮面简练、暗面松弛、
画面生动，表现力较强。

图 2 该作业表现出较好的专业素养，除了线条表现力的
学习外，兼顾了景观方案表现的学习与认知。

图 3 家具小品训练线条干练、细节描绘生动趣味，马克
笔运用简洁概括，色彩搭配干净利落，不同材质的表现
恰到好处。

089

图 3

图 4

图 4 景观表现尽可能全面体现设计意图，可采用的方法多元化是可取的。

图 5 该作业画面及空间组织流畅、节奏分明，色彩表现不拘泥于形式，有装饰感。

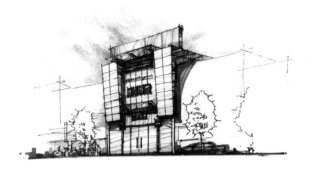

图 6

图 6 图面表现简练，色彩认知、界面塑造、空间理念传达较好。

图 7 扎实的速写功底，形成画面上较明确的个人风格，与培训班风格截然不同。

图 5

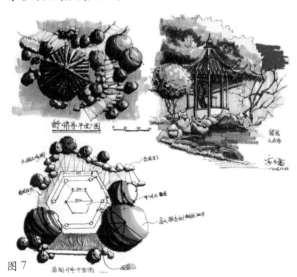

图 7

图 8

图 8 场地越大，表现手段越是要简练，色彩同样要简练。

图 9 快速表现技法的运用，可以将设计意图演化过程记录下来，并精心推理空间、材料、色彩、肌理等设计问题。

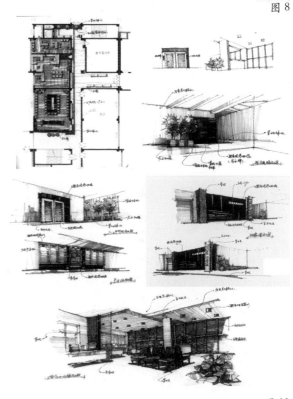

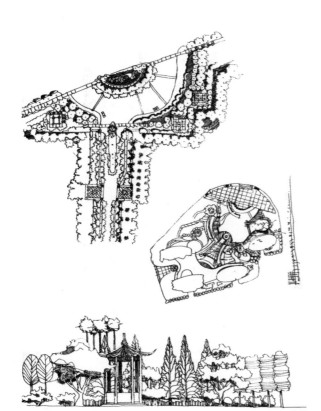

图 10

图 10 景观设计中，空间属性是复杂多变的，通过多角度的快速表现，尺度、空间等问题迎刃而解。

图 9

课程名称：

非物质·创意·驱动

主讲教师：李媛、张豪

李媛：西安美院建筑环境艺术设计系副教授，西安建筑科技大学建筑学博士。

张豪：西安美院建筑环境艺术设计系讲师。

西安美术学院
建筑环境艺术设计系

一、课程大纲

（一）课程目的、要求与重点

《非物质·创意·驱动课程》是一门隶属于环境设计学科各专业方向的专业基础课程，以大学四年级学生为教授对象，旨在提高学生的创意能力，培养塑造相应的创造性思维模式为目的，并使学生能将这种能力与思维模式转化为设计灵感驱动力为根本目的。与此同时，课程以大型素描和手工模型制作为基本方法，以让学生通过全过程的学习体验和掌握一系列有关于非物质创意灵感的产生方式，及如何转化为设计驱动力量为根本任务。此课要求与《景观建筑设计》、《景观构筑物设计》、《居住区景观设计》、《城市广场景观设计》《城市公共艺术设计》、《小别墅建筑设计》、《公共建筑设计》或《毕业综合设计》等课程相衔接，是这些以功能、技术为部分支撑的相关课程展开之前重要的前置创意驱动课程。课程重点在于学生的体验，体验一个关于设计创意产生与转化的全过程，而这种非物质的体验将成为学生日后不断具备创意能力和塑造创造型思维模式的原动力，因为学生深刻地了解和经历了一种创造性的方式。

（二）课程结构、内容构成及手段方法

课程共分五个部分，即"选择原型自然物"、"全貌观察原型自然物"、"进入自然物原型空间"、"原型空间转化设计"、"成果展示与批评"五个部分在课程进行中依次展开，循序渐趋地实现教学目的和任务。在结构上，第一部分"选择原型自然物"是课程的起始，第二部分"全貌观察原型自然物"是课程的进入，第三部分"进入自然物原型空间"是课程的高潮，第四部分"原型空间转化设计"是课程的成果，第五部分"成果展示批评"是课程的信息回馈。整体课程从起始到成果的实现，水到渠成的全过程体验，是课程于表象形式之内的重要价值内核。另外，课程共需 64 个学时，第一部分占 8 学时，第二部分占 8 学时，第三部分　占 20 学时，第四部分占 12 学时，第五部分占 16 学时。

第一部分，"选择原型自然物"：选择创意空间、形式产生的原型实物，此实物要求必须为自然物，因为只有自然物才具备形式或空间的原型，具有一定的体积并占据一定空间位置，其某些特性能够引发学生浓厚的观察和探索的兴趣。此次课程选择具有块面感的石英石，以加强学生在自然物中对实体形态原型、空间原

型、关系原型的感受。这一部分主要以课程理论讲解为主要的手段，通过对课程目的、要求等相关内容的阐述，及组织观看以往优秀成果与作品，激发学生对课程的兴趣及内在的主动性，自主寻找与个人内在创意驱动相契合的原型自然物。第二部分，"全貌观察原型自然物"：当视角位于远离地面的高空进行俯瞰的时候，便获得了对原型物整体平面角度的全貌观察，全貌观察使学生仿佛造物主般，对整个空间体系的生成拥有了意识层面的控制力，更为随后，人视视角的转换与进入提供了更为全面的视阈准备。此部分主要以 A3 纸幅、概括的小型素描为手段。第三部分，"进入原型自然物空间"：从全貌观察转换至人视视角，依托着原型自然物实体，将小型素描放大十倍或十五倍，用大型素描（2300mm×1800mm）的方式使形象得以展开。通过描摹细节，获得对原型自然物的空间、边界、实体元素、实体元素关系、实体元素与空间关系、边界与实体元素、边界与空间等关系的体验，仿佛进入了一个城市、一个建筑、一件公共艺术，与此同时，手绘素描的方式，正如体验了城市、建筑或公共艺术等生成的过程，帮助学生实现了从简单理解到身心都"懂"的目的。第四部分，"原型空间转化设计"：在前三个阶段的基础上，运用泥塑的方式制作模型，此模型通过对心理印象的捕捉，将大素描稿的绘制体验，及对空间与实体的体验，作为创意的非物质驱动力，通过双手，将一般性的美感进化为设计理性，使雕塑泥得以唤醒，使原本处于混沌状态的它们具有了生命和形式，使"物"具备了灵魂。第五部分，"成果展示批评"：集中性的课程成果展示，让成果与不同的人交流或是擦肩而过，不断的得到肯定、意见或批评。

课程计划安排

章节	内容	手段方法	总课时	讲授课时	习题讨论
第一部分	选择原型自然物	理论讲解	8	5	3
第二部分	全貌观察原型自然物	小素描稿	8	8	
第三部分	进入原型自然物空间	大素描稿	20	20	
第四部分	原型空间转化设计	模型制作	12	12	
第五部分	成果展示批评	汇报布展	16	5	
	合计		64	50	3

二、课程阐述

当下，我国环境艺术设计专业教学体系中存在着一个重要的环节缺失，即培养学生创意能力和塑造创造性思维模式等特定课程的开设。事实上，已存于世的所有伟大的设计作品中最具价值的部分正是蕴含了设计师独特的创意、灵感的非物质成分，它以艺术为特性，以形式为承载，使"物"的价值得到了无限增长，使人与"物"之间获得了广阔的心理想象空间。这也正是设计非同寻常的改变人生、改变世界的意义与价值之所在。然而，今天对表象的过度关注，特定创意性课程环节的缺失，导致了环境艺术设计整体课程体系中对设计的解释仅仅是为了改变"物"（所谓的强调"创意"仅起到了装饰的作用），设计师与"物"之间原本应以艺术灵感为非物质桥梁的无限空间和广阔地带被一再挤压，设计丧失了枢机内容与最强大的力量，设计课程体系走上了缺失灵魂的歧途。针对以上实情，西安美术学院建筑环境艺术系经过认真分析研究，学习国外先进教学经验，为切实提高学生的创意能力，培养塑造其创造性思维模式，特开设系列性《非物质·创意·驱动》课程，通过教学实践在相关方面收效显著。

课程创新性

此课程在课程设计、过程设计、内涵设计、成果转化设计等方面均具有一定创新性：在课程设计方面，超越一般性专业和专业基础课程，将设计范畴中的非物质因素与物质因素均纳入在内。其中，对自然物的感受，对自然物全貌把握与进入体验，及对感受体验的泥塑设计转化，是设计中非物质创意驱动及创意生成的完整过程，而这个完整过程又是以自然物、素描物、泥塑物等物质因素为承载，且这一系列物质的选择体现了无法分割、无比契合的不可替代性，两个系统的综合作用，使学生获得整体性的设计理性意识收获。在过程设计上，全貌、观察、进入、转化、展示的完整过程，阐释了有关于"全力走进去再全力走出来""借物成设"的设计教学思想的实践性与合理性。在内涵设计方面，注重对深层设计心理、设计意识驱动生成、生发因素的研究与挖掘，注重运用适合的途径为自然物美感向设计理性的转化开辟合适的通道与出口。在成果转化设计方面，紧紧围绕设计理性生成的核心，水到渠成的使学生在一种整体性的意识驱动下，完成转化，这种全过程的体验，正是艺术设计教育的核心意义之所在。

三、课程作业

第一部分作业：采撷原型自然物

要求：1.依据自己的兴趣进行选择；2.必须是自然物，因为只有自然物才具有空间和实体的原型。

第二部分作业：全貌观察素描稿

要求：1.自己选择俯瞰角度以实现构图需要；2.以写实技法为基础，以概括性全貌描绘为要求，以整体性宏观空间体块把握为目标。

第三部分作业：进入空间素描稿

要求：1.以A3素描稿为基础，可以全貌描绘亦可选择部分、局部予以描绘；2.以写实技法为基础，清晰表达空间、实体等各部分元素之间的关系，还应把握整体人视角度的空间体验，将体验通过描绘手段深入内心；3.最后如有时间，应运用彩色铅笔进行接续绘制，使多彩

的颜色如外衣般自然而然地附着于、包裹着空间与实体。

第四部分作业：转化创意设计泥模

要求：1.泥模尺度自定；2.一个关键性的阶段，不再受素描的约束，重在表达素描稿于心理留下的感觉，并在日常思维的理性积淀中，将这种感觉过滤而为设计理性、设计形式。

第五部分作业：空间展示

要求：1.在空间中进行展示，以体验"空间以外的空间"；2.将过程元素汇聚于同一个位置，体味附加了非物质创意的设计泥模与原型自然物的差异，体验非物质因素与物质因素之间的交融或独立存在；3.获得批评与评价，从而得到更多非物质的反馈，以便接续课程的深入。

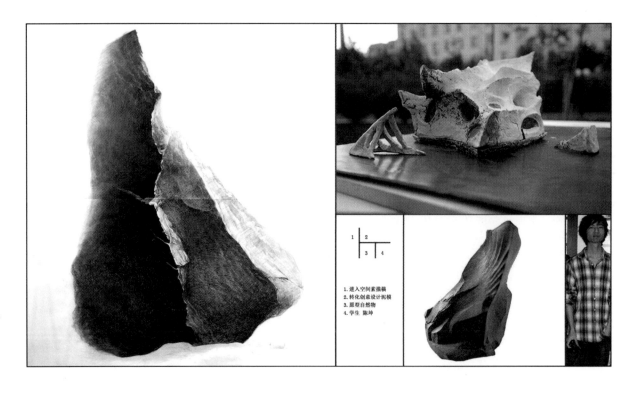

1. 进入空间素描稿
2. 转化创意设计泥模
3. 原型自然物
4. 学生 陈坤

1. 进入空间素描稿
2. 原型自然物
3. 学生 黄艺宝
4. 转化创意设计泥模

教师评语（上）：当石头落入水中，水花四溅的形态成为原型自然物激发出来的创意点，内部中空的空间赋予了建筑功能的承载，整体形态又好似花球般，学生称之为"上帝的语言"。

教师评语（右）：学生通过原型自然物的实体形态与表面凹入的空间提取了设计原型"方"，从而获得设计理性的入口和通道，使景观元素、建筑体块、城市综合体获得了形成的可能。

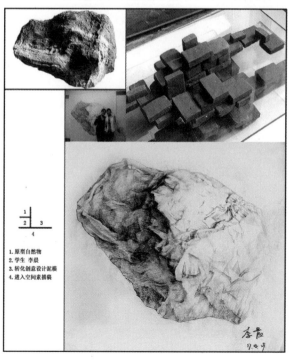

1. 原型自然物
2. 学生 李晨
3. 转化创意设计泥模
4. 进入空间素描稿

课程名称：

设计表现图技法

主讲教师：王东焱

王东焱：男，42岁，副教授，硕士生导师。主讲课程：设计表现图技法、景观设计等本科课程，园林美学、建筑造型设计等研究生课程；主持项目：后现代主义园林研究、云南景观桥梁造型研究、西南地区景观设计人才培养教研课题等；发表论文：《论昆明市盘龙区世博园片区规划设计》、《风景园林规划设计中的艺术语言研究》等。

一、课程大纲

（一）课程参数

总学时：48学时（其中，讲课24学时；实验24学时）；学分：3学分；实践教学：1周；修读专业：环境设计。

（二）课程内容

第一章 设计表现图的概述

设计表现图的特点；设计表现图的学习方法。

第二章 设计表现图的透视

透视角度和类型的选择；室内一点透视的求法、室内外二点透视的求法、鸟瞰图与轴测图。

第三章 设计表现图的基础训练

设计表现图的光影表现、明暗调子；设计表现图的色调、色彩表现、小色稿；设计速写的常用工具及画法、钢笔画。

第四章 设计表现图的细部和配景

植物的表现：植物在平面图中的表现、植物在立面图中的表现、植物造景表现；假山、水景的表现；建筑景观的表现；单体建筑外观的表现；景墙、景门、景窗、室内及家具画法、楼梯画法；路桥景观的表现；景观小品：园灯、园凳、园椅、栏杆、城市雕塑和壁画的表现；设计表现图的配景：天空、山脉、环境绿化、车辆人物、标杆标志的画法。

第五章 各类表现技法

彩色铅笔画技法；钢笔、针管笔画法；线描淡彩画法；马克笔画法（重点讲授）；水彩画法；水粉画法；色粉笔画；水彩水粉混合画法；喷绘技法；手绘和电脑绘画结合的表现方法。

第六章 设计表现图的艺术处理手法

均衡构图；合理选择视点；合理选择光源；审美与形式感。

（三）课程实验

1. 由三视图转化透视图：4学时；实验类型：验证性实验；实验类别：必做；主要器材：拷贝桌。

2. 钢笔画的基本技法和绘画步骤：4学时；实验类型：验证性实验；实验类别：必做；户外写生。

3. 马克笔的表现技法和绘画步骤：4学时；实验类型：验证性实验；实验类别：必做；户外写生。

4. 手绘和电脑绘画的结合方法：4学时；实验类型：验证性实验；实验类别：必做；主要器材：电脑、扫描仪、数码相机。

（四）课程实习

1. 钢笔画法表现

实习内容：城市环境设计的表现。

实习安排：市内写生。

实习要求：写生城市环境建筑和景观，有完整的构图，准确的造型，快速记录灵感，传达设计理念。

熟练掌握：钢笔画的工具性能特点；钢笔画的基本形式；钢笔线条造型与调子处理。

2. 马克笔画法表现

实习内容：校园环境设计表现。

实习安排：校园写生。

实习要求：写生描绘校园中的教学楼和校园一角，构图完整，造型准确；概括处理明暗关系、体积与光影；分清主次与虚实、大胆设色、色调统一；笔触生动，重点细节作深入细致的刻画，注重画面的整体性。

熟练掌握：马克笔基本画法及笔法；不同材质的画法；马克笔画法表现步骤。

3. 手绘与计算机混合表现

实习内容：表现图的输入与打印。

实习安排：电脑室。

实习要求：先画出手绘图后再扫描，在计算机上，利用绘图软件对其进行修改；在线稿上用 Photoshop 软件上色；用 Sketch Up 软件赋予材质。

熟练掌握：线描稿造型准确；Photoshop 软件的常用工具、图层及运用；Sketch Up 软件的效果图制作。

（五）考核方式及成绩评定

考核方式：A3 幅面马克笔写生表现图。

成绩评定：要求每个同学根据学过的知识完成一幅马克笔写生表现图，构图能力占总成绩的 20%，造型能力占总成绩的 20%，色彩关系的控制能力占总成绩的 20%，表现技法占总成绩的 20%，平时成绩占总成绩 20%。

（六）推荐教材及参考文献

1. 陈红卫. 手绘表现技法. 上海. 东华大学出版社，2013.

2. 杨健. 马克笔表现技法. 北京：中国建筑工业出版社，2013.

3. 文健，尚龙勇. 建筑表现图技法. 北京：北京交通大学出版社，2011.

二、课程阐述

（一）本课程的性质和要求

本课程的性质：《设计表现图技法》属于学科基础课。

设计表现图是指以环境设计服务为宗旨的、实用的一种特殊绘画，是环境艺术设计整体中不可缺少的重要环节；表现图也是形象与艺术的设计，是表述设计意图的艺术语言，表现图与设计构成互动关系。设计表现要求科学性与艺术性相结合，说明性与表现性相结合，符合准确、快速、美观的要求。

本课程的要求：使学生了解设计表现图的基本概念、设计表现图的各类表现技法；理解和掌握不同环境景观细部的表现规律。本课程通过系统的理论讲授和专项手绘表现训练，使学生能够独立进行环境设计的方案创意和表现，使学生由浅入深地掌握环境设计的手绘表现方法，做到理论联系实际，培养出有一定表现能力的环境设计人才。学生在学完本课程后，应达到如下要求：熟练运用设计表现图的各类表现工具；基本掌握不同环境对象的细部表现技法。

（二）本课程的重点

钢笔画画法、马克笔画法、手绘和电脑绘画结合的表现方法。

（三）本课程对作业、实验、实习及课程设计的要求

作业要求：结合理论教学，强调能力培养。树立表现图忠实于设计思想的观念，表现图既有绘画性，也有图示性。基本掌握根据三视图绘制透视图的步骤及技巧，熟练掌握快速表现技法，具有一定用水粉媒介绘制表现图的能力。

实验要求：明确绘图步骤，对画面的构图符合形式美的原则，造型（比例、结构、透视）准确，明暗关系（黑、白、灰）准确，有一定的质感、空间感和量感。

实习要求：掌握各类技法；忠实表现设计构思；在表现图绘制中，凝聚环境设计的艺术意味，带有较强的审美独立性和感染力。

（四）本课程同其他课程的联系与分工

先修课程：《工程制图》、《三大构成》、《设计素描》、《设计色彩》等课程。

后续课程：《景观设计》、《室内设计》等课程。

联系与分工：设计表现技法属于专业基础课程，要求熟练运用设计表现图的各类表现工具；要求在学生掌握一定的造型能力、审美能力的前提下，忠实地、完整地表现环境设计的艺术构思，并训练表现艺术构思所必备的各种表现技法。

三、课程作业

作业一：线条性格练习

　　直线练习：使用钢笔或针管笔练习垂直、水平、倾斜、弯曲等多种线形。曲线练习：规则曲线练习、自由曲线练习、体会曲线的运动感和节奏感。线网练习：线网的叠加创造各种深度的色阶，表现逐渐加深的明度关系。线条质感练习：快速运笔留出飞白的痕迹，慢速运笔表现粗糙无序的质感；细直线表现简洁平滑的肌理，粗直线表现肯定和力度。

作业二：透视练习

　　绘制实物、视点、足点、画面、地面、视平线等组成的透视概念说明图。室内一点透视的求法；室内两点透视的求法；室外两点透视的求法。分别绘制一点透视类型、两点透视类型、三点透视类型的表现图。熟练运用适当的透视类型表现建筑的空间形态。明确透视图的三个条件：物体与画面的夹角；视点与画面的距离；视高。

作业三：钢笔表现图练习

　　通过建筑速写，训练钢笔线条的表现力，写生中注意用线的长短、曲直、方圆、粗细、疏密运用，培养画面形式感和审美感觉。钢笔画中常用线条的排列形成的笔触去表现画面的色度与明暗块面关系。

作业四：光影和调子练习

　　明确表现图中光影和调子的概念；具有绘制设计速写的技巧和能力；具有绘制全因素钢笔画的能力；明确表现图中的色调、色稿、色彩关系的概念；具有绘制水彩表现图的技巧和能力；有比较好的准确性和真实性；有比较好的艺术感受。

作业五：配景练习

　　配景包括景观小品、天空地面、远山近树、车辆人物；根据设计需要，模拟真实的环境，反映特定的地理特征；默写掌握植物的画法：阔叶植物、针叶植物、热带植物、草坪灌木、远树近花；室内环境，家具表现，常用家具尺度的记忆。

作业六：表现技法练习

　　熟练掌握钢笔画法、线描淡彩画法；了解铅笔画法、水彩画法、水粉水彩混合画法、特殊技法；掌握不同材质物体的表现技法。重点掌握马克笔技法，通过现场写生和临摹名家作品，提高马克笔表现技巧，熟练掌握马克笔的性能，学习马克笔在表现图中的实际运用。

图1　建筑水彩表现　　　　　　　　　　　　　　　　　　作者　黄李兵

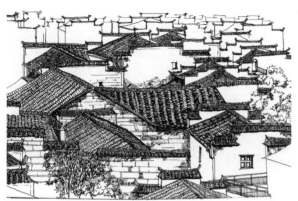

图2 皖南民居钢笔表现　　　　　　　　　　　作者 龚毅

图3 城市环境钢笔表现　　　　　　　　　　　作者 杨朦

教师评语：

图1 采用一点透视的仰视角度，较好地表现了教学主楼的轩昂感，采用侧光入射角度，突出了建筑凹凸起伏的内在结构。作者具有明确的形体意识，构图饱满，设色细腻，体现了水彩媒介清新明快的特点。

图2 钢笔速写首先要有美感，其次是画者源于观察的创造力、提炼能力，再有表现能力。该画构图富有节奏感，主体明确，黑白布局自然，有较好的表现力。缺点是略显得拘谨，如果前面房顶的瓦片能处理得虚实相间更好些。

图3 钢笔表现城市环境时，建筑数量多，内容丰富，要合理选择画面重点，用明确的线条表达对象。从对象的边界轮廓入手，以清晰的线条准确描绘出对象的比例和透视，虽不能给人以绝对的真实感，但可以给清楚地表现建筑造型和空间关系。

图4 庭院表现具有小尺度空间中营造景观氛围的特点，本图用植物进行框景，采用遮挡的方法，明确出前景、中景和远景，有利于画面的空间表达。

图4 中式庭院钢笔表现　　　　　　　　　　　作者 吴琼瑾

099

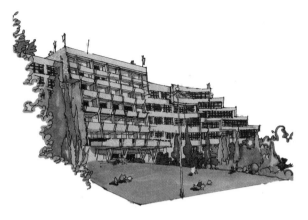

图 5 校园一角　　　　　　　　　　　　作者 于松辉

图 6 A栋教学楼写生　　　　　　　　　　作者 杨海燕

图 5　准确是衡量一张表现图优劣的标准，在造型准确的基础上，作业中还可以根据自己的观察和感受，适当地把对象理想化或者图案化，强化作品的感染力。

图 6　建筑手绘表现要清楚地把自己的观察画出来，本图选择成角透视类型表现教学主楼，空间感较强，构图均衡，地面与建筑的空间关系明确。

图 7　形体转折随着体积的变化而不同。转折要分缓急、方圆、虚实，讲究刚柔并济，作者认真观察这些复杂体积的转变，描绘的建筑结实、整体。

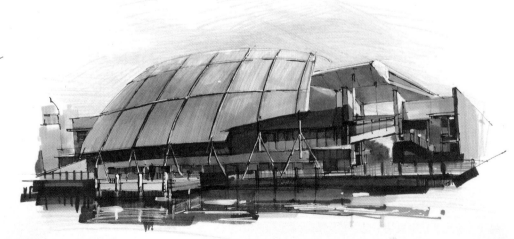

图 7　现代建筑表现　　　　　　　　　　　　　　　　　　　　　　　作者 张武

图 8 建筑入口写生　　　　　　　　　　　　作者 何柳

图 8 构图基本合理，把建筑入口置为中景，配以远景的树丛与近景的孤植，空间前后关系明确。

图 9 生活中常见的民居写生，具有感染，色彩关系基本和谐。

图 9 建筑单体写生　　　　　　　　　　　　作者 李晓玲

图 11 材质表现练习　　　　　　　　　　　　作者 高婷

图 10 第一教学楼写生　　　　　　　　　　作者 吴章平

图 10 深入刻划容易拘泥于局部，本图明确了黑、白、灰构关系，灰色衔接自然，重色中跳跃出亮色块，空间秩序讲求虚实感，明暗交界线提炼概括，画面把握较好。

图 11 各类材质表现是马克笔练习的重要内容，本图表现了景观瀑布、水体和叠石组合，沿着物体运动方向运笔，笔法生动，设色自然。

第十一届全国高等美术院校建筑与环境艺术设计专业教学年会 优秀课程实录

课程名称:

设计初步2

中央美术学院
建筑学院

主讲教师:王小红

王小红:中央美术学院建筑学院基础教研室主任,教授,硕士生导师。
长期从事建筑基础教学工作,逐步建立美术院校的建筑与环艺专业设计基础教学框架,系统梳理教学模式及课程内容,以空间认知与体验为教学重要环节,加强表现基本功的训练,使学生具备相应的知识及能力,为以后学习夯实专业基础。

课程指导教师:王小红、侯晓蕾、刘文豹、刘斯雍、吴若虎、钟予

一、课程大纲

中央美术学院建筑学院一年级设计初步系列课程针对建筑及环境艺术设计专业特有特点———"人为空间环境的创造设计"而展开。首先从认知层面开始,学会观察及理解空间环境,系列课程中以认知作为教学重要环节,使学生意识到设计从认知和观察空间环境出发;其次逐步建立建筑设计意识,初步了解建筑关注的基本问题,学生进行观察环境、分析设计内容、进而设计创造空间,完成基本建筑设计的过程。

设计初步课程正是基于以上思考和探讨,从建立空间意识出发,围绕认知、观察、分析、建筑基本问题的初步认识而展开一系列教学实验,由两个教学层次和三门教学系列课程形成一年级设计基础教学主要框架。两个教学层次为设计的基础,基础的设计。三门教学系列课程:设计初步1 空间思维的培养;设计初步2 空间认知及表现;设计初步3 空间初步设计。

二、课程阐述

设计初步2 空间认知及表现
一年级第一学期,时长10周
训练学生掌握建筑制图的基本原理、技巧和方法,

建立建筑图纸表现的意识,养成速写和勾画草图的习惯,以上课程内容与了解建筑的基本问题及建筑空间认知与大师案例介绍平行讲授。首先通过严格的基本功训练,使学生完成从建筑识图到制图的过程,熟练掌握制图工具的使用;培养细心、耐心、干净、美观的制图习惯;其次培养学生对基本建筑问题的初步认识,初步建立对完全陌生的专业——建筑的认识。教学目的是严格训练基本功同时打开学生眼界,介绍一些建筑基本要素,相对于枯燥基础性技法课程,力求扩展到认知层面及设计修养的培养。

三、课程作业

如何认识建筑,建筑的基本问题是什么?是否有一定的方法可以帮助我们逐渐理解建筑作品?首先,空间和人们日常生活的关系是什么?其次图纸与建筑设计的关系是什么?如何做到从手到眼、到脑再到心的一系列过程的完成?我们的专业学习需要从有意识问题开始,但首先学会观察及体验,我们的课程从建筑抄绘大师作品开始认知建筑的世界,千里之行始于足。

课题设置不同主题练习单元,循序渐进展开训练,使学生逐步对建筑有一个初步了解,而建筑制图及表现能力也围绕空间认知及体验而被学生逐步掌握。

6个练习单元构成如下：

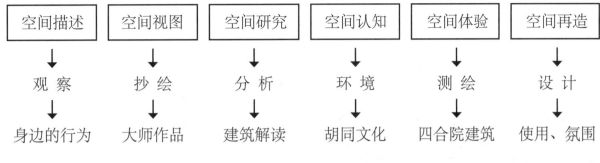

空间描述	空间视图	空间研究	空间认知	空间体验	空间再造
↓	↓	↓	↓	↓	↓
观 察	抄 绘	分 析	环 境	测 绘	设 计
↓	↓	↓	↓	↓	↓
身边的行为	大师作品	建筑解读	胡同文化	四合院建筑	使用、氛围

练习单元 1：空间描述——观察　　　　　时长 1 周

　　勒·柯布西耶曾指出人们对身边的空间环境熟视无睹，所谓的"视而不见的眼睛"。学习建筑，从我们的眼睛里看到了什么？观察应该是首先要学习的，如自然、城市、街道、校园、家等等。我们生活的世界往往不是学建筑的学生首先去认知的，而是那些发表在杂志或网络上出现的大师建筑是大家感兴趣的。卒姆托在他的书里，从门把手到光线在屋里的变化描述非常详细，同时带着情感和温度。那么我们从学建筑的第一天开始，我们看到了什么？首先自己的宿舍和校园还有教室，当然还有食堂、运动场，这是我们每天生活的地方。

练习单元 2：空间视图——抄绘　　　　　时长 1 周

　　抄绘建筑大师作品，建筑类型为 Bungalow：赖特的雅各布住宅和 Edward Serlin 住宅，密斯的巴塞罗那德国馆，建筑制图内容包括平面、立面、剖面，了解建筑制图步骤、 建筑各视图画法及制图要点，线条等级及初步体会建筑空间与三视图关系。

　　人们使用图纸来表现空间形体组合和空间环境的体验效果。建筑设计图着重展示和明确形体和空间的本质的虚实特征、尺度和比例关系以及其他一些重要的空间特征。

设计初步 2　　　　　　　　**练习 3 空间研究**

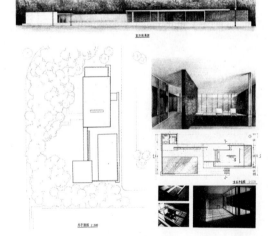

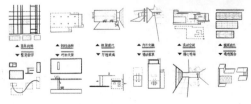

103

练习单元3：空间研究——分析　　　　时长2周　　　　　　练习单元4：空间认知——城市空间环境　　时长1周

　　分析研究抄绘的建筑作品，通过建筑模型制作、分析图及透视图进行研究，进而解读建筑，了解有关建筑的一些基本问题：场地、建筑形体、功能需求、空间组织、空间尺度、光线、结构、材料等等。同时，通过绘制效果图及模型照片表现建筑精彩空间。

　　对人们日常生活的城市空间进行环境认知，选取北京鼓楼地区胡同城市空间进行调研，了解城市空间环境不同要素及对建筑的影响。

　　如何考量和分析场地空间环境是建筑师设计建筑的首要任务，面对现实纷繁复杂的物理空间及人文生活环境，通过理性的思维系统概括出场地所处城市空间环境特征。

　　1.图　底关系图（黑白图）：目的是使建筑在所处的背景场所空间中其结构组成更为清晰化，有助于建筑师比较新设计的建筑与周围建筑环境的空间关系；

　　2.道路分析图目的是说明场地交通情况，路网，主次道路，车流、人流分析；

　　3.绿化分析图解读场地绿化布置情况。

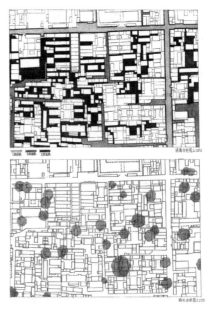

　　测绘一个合院式建筑局部，体验空间氛围、 大小、尺度、光与空间、结构、人如何使用空间、内外空间及家具布置等，徒手手绘完成。

　　考察北京传统民居四合院空间特点，选取一个空间，条件如下：在鼓楼地区，合院式建筑局部，建筑面积 20~60m²，加一个小院。进行测绘同时体验感受空间问题：长宽高空间尺寸，空间氛围，光线如何进入，结构与材料，开窗方式，建筑内外关系，人如何使用空间等。（测绘可小组进行，作业图纸需单独完成。）

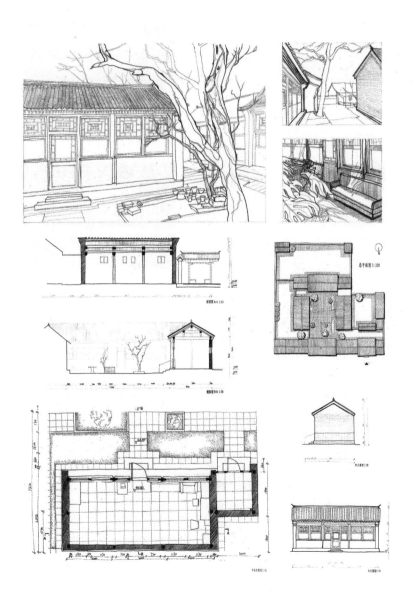

第十一届全国高等美术院校建筑与环境艺术设计专业教学年会 优秀课程实录

　　改造设计四合院空间，对所测绘的局部合院式建筑进行空间改造，作为咖啡馆、茶室等，需研究人的行为、人体尺度、人和空间的关系、空间组织、空间形式需借鉴抄绘的大师作品，进行空间改造设计。

　　功能自己设定，从人的使用和体验出发，开始体验人体尺度与建筑空间的量度关系，以人在空间中的活动为主线进行空间组织，理解空间设计是为满足人的动态生活和行为活动：生活起居、休闲娱乐、餐饮、工作；通过家具、墙面布置或抬高地面进行空间划分：公共区、半公共区、私密区；观察气候、阳光、通风、采光和朝向对室内空间物理环境的影响。

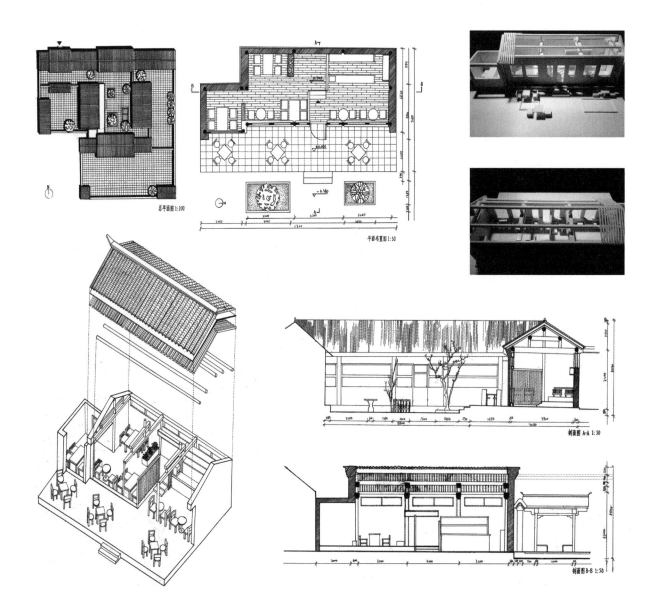

专业教学

PROFESSIONAL
TEACHING

课程名称：
空间环境与设施设计及原理

主讲教师：张羽、阚玉德

张　羽：女，博士，北京建筑大学建筑学院设计学讲师。
阚玉德：女，硕士，北京建筑大学建筑学院设计学系讲师。

一、课程大纲

　　课程所要强调的是设计过程的建立，而不是简单的寻求设计成果，因此课题的完成是建立在一系列、有步骤的小练习的基础之上的。学生通过逐步完成每一个练习，将学习如何建立设计步骤，并且最终完成设计任务。系列练习分为两个部分，每个部分中分为几个具体练习内容：

　　第一阶段：设计意图
　　练习1：设计意图的认识和提出
　　练习2：设计意图的表达和运用
　　第二阶段：任务条件
　　练习1：设计任务
　　练习2：多层次的区域划分

　　练习3：浮动的空间 —— 交通组织
　　练习4：创建多层次空间
　　课程评分标准：
　　整个课程对学生的评价标准将基于以下考虑：1. 设计概念的清晰和丰富程度；2. 学生自身对于概念评价和发展的能力；3. 在设计过程中，学生不断反复地推敲和清晰的评价能力；4. 每一个阶段的作业完成度、清晰度和绘图制作能力。

　　本次课程是为学生提供学习如何依据、使用视觉和物质的条件，寻找设计方法的机会。建筑设计初步课程的重点是建立和发展个人的设计方法。课程的评价将基于：设计是一个过程，而不简单的是一个产品。不断地评价、批评和讨论设计的结果和过程，在本课程中十分重要。每一个练习是针对不同的设计问题的训练，因此每一个小练习，评价标准会有具体的依据，详见每个练习要求的评价标准。

具体评分标准：平时练习 60%，最终成果 30%，考勤 10%。

二、课程阐述

空间环境与设施设计及原理课程设置在设计学专业的二年级上学期，在大一建筑设计初步课程的基础上进一步让学生认识空间和创造空间。课程设计选择北京建筑大学校园环境一隅，设计一个约 800 ㎡，为建筑学院学生提供设计成果展示、休闲交流的公共空间，分为建筑设计和室内空间环境设计两部分。在设计课程中，通过实例分析、现场调研、设计知识的讲授等使学生了解建筑空间的组成与功能分区、设施对于室内外空间的连接作用、影响空间造型的因素等知识。重点是让学生学会在纷繁复杂的因素当中发现问题，形成自己的设计理念与意图。

设计的图面作业程序基本上是按照设计思维的过程来设置的，经过概念设计和方案设计两个阶段。其中，平面功能布局和空间形象构思草图是概念设计阶段图面作业的主题；透视图和平面图是方案设计阶段图面作业的主题。每一阶段图面在具体的课程安排中没有严格的控制，发挥学生运用图解语言的能力。

在概念设计阶段，设计的根本是资料的占有率，完善的调查，横向的比较，资料的归纳整理，寻找欠缺，发现问题，进而加以分析和补充，这样的反复过程让学生的设计在模糊间渐渐清晰起来。就本设计来说，首先，要了解和考察同一类型建筑的设计知识和要点；其次，观察本地形和环境特征，取得已知的存在问题和经验、其位置的优劣状况、交通情况、如何利用公共设施和如何解决不利矛盾、线路的合理规划等，重点还要研究使用对象；最后，将问题罗列，寻找突破点，从功能、技术、文化等多角度认识设计任务。

在方案设计阶段，首先要提出一个理想化的空间功能分析图，可以先不考虑实际平面，以避免先入为主的观念限制了学生的感性思维。当基础完善时，便进入了实质的设计阶段，再次的实地考察和测量是极其必要的，图纸的空间想象和实际的空间感受差别很悬殊，对实际空间尺度的了解有助于与学生缩小设计与实际效果的差距，进一步调整空间的比例和尺寸，处理空间的虚实关系、对比和统一关系、衔接和过渡关系。在此设计阶段，采用的设计和表现途径主要包括：徒手草图、研究模型、

正投影图、透视图，即从平面向三维的空间转换，将初期的设计概念完善和实现在三维效果中，以完善自己的设计。

当今的空间环境设计，专业内容涵盖面广，对设计师的综合素养要求越来越高，要求设计师必须具有高度的创意视角和艺术修养，并掌握现代科技与工艺知识，以及解决处理实际问题的能力。这种目的的达到最根本的是设计的概念来源，即原始的创作动力是什么，是否适应设计方案的要求并且能够解决问题，而取得这种概念的途径是依靠科学和理性的分析过程，这是一个循序渐进和自然而然的孵化过程。课程的训练，就是使学生了解这一过程，体会到功能的理性分析与在艺术形式上的完美结合要依靠设计师内在的品质修养来实现，逐渐对自己提出要求，即对任何事物都抱有敏感的体悟和敏锐的观察。

三、课程作业

（一）设计任务

北京建筑大学建筑学院由于学生交流硬件设施有限，学生间的互动相对缺乏。目前，教学活动逐渐呈现多样化特征，需要更加轻松、生动的交流空间让学生领悟设计知识，提升知识交流的意识，而学院的学生们对生活、学习丰富性的需求也逐渐增强，因此，富具创意性的交流空间的建立是众望所归的。

这次课程的设计任务是为建筑学院学生、教师设计一处具有先锋实验性的展示和交流条件的室内外空间。

设计需要满足以下的空间要求，并加入学生自身对于空间、功能和设施的理解。

1. 兼具展示与咖啡的空间，室内外空间整合考虑；
2. 具有举行小型公共活动的空间；
3. 简餐厨房和西式餐厅（咖啡、餐点）；
4. 它辅助空间，如卫生间、储藏室等，必须给予考虑。

（二）规模

本次设计的建筑总面积 400 ㎡，占地面积不得大于 300 ㎡。

（三）场地条件

场地位于大学校园内，西北侧靠近礼堂地带。场地内建筑和周围建筑均不可拆除，但可以根据设计意图选择与现有建筑的关系。

场地内地势平坦，已有成形的道路交通系统，在方案设计中不得破坏现有的道路，但可以根据需要增加必要的交通形式。

场地内的大型木本植物必须保留，小型灌木可依据设计的需要选择保留或砍除。

（四）场地数据的收集和场地模型

本次课程要求学生以班级为单位，对场地具体数据进行收集。在班长和学委的组织下，班级分成2~3人小组，对场地以及周围的地形、建筑、道路、植被进行实地测绘。根据测绘结果，全班同学共同完成场地总图的绘制和场地模型的制作，要求能够全面地反映现状各种条件，今后开展的设计训练将基于场地总图和场地模型。

（五）以班级为单位提交以下成果

1. 场地现状总图：比例1∶100
2. 场地模型：比例1∶100

建筑高度及层数不限

（六）作业要求

1. 总平面图
2. 建筑平面图
3. 建筑剖面图2个
4. 建筑立面图4个
5. 室内平面图
6. 室内顶面图
7. 主要空间立面图4个
8. 透视图若干，建筑、室内透视图至少各一个
9. 模型制作

教师评语：

我们认为该交流馆应该是一个让每个学生怀着各自对设计的想法进入，通过交流让彼此思想可以产生融合、碰撞进而得到升华的场所。该场所可以让思想作为一生出无穷，又可以让无穷化为一体，进而让设计逐步演化，暗合中国太极的思想。这些思想升华体现在建筑上，产生了我们西部立面光与影的结合；东部立面的大小、虚实、黑白的对立；二层空间镜像与实景的演化；空间划分上开放与封闭的交融。通过建筑中形态、材质、空间上的对立、演化、交融来达到道之极境——无极。

首先，在材质上我们大面积选择了透明混凝土作为一种主要材料，它在分隔空间的同时，白天可以为室内提供一定的自然采光，而到了晚上建筑内的灯光则会透进室外，营造出一种虚幻、轻灵的感觉。在白天，其与深色混凝土融为一体，与白墙形成对比；而到了晚上，透明混凝土又变身为"发光体"，凸显出建筑的存在，在人们眼中呈现出了另一个体量的建筑。

在室内外的空间划分上，我们在建筑的西面用几面交叠的墙形成一个半闭合的空间，同时墙之间形成的缝隙与一天中太阳位置的变化则演化出了这个空间在不同的光影。这个半闭合的空间对于西面的围墙来说是室内，可其对于建筑内部的展示空间来说又是一种"室外"。室内与室外的概念在这里相互交融、变得模糊。二层展厅的人们眺望庭院，身觉室外阳光明媚，而庭院内的人却又想透过墙缝中的光芒探寻外界的景色。

而在空间感最为奇妙的二层中，我们在南侧的休息区中

添加几处大型的镜面在增强空间感的同时使游客抬头便能在同一方向感受到东西双向的景色，宛如身临一个奇幻的空间。而在北侧的二楼展厅，我们则用悬吊在空中的两处雕塑展区与两处绘画展区这些"漂浮"的空间来模糊上下的景色，宛如身临一个奇幻的空间。而在北侧的二楼展厅，我们则用悬吊在空中的两处雕塑展区与两处绘画展区这些"漂浮"的空间来模糊上下的概念，同时用可在

中间走廊与空中滑轨间滑动的展板来加强这种空间感。

至此，空间中传统的内外、左右、上下变得毫无意义，可他们又相互融合为人带来了崭新的感觉与体验。

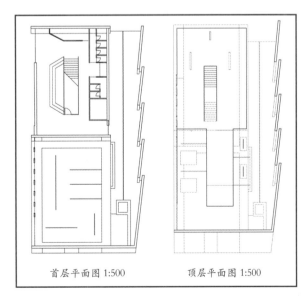

首层平面图 1:500   顶层平面图 1:500

北京建筑大学建筑学院学生交流中心设计

天空之城

设计说明

问题梳理

· 校园内部文化需求：
  需要能增进校园人文交流的多元化空间
· 校园内部场地大小与区域有局限
· 适当避开校园外部环境的干扰，增加校内宣传

建造目标

· 兼具咖啡厅、书店、多媒体、展示、自由空间功能的建筑
· 避免外围干扰，在学校建筑中突出——架空空间

场地概况

解决方案

· 高度大于周边校园建筑
· 面向操场，方便宣传
· 建筑纯净，净化周边环境

建筑平面图

一层平面图

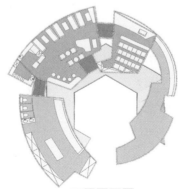

二层平面图

113

建筑立面图

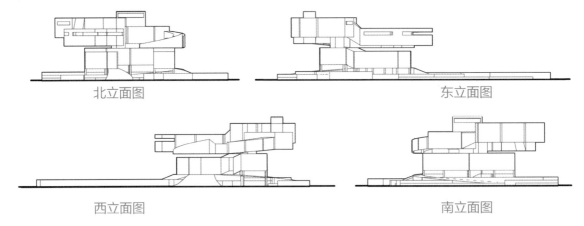

北立面图   东立面图

西立面图   南立面图

模型照片

场地总图   模型细节

模型照片

建筑总平面图

停车场
主入口
次入口
行车道
绿化

场地总图

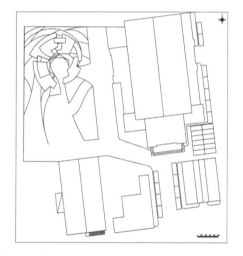

课程名称：
展示设计
——实战项目探讨课程

东华大学
服装·艺术设计学院
环境设计系

主讲教师：刘晓东

刘晓东：现为东华大学（原中国纺织大学）服装·艺术设计学院环艺系副教授，创意产业管理学博士，东华手绘艺术研究中心负责人。中国庐山艺术学会特聘顾问。主要教授《展示设计》、《家具设计》、《手绘表现技法》等课程，曾出版《室内效果图快速表现技法》、《手绘室内效果图表现技法》、《设计表达——景观绘画徒手表现》、《展示设计手绘表现技法》《炫彩—手绘名家作品集》等著作，编译《自由职业设计师工作手册》一部。在国内核心期刊杂志上发表学术论文十余篇，在国际 EI 期刊上发表论文 5 篇。

西凤酒商业展示项目
课程教学实验合作

一、课程介绍

　　展示设计是针对各种以展示为目的并提供环境、视觉设计、产品设计、多媒体等为一体的综合设计服务学科。内容涉及博物馆陈列、展览会、商店陈设以及各种团体的发布、演示活动等。它既是一门空间与场地的规划艺术，又是关于视觉传达的平面创意。它是环境设计学科的重要专业课程，是学生未来从事设计活动所必需具备的重要专业技能之一。

　　展示设计课程的实验方法主要侧重教学的实用性与学生的团队设计合作性，力求通过来自企业实际项目的考核与指标要求，用实际市场实战指标为依据锻炼学生实战性，打破传统课程的"温室环境"状态，让学生在真实项目中认知理论学习与实际应用的关联性。由此，通过本实验课程，让学生了解市场需求，以方便对未来自己的职业规划提前预热。

二、教学目的、要求与方法

（一）教学目的

　　通过本课程的教学，使学生掌握展示设计基本知识和基本理论；熟悉展示设计和相关学科的主要内容，提高学生展示设计的能力，培养学生在真实市场环境下，如何运用所学知识进行展示策划设计的能力，为未来从事专业设计研究奠定基础。

（二）教学要求

　　教学前期通过多媒体、视频、案例等教学手段对"展示设计"课程进行系统的理论知识讲解，让学生掌握展示设计的理论和设计基本方法，了解和掌握空间塑造在展览设计中的重要作用，限定空间的处理、利用、改造。要求学生在学习展示设计中掌握用什么内容、哪些展品采用何种设备、运用什么样的艺术手段来表现展示主题，达到形式与内容的高度统一。

（三）教学方法

教学以理论讲授和实践辅导相结合，针对企业所委托的真实课题，根据学生本人设计构思，采用不同的教学方法，使学生在实战中掌握展示设计的原理，了解展示设计的规律，学习展示的设计方法和手段，并进行现代展示设计与创意。

三、课程计划

第一周：课程理论授课。对学生讲授展示设计概念、原理、设计方法、注意事项，并结合往届优秀作业进行案例与实战分析，让同学系统地了解展示设计的课程要求、课程地位和课程高度，认知优秀作业的打分要求，以便在接下来的时间内做好项目实战前心理准备。本周布置项目实施要求。

第二周：创意构思。本周锻炼学生创意与构思能力，同时要求学生的手绘表达要巧妙。本周聘请企业负责人讲解企业文化、项目要求，从实战角度让学生对项目有初步直观了解。另外通过学生查阅资料，收集与项目相关设计资料，并对项目进行草图绘制，包含平面图、透视草图等，并最终确定最终方案。

第三周：方案细化。本周锻炼学生方案深化能力。通过草图大师、3D 建模等软件的配合，将上周确定的方案进行建模与渲染，系统解决展示造型、色彩、灯光的问题，并推敲方案的空间布局的合理性与视觉效果。

第四周：方案汇报。本周锻炼学生的排版、口头汇报表达能力。将邀请企业设计负责人 2 人共同参与学生项目方案汇报答辩会，并提出项目的优缺点。从实战角度对学生的方案提出要求与改进措施，并当场对优秀学生方案进行打分，优秀者会后并给予录用证书和资金支持。

四、课程作业

以 2 人为一小组合作方式，按企业实际要求对项目进行展示方案设计。（具体实际项目另附）

要求学生根据项目要求确定设计主题，并围绕该主题进行构思，力求突出项目特点、深化项目品牌文化，侧重展示效果。设计内容包括商业展示与专卖店展示两大类，具体设计包含设计文字提案、平面布局设计、品牌展示分析、展示立面图与效果图、展版设计等平面视觉策划，借助电脑相关软件对展示空间进行表达。最终提交一份设计报告。

教师评语：本作业也是西凤酒厂的实际项目要求所做的专卖店设计，平面为长方形，占地面积约为 150 平方米，项目为单层结构。店面运用六边形作为展示橱窗有较强的实用性、新颖性。

作者：张天琛

作者：张天琛

教师评语：本作业是结合西凤酒厂的要求所开展的设计效果。该作业创意大胆、灵活，用色也非常贴近项目要求，方案中的造型简单，易加工，非常受业主的喜欢。

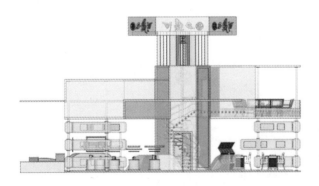

教师评语：本作业为西凤酒展示的局部空间效果，该作业用色简洁大方，有一定的时尚性。设计将西凤酒的"酒文化"阐述的非常到位，被企业录用。

作者：张天琛

作者：陈典新

教师评语：上图为陈典新同学的外观展示效果。方案无论是从造型，还是灯光与用色都表现得非常优秀，蜿蜒起伏的夸张造型，凹凸有致的肌理变化等展示手段也运用得非常好。

教师评语：右边两张图为陈典新同学的专卖店展示效果。作业从外观到展示厅内部都采用了西凤酒传统的装饰纹样，说明该同学对企业文化做了较多的了解。

119

作者：陈典新

作者：姚丽萍

教师评语：本作业为西凤酒专卖店展示的局部空间效果，该设计运用了中国传统造型与色彩表现，以表达出中国古老的酿酒文化，比较符合中式白酒的酿酒文化特点。

教师评语：下图西凤酒商业展示的设计方案，本方案运用了柔性的曲线与挺拔的直线相结合，造型整体夸张、大气，具有一定的设计张力。较为遗憾的是缺乏展示效果。

作者：郑宇西

作者：付莹莹

教师评语：上面方案虽然为中式传统设计造型，但借鉴了现代展示手法对造型进行了较新的创意设计，突出了企业品牌文化。

作者：徐沛沛

教师评语：上图是徐沛沛同学所设计的西凤酒专卖展示内部空间效果，用色相对简单，将中式传统的装饰纹样运用得较为恰当与理想。

作者：武靖慧

教师评语：上图两张都是针对西凤酒的展示设计方案，为空间的两个角度。方案设计相对原生态，运用了大面积的红砖、水泥、原木等材质，以烘托西凤酒纯正浓郁的原生态酒文化，也恰恰符合了企业的酿酒传统与精神。该方案在表现上也较为理想。

课程名称：
景观设计

东华大学
环境艺术设计学院

主讲教师：冯信群 、刘晨澍、朱瑾、黄更、查理得·古德文

冯信群：教授，环境设计系主任。
刘晨澍：副教授，室内设计方向。
朱 瑾：副教授，建筑设计方向。
黄 更：讲师，景观设计方向。
查理得·古德文（Richard Goodwin）：教授，澳大利亚新南威尔士大学美术学院。

一、课程大纲

（一）课程概要

在 2010 年上海世博会期间，运用建筑外骨架结构探索城市虚拟空间与真实空间的渗透与融合。课程旨在通过来自不同国家的学生相互讨论，共同合作，寻求更具活力的改变城市的解决方案。

（二）主要内容

1. 以一段路程作为实践的对象，鼓励学生引入一系列改变城市及建筑的行为和策略。这段路程是每个学生选择的由一个特定地点到东华大学的经历，包括其周围真实及虚拟的公共空间和私人空间。

2. 每个学生在城市里选择一个对个人具有一定意义的地点，并通过绘制模型，展示这个地点到东华大学这段路程及周围的城市和建筑状况。选定的地点必须限定在城市中心的密集地带，可以通过图表、地图、三维电脑图像、用数码相机或录像描述。

3. 课程大纲可以归纳为以下几点：

（1）学生最开始的任务是描述选择的地点到东华大学之间的状况；

（2）形成概念设计，通过合作对这一特定区域引入全新元素或进行转变；

（3）所有设计方案应该具有可持续性，或是能促进可持续性发展的技术；

（4）探索创作理念和互联网虚拟世界的关系。

二、课程阐述

（一）"见面"阶段

在双方在课程正式开始之前安排了"见面会"；在导师自我介绍之后，双方学生按学校以每10人一组的顺序进行2分钟的自我介绍。自我介绍形式不限，可以用图片、影像、音乐、文字或口述等多种形式；介绍内容也较为宽泛，可以介绍个人基本信息、介绍居住处或生活照片、也可以介绍喜欢的物品、人、作品等。尽可能将自己的喜好和特长展现在大家面前，这是一个刺激思维的过程。

（二）概念方案设计阶段

（1）概念方案设计阶段成果要求

澳大利亚学生游览上海，讨论和绘制草图，第三天需要提交概念模型。

（2）概念方案设计阶段实践情况

第一步：调研阶段，即收集资料和数据整理；

第二步：概念方案演讲阶段。

（三）方案中期阶段

（1）课程中期阶段，双方学生进行分组并积极讨论，老师给予建议和引导。

（2）学生自由结组，老师负责为小组编排序号并确定各组方案汇报具体时间。

（3）各小组轮流与教师进行面对面交流。

（4）精彩的讲座作为课程安排的重要内容之一，贯穿于课程的始终。

（四）作业制作阶段要求

作业制作阶段是对学生作品制作过程的记录与检验。在这一阶段中，双方学生能够做到主动学习、自主动手、相互沟通、相互交流，体现了良好的合作精神，这也是国际合作课程开展的重要意义所在。

（五）方案提交阶段要求

（1）最终作品成果展示中，模型作品展示的材料不限，比例自定，主要将设计的主题和概念表达清楚，可借助影像、图片、综合展板等形式加以辅助说明。图片和展板打印尺寸不限，精度不得低于300dpi。

（2）每组或个人另附210m×210m白色KT板背胶制作，统一排版，制作作品解读卡片。

（3）最终作品成果展示地点为东华大学逸夫楼一楼展厅，由导师根据学生作品需要指定展位，可借助活动墙面。

（4）作品制作完成和展览准备阶段结束时间为9月24日下午14:00，17:00进行此次课程作品展览的开幕式。

（六）方案提交阶段实践情况

2010年中澳合作课程以展览形式提交，根据学生表达的主题和内容来确定展示的形式。展示形式不限，可以是模型、实物、影像、图片、绘画、行为艺术等，也可是两种或多种形式的结合。

三、课程作业

（一）超级越狱

在这个项目中使用小丑作为隐喻来创建一个临时的建筑空间。这表明，非理性要素的结合可能会导致一种公共空间的状态发生变化，拥挤的人群就会停下脚步，驻足观看。

（二）城市里的毛毛虫

此次的主题是为城市里各建筑之间的联系而设计的。运用管道桥梁，打破单一建筑，增加人与人之间，建筑与建筑之间的联系。材料是透明的塑胶软管，意在体现管道的可变通性、灵活性和伸缩性。建筑之间的通道在远处看起来像极了趴在建筑上的毛毛虫。渺小的毛毛虫最后会破茧成蝶，装饰世界，寓意我们城市会越来越美丽。透明的"毛毛虫管道桥梁"很通透，在灯光下格外美丽。城市里的毛毛虫最终会变成最美丽的蝴蝶！

（三）特洛伊工作木马

这辆货物三轮车是一个可持续设计，是新时期的特洛伊木马。它是一个原理，在这个原理中存在新引进的文化，它超越了以往那些通过回收和再注射而获得新生的事物，是一个彻底的变革。对每一个物体来讲，"循环"被赋予了新的含义，而再"注射"则变为用于唤起人们对这些变革的反应。在上海这座城市中注射特洛伊木马，目的是创建一个根本性的变革，以及进一步走向未来的理念。

（四）中国女佣

"中国女佣"寓意了中国社会人口过多的问题。我把现代娃娃与瓷画这种传统的绘画风格融合起来，调侃地提出了解决中国性别失衡的方案（中国社会状态是男性多于女性）。盛开的鲜花代表了曾经中国不断增长的人口和节节攀升的新生活。作品中人体胸部的心脏也蕴含着圣心基督教肖像。

教师评语: 伪装

用树叶和树枝制作"城市灯光",为上海这座城市提供亮度和过滤器。它摒弃了刺眼的阳光和眼花缭乱的城市夜景灯光,为那些在路上匆忙行走的人们提供凉爽而安静的氛围。

模型用三维形象展示,形成复合型高性能网织物,用来搭建群体和连接结构。透明的茧作为高性能产物,通过电池进行发光和雨水收集,并能利用现有的电力资源满足建筑物的通风需求。

作品具有较强的创新性,运用树叶、KT板、纱布和剪破的丝袜,并结合灯光表达"绿色城市"的概念。作者巧妙的构思和精细的制作,成为作品制作过程中必不可少的要素。

教师评语：打结的城市

城市不是被它所包含的建筑、道路、公园或是广场所定义，而应该是由居住在其中的居民所定义。

城市是一个由路径交织的网格。上海居民在城市生活中相互交织，经线和纬线的偶然碰撞创造了一个混沌的城市结构。

通过路径的连接和交叉，这些相互任意连接的点在城市结构中行成了结。

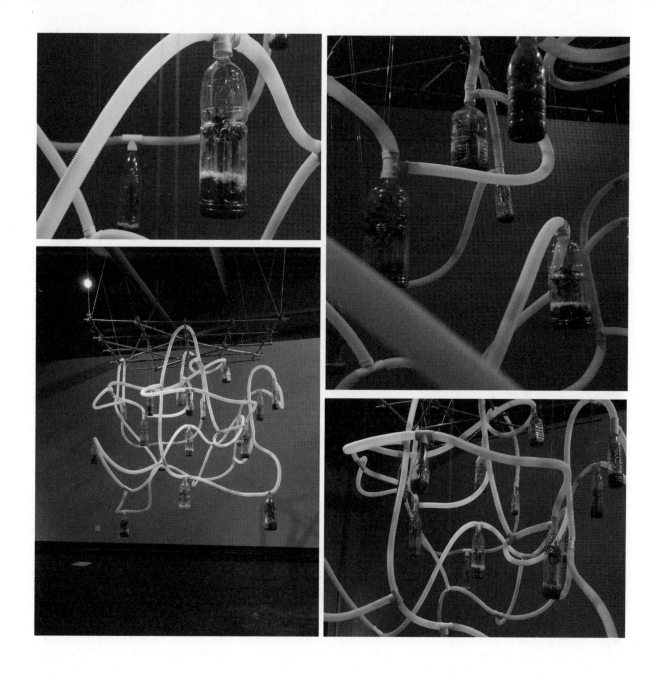

教师评语：E-guo3

以"绿色"和"生态"为主题的设计表达。作品吸取和利用大自然的生命之声制作发声空间。小组将竹竿通过捆扎制作悬吊骨架，用废弃的饮料瓶制作实验装置，在其中掺入泥土和养分，供动植物生长和呼吸。

作品采用骨架作为建立三维空间的方法。安装的难度在于骨架的搭建，骨架包括用于悬吊的硬质骨架（用竹竿捆扎完成）和用于连接饮料瓶的软质骨架（用塑料软管弯制而成）。

127

课程名称：

室内设计原理

主讲教师：胡林辉、徐茵、徐奇明、
任光培、刘怿、钟畅

广东工业大学
艺术设计学院

胡林辉：环境设计系副主任，讲师，广东省高等学校"千百十工程"第七批校级培养对象，清华大学美术学院国内访问学者，广东省美术家协会会员。2008年毕业于苏州大学艺术学院，获硕士学位。在《装饰》、《美术观察》、《西北美术》等国内外公开发表学术论文10余篇，编写教材5部，作品入选包括"第十二届全国美术作品展"在内的省部级展览20余次，获奖10余次。

徐茵：环境设计系副主任，讲师，2005年毕业于广州美术学院，获硕士学位。曾参与广西南宁大自然花园小区、新兴苑花园小区及翡翠园小区的规划设计；四川绵阳市酒店建筑设计等设计项目。国内外公开发表学术论文多篇。

徐奇明：讲师，1995年毕业于华南师范大学，获学士学位。主持完成多项市级课题，获广东省技术能手荣誉称号，在国内公开发表学术论文多篇。

任光培：讲师，中南大学在读硕士，中国建筑学会室内设计分会会员，广州方所装饰设计有限公司创始人。主持横向项目30多项，在国内外发表学术论文5篇。

刘怿：讲师，2007年毕业于广州美术学院，获硕士学位。曾参与《现代景观建筑设计》等教材的编写。关注地域主义建筑空间方向研究，发表《潮汕传统民居的生态地域性简析》等多篇论文。

钟畅：讲师，2007年毕业于中南林业科技大学，获硕士学位。主持校级以上课题多项，在国内外发表学术论文多篇。

一、课程大纲

广东工业大学艺术设计学院环境设计专业的《室内设计原理》为专业必修课程，共 48 学时。

（一）教学目的

通过对环境设计相关专题的典型案例的研讨与分析，对涉及环境的空间形态、场所特征、平面规划、构成要素的讲解，对设计程序各环节的工作方法进行指导，以实验教学的交互方式实施设计全过程的作业训练，是学生掌握从概念设计到方案设计，以及最终实施设计全过程的能力。重点把握总体统筹控制与选项协调融通的环境设计能力。

1. 使学生了解相关专题的设计内容，从而建立人与人、人与物、人与环境互动的设计标准及方法。

2. 培养学生艺术与科学统合的设计观念，将人文关怀与技术手段融汇于设计的全过程。

3. 掌握环境设计空间控制系统功能、设施、建造、场所要素相关肌理的基本知识和理论。

4. 掌握环境设计完整的专业设计程序与方法。

（二）能力培养

1. 决策能力，设计概念切题的决策能力。

2. 分析能力，设计方案优劣的分析能力。

3. 判断能力，设计实施过程中的综合判断能力。

（三）考核方式

设计文案与图形作业。

二、课程阐述

本课程是遵循艺术与科学统合的设计学理念，基于环境设计整合型设计工作方法，以城市环境、建筑室内等专业内容为课题，融汇理论知识与专业技能，掌握设计工作方法的环境设计重要专业课程。本课程从环境设计涉及的基础要素入手，通过功能与空间、设施与空间、建造与空间、场所与环境等设计专题的教学，以人的环境体验时空概念为基点，整合空间使用功能与物质实体、产品设备、建造技术、场所反映的设计本体内容，学习环境设计从概念到方案，从方案到实施三个不同阶段必须掌握的工作方法。

三、课程作业

（一）本课题将以案例研讨下列的主题

1. 环境设计的空间功能控制。

2. 环境设计的空间设施控制。

3. 环境设计的空间建造控制。

4. 环境设计的空间场所控制。

（二）探讨的主题与方法

1. 以时空秩序概念为主导的环境设计功能控制系统。通过特定空间中人的主观行进路线与客观交通布局设置之间匹配度的研究课题，学习在自然与人工环境的任一空间中，合理配置使用、交通功能等实用功能的空间设计方法。

2. 以人、物关系为主导规划环境设计设施控制系统。以特定空间中人的生理与心理需求所匹配的设施为研究课题，以近人尺度为出发点，研究环境设计当中人与设施的关系问题，以实验教学的手段，经由设施安置适配空间的选题作业，掌握科学的空间设施设计方法。

3. 以技术、材料优选概念主导的环境设计建造控制系统。通过特定空间中人为建造在材料与构造技术选择方面的研究课题，学习材料与构造在空间实际运用中的理论知识和技术经验，经由结合社会实践的案例或者实例，掌握经济、适用、美观三位一体的建造设计方法。

4. 以人文关怀的理念规划环境设计场所控制系统。通过特定空间中限定使用功能，以人的行为特征实施设计的研究课题，学习在自然与人工环境的任一场所中，合理适配场所与特定人群需求的设计方法。

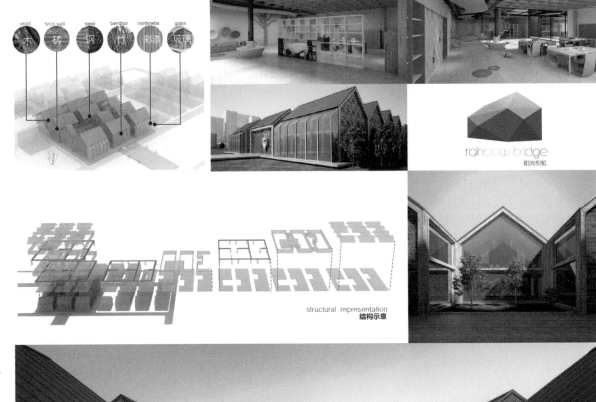

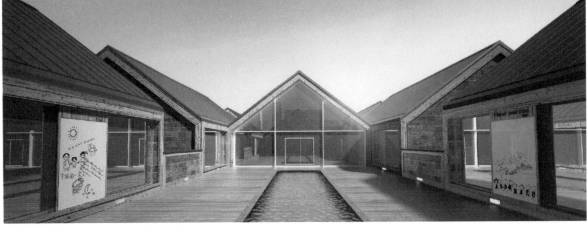

教师评语：该作品能以特定空间中的人的生理与心理需求所匹配的设施为研究课题，以近人尺度为出发点，研究环境设计当中人与设施的关系问题，能够对涉及环境的空间形态、场所特征进行深入的分析，对平面规划、构成要素把握较好。同时较好地结合了专题设计内容，主题突出，概念切题，方案表达完整。

教师评语：通过特定空间中限定使用功能、以人的行为特征实施设计的研究课题，学习在自然与人工环境的任一场所中，合理适配场所与特定人群需求的设计方法。该作品能较好地结合专题设计的设计内容，主题突出，概念切题，方案表达完整，能够将地域性文化符号运用到作品中，空间气氛也处理较好。

商店

教师评语：该作品能以特定空间中人为建造在材料与构造技术选择方面的研究为课题，学习材料与构造在空间实际运用中的理论知识和技术经验，掌握经济、适用、美观三位一体的建造设计方法，主题突出，概念切题，方案表达完整。能够对涉及环境的空间形态、场所特征进行深入的分析，对平面规划、构成要素把握较好。

课程名称：

环境整体项目设计

广西艺术学院
建筑艺术学院
建筑环境设计系

主讲教师：莫敷建

莫敷建：男，广西柳州人，广西艺术学院建筑艺术学院建筑环境设计系主任、副教授，中国建筑学会室内设计分会会员，广西建筑装饰协会高级专家，从事环境艺术设计专业教学与研究，多个设计项目获国家级、省部级奖项，主持并开展有多项科研项目，出版有多门专业教材。

一、课程大纲

课程学分：共 8 学分
课程学时：160 学时
课程安排：四年级上学期
课程性质：专业必修课

（一）课程开设的意义和教学目的

该课程为建筑环境设计系的必修课程，其意义和作用在于通过课程的开展，对专业学习进行阶段性的总结、归纳、提升，讲解整体空间项目设计功能知识，欣赏中外特色作品，培养学生的整体项目设计能力、概念定位与创意设计能力、综合知识运用能力，为毕业设计做好准备。

（二）课程构建理念

本课程是整合之前专业所学，训练一种把握整体项目设计的综合专业能力，从设计创意、设计方法、设计技能、设计展示等方面进行全面检查，从中找出教学与社会要求的差距，有目的地进行讲授和辅导，同时又针对每一个学生的不同问题进行分析，研究，寻求解决的方法。运用实际项目引入课堂教学，把项目设计课与社会实践紧密地联系起来。

（三）教学目标与要求

通过考察和分析某一社会项目，把学生分成若干小组，针对项目课题从专业上和实践上加以辅导，使学生严格按照设计步骤和程序，开展阶段性的设计汇报，最终完成整体项目设计教学目标。

（四）教学重点与难点

1. 设计项目整体把握能力；
2. 专业技能与社会实践结合。

（五）课程考核方法与标准

1. 考核办法

本课程满分 100 分。课程考核根据学生阶段汇报情况，现场做出评分，三次汇报成绩总和为课程总分。

2.考核标准

（1）PPT汇报文本制作能力。

（2）阶段汇报内容的创新性、完整性。

（3）最终整体项目整合能力。

二、课程阐述

（一）实施过程

1.第一周（20课时）

课程内容：课程开题

通过项目实地考察，确定设计内容和主题，完成课程开题报告的制定，明确阶段设计内容和完成时间。

作业形式：PPT开题汇报，3分钟内完成表述。

2.第二、三周（40课时）

课程内容：设计初步

确定的选题，展开设计工作。根据调研、资料收集、实地测量等，完成项目分析、平面图、区域划分、设计意向说明、设计草图的绘制。

作业形式：PPT设计初步汇报，5分钟内完成设计初步阶段的陈述。

3.第三、四、五周（60课时）

课程内容：设计深化

根据导师指导意见做出调整，深化项目分析、设计说明、彩色平面图、区域分析、交通流线、主要立面图、空间效果图（空间概念）等制作。

作业形式：PPT设计深化汇报，6分钟内完成设计中期汇报阶段的陈述。

4.第六、七、八周（60课时）

课程内容：终期汇报

继续深化设计，完成项目分析、设计说明、彩色平面图、区域分析、交通流线、立面装饰图、设计效果图，文本汇编。

作业形式：PPT终期汇报，8分钟内完成项目设计陈述，最终由指导教师进行评分。

（二）教学方法

1.多媒体教学。播放大量项目图片、资料，课堂进行欣赏和讨论。

2.整体项目案例分析。到实地对项目进行分析，通过走出课堂、走入项目等方法，让学生更为准确地感受和分析项目的优劣，对项目中的优缺点有更深刻的印象。

3.项目汇报与表达。设计绘图和创新外，设计的表述也是我们教学的重点，能准确地把自己的想法和设计的特点表述出来是汇报的真正意义。

4.设计表现。电脑效果图、手绘方案图以及建筑漫游都是我们专业学生所应必备的技能。

三、课程作业

（一）开题汇报

（二）设计初步

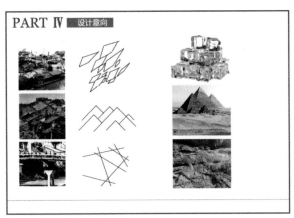

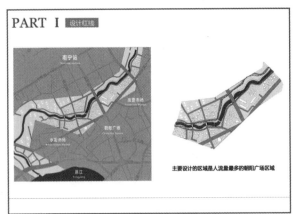

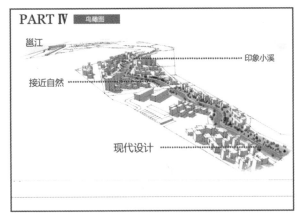

教师评语：

根据实地考察项目，学生能初步制定任务计划书、项目需要解决的问题以及设计理念和意向。

教师评语：

根据确定好的选题，深入调研，对项目的设计意向和设计手法等有一个明确的定义。

（三）设计深化

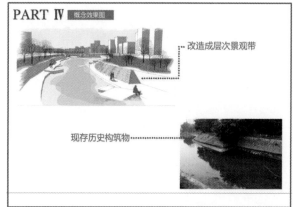

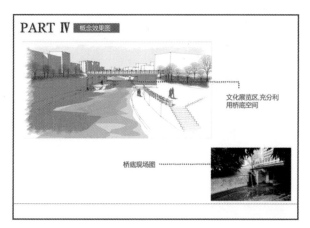

教师评语：

根据分析和调研，对项目各个点进行深化设计，表现手法不限。

（四）终期汇报

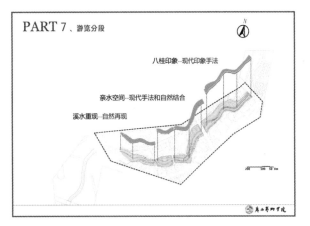

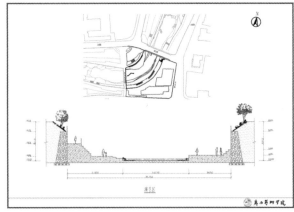

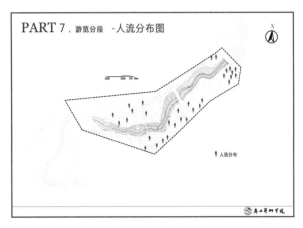

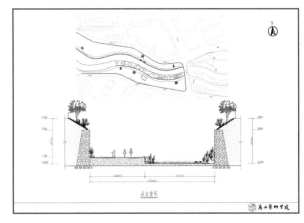

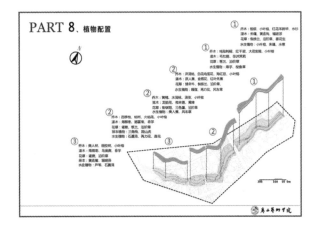

教师评语：

各立面图的说明是体现课程深度的重要手段，能很好地阐述设计理念和解决问题的能力。

138

PART 10效果图- 溪水重现区

PART 10效果图- 柳荫区

PART 10效果图- 历史构筑物改造

PART 10效果图- 亲水区

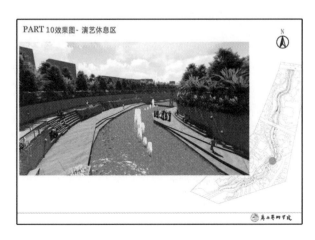

PART 10效果图- 演艺休息区

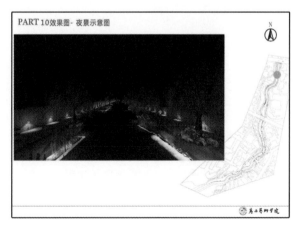

PART 10效果图- 夜景示意图

课程名称：

室内陈设与配饰

主讲教师：钟云燕

钟云燕：副教授，中国建筑学会室内设计分会会员，广西高级建筑装饰设计师。家具设计作品获得5项国家外观专利、主持和参与多个项目，在全国核心期刊、省级期刊发表多篇论文，设计作品曾获国家级、区级奖项。《室内陈设与配饰》课程在其主持建设下，已获校级精品课程，该课程在广西艺术学院已经形成一个较完整的课程体系。

一、课程大纲

课程名称：室内陈设与配饰
课程学分：3学分
课程学时：80学时
课程安排：三年级下学期
课程性质：专业必修课

（一）课程开设的意义、作用和地位

室内陈设与配饰通过介绍传统中国室内陈设与配饰、国外现代建筑陈设与配饰，并提取其中元素，启发式地介绍国际现代艺术，使学生从不同时代、不同地域了解室内陈设与配饰的发展历史，提高他们的鉴赏能力，从而反映在设计的理念与表达上。

（二）教学目的、任务和要求

通过本课程的学习，使学生了解室内陈设与配饰的专业定义与特征、分类和流派，学习室内陈设与配饰设计的样式、色彩、工艺、装饰的特点。让学生大量欣赏国内外室内陈设与配饰设计的优秀图片。要求学生在学习中，掌握室内陈设与配饰理论知识，并合理地运用理论指导实践，掌握各种表现方法和技能。通过教学内容的作业，体现学生对上述内容的知识和技能的掌握程度。

（三）教学内容与教学安排

1. 中国传统陈设与配饰概论；
2. 国外现代陈设与配饰简介；
3. 国外现代艺术简介；
4. 讲授陈设与配饰的特点，研究陈设与配饰的形态语言、符号的整体审美构成因素，体会各种陈设与配饰的表现形式及手段；
5. 指导学生设计陈设与配饰小品。

（四）教学方法的原则性建议

任课教师制定教学教案，必须包含所有的教学内容，应着重强调设计与实践关系，了解室内陈设与配饰设计的基本特征，并写作观赏优秀作品后心得体会；使用多媒体借鉴、学习国内外陈设与配饰设计，引导学生灵活和创造性地进行设计创作。作业以课内和课外结合进行。

（五）课程考核方法和标准

1. 评分方法

本课程的考核评定随堂进行，以任课教师的研究课题作业为主要对象。评定成绩以100分制记。并有两部分组成，一是任课教师对学生整个学习过程的评定，包括课堂作业；二是作业成绩，由专业教师集体评分确定。

2.评分主要内容

（1）能否掌握本课程内容的基本知识点；

（2）能否按质、按量、按时完成作业；

（3）能否掌握科学的学习方法，并在作业的完成过程中有所体验、理解和探索。

（六）教材与参考书目

1.潘吾华.室内陈设艺术.北京：中国建筑工业出版社,2006.

2.迪特尔·奇默尔 赵阳.世界室内产品设计作品精选.

（七）教学大纲编写人、审定人

本大纲由环境艺术设计专业教师集体讨论审定。

二、课程阐述

开课以来，课程教师组以《室内陈设与配饰》课程为中心试点，不断研究和拓展了环境艺术设计专业多学科交叉和社会项目进课堂的人才培养模式。面向市场，采取"产学研"结合教学模式，帮助学生从理论学习到实践操作的过渡。挖掘少数民族艺术设计资源，探索艺术设计新风格，积极开发本地区少数民族特色设计元素，并运用于现代艺术设计教学当中。

作为专业课程，要求学生能够系统地了解传统中国室内陈设与配饰、国外现代建筑陈设与配饰，并提取其中元素，启发式地介绍国际现代艺术，使学生从不同时代的、不同地域了解室内陈设与配饰的发展历史，提高他们鉴赏能力，从而反映在设计的理念与表达上。

知识模块顺序及对应的学时分四个教学模块进行：

课题1：室内陈设与配饰设计的理论基础
　　　　10 学时
课题2：室内陈设与配饰设计的分类与功能
　　　　10 学时
课题3：室内陈设与配饰设计实战技术板块
　　　　20 学时
课题4：室内陈设与配饰设计的创新思维与实践
　　　　40 学时

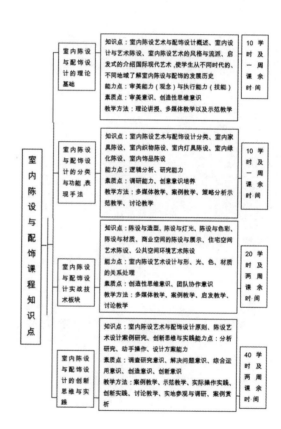

141

三、课程作业

可采取三种形式，分三个阶段：

1. 装饰与陈设艺术市场考察：带领学生到相关市场、厂家或已完成项目的现场，观摩设计构思实现的过程，了解装饰与陈设的细微特点、市场行情和供需现状，设计师与市场的关系，理解教学内容中的理论知识，学生分组考察并总结，以制作课件的形式进行汇报，锻炼学生的搜集资料、表达能力。

2. 设计表现构思，设计表现应包括创意草图、方案图、方案深化图。根据教师指定的场所，学生按所学知识、所考察的资料和自己的设计思想制作了各类风格各异、富有创意的效果图。

3. 制作室内陈设实物并以展览的形式布置场景展示，强调动手能力和把知识转化为创意实践的能力。指导学生解决工艺、材料、技术转化问题。

教师评语：这是学生对居室一角的描摹，学生在进行综合训练的过程中，可对这些装饰设计有进一步理解，提高了手绘速写能力。

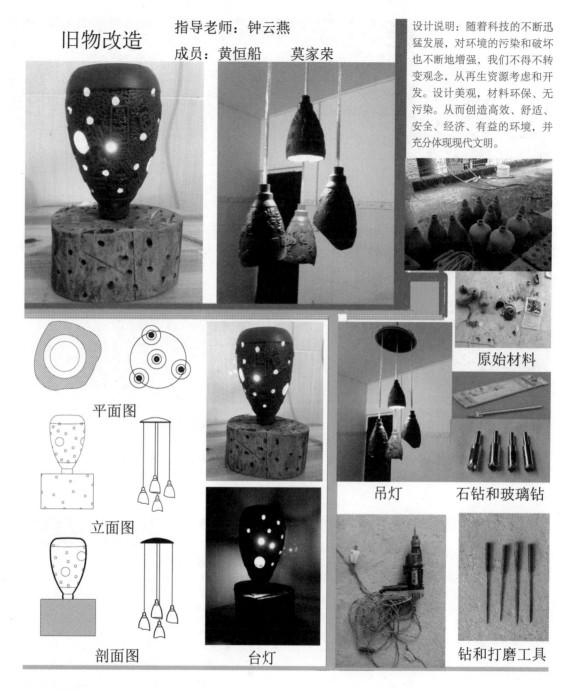

旧物改造

指导老师：钟云燕

成员：黄恒船　莫家荣

设计说明：随着科技的不断迅猛发展，对环境的污染和破坏也不断地增强，我们不得不转变观念，从再生资源考虑和开发。设计美观，材料环保、无污染。从而创造高效、舒适、安全、经济、有益的环境，并充分体现现代文明。

原始材料

平面图

立面图

剖面图

台灯

吊灯

石钻和玻璃钻

钻和打磨工具

教师评语：用旧物进行灯具改造，制作室内灯具陈设实物，强调动手能力和把知识转化为创意实践的能力。

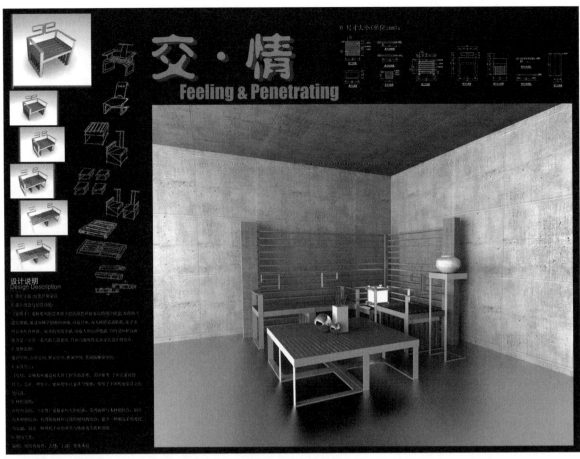

教师评语：这是一组家具陈设设计，设计较有新意，能把人性化的理念贯穿到设计中。

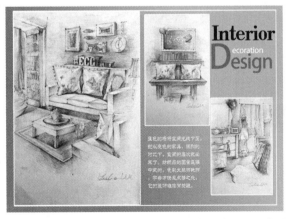

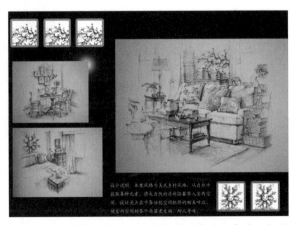

教师评语：这是客厅一角的陈设和配饰设计，能注意材质、色彩之间的搭配关系，用手绘的方式进行表达，把所学的原理知识融于其中。

关于陈设品的市场调研报告（编织类）

根据课堂所学，知道室内陈设与配饰的范围比较广。它们包括家具、织物、灯具、绿化、灯饰等。

而现在中国民间传统手工艺的编织陈设品越来越得到人们的青睐，它既适合中式风格也能在现代西式的空间中起到画龙点睛的作用。故本人此次的陈设品调研对象为民间编织手工艺品。

编织灯具：

这三盏灯都是以藤编作为灯罩的灯具。既美观又体现了编织工艺品的韵味；是实用性和观赏性为一体的灯饰物。

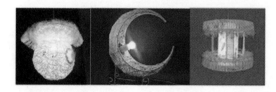

吊椅：

吊椅是一件体现生活情趣的家具，坐在上面能体会到坐秋千的感觉。若家中有个空间较大的休息区可将一张这样的藤编吊椅放置其中；便可感受到无比的闲逸和放松。

装饰陈设品：

这一系列的草编装饰陈设品都是出自民间手编巧匠之手。每一件作品都是一个故事，每一件作品都包涵着手编者的心血。

室内用品：

当编织手工艺品成为了室内用品时，就体现这件物品已得到了人们的青睐。

小结：

室内陈设品种类丰富，编织手工艺品造型独特、美观实用；也能体现出室内空间的别有的味道。

教师评语：这是学生收集的相关陈设品，可以对相关摆设设计有一个感性的认识，在资料收集过程提高审美能力和学习能力。

课程名称：

专题室内空间设计5（餐饮）

广州大学
美术与设计学院

主讲教师：吴宗敏

吴宗敏：广州大学美术与设计学院副院长、教授、硕士生导师。广东省陈设艺术协会会长；广州市设计产业协会副会长；中国建筑学会室内设计分会（CIID）常务理事、广州专业委员会副会长；中国十大空间设计师；中国酒店设计领军人物，主持省（部）级科研项目4项市级科研课题4项，美术及设计作品获各级奖项达34，全国核心刊物发表论文十余篇。

一、课程大纲

本课程是室内设计专业系列设计课程之一。

餐厅是人们生活空间活动的主要场所，其装饰设计需要反映时代气息和设计理念，还要体现不同的饮食文化及民俗习惯。本课程的任务是让学生通过学习了解餐饮类室内环境设计的特征，掌握餐厅设计的基本方法，区别不同活动空间装饰性质及要求，提高对餐饮空间的综合设计能力。课程教学的目的和要求是餐饮空间设计与其他活动空间设计有着明显的区别，不同的饮食有不同的历史和文化，不同规模和不同环境的餐饮空间需要不同的设计要求。通过学习要求学生了解餐饮文化的历史和背景，掌握餐饮空间设计的基本方法，提高把握不同公共空间设计表现能力，培养学生的想象力和创造能力。

课程教学方法与手段为首先课堂讲授，公共餐饮空间设计的基本程序。其次，通过幻灯、投影、电脑演示等多种形式，分析公共餐饮空间的设计特点与方法。最后，参观调查实际公共餐饮空间。

本课程为空间设计系列课中的一环，它与其他课程构成室内空间设计研究的整体，与其他课程相辅相成，其侧重对特殊功能室内空间的研究。

二、课程阐述

餐饮空间就是餐馆卖场环境。一个良好而舒适的销售环境，能够促进消费，给商家带来更大的利润。餐饮空间设计是通过设计师对空间进行严密的计划、合理的安排，给商家和消费者提供一个产品交换的好平台，同时也给人们带来方便和精神享受。理想的餐饮空间设计是通过拓展理念并以一定的物质手段与场所建立起"和谐"的关系并通过视觉传达的方法表现这种契合关系。

　　餐饮空间设计的基本分类有中式餐饮业、西式餐饮业务、日本饮食文化、素食餐饮文化、快餐业以及饮料店业。餐饮空间必须有实用性才能满足其功能的要求。不论餐饮空间是什么形态、什么类型经营什么餐饮，不管它的文化背景如何、体现什么文化品位，所划分的空间的大小、空间的形式、空间的组合方式，都必须从功能出发，注重餐饮空间设计的合理性。人们对餐饮空间精神方面的要求，是随着社会的发展而发展的。顾客的心理活动千变万化、难以把握，个性化、多样化的消费潮流，使餐饮空间里融入了浓厚的文化品位和个性。

　　个性独特的餐厅是餐饮业的生命。餐饮空间设计的有特色是餐饮企业取胜的重要因素。艺术的魅力不是千篇一律，餐饮文化也需要打造与众不同的文化。人们总是希望在不同的场所感受不同的文化氛围，所以餐饮空间的个性尤其重要。餐饮空间设计定位一定要以目标市场为依据，我们所展现给大家的餐饮文化是否受到人们的喜爱，就要看我们所设计的东西是否以顾客为导向，是否给人们提供了一个喜闻乐见的餐饮文化环境。餐饮空间离不开社会环境。社会环境和条件是一个企业赖以生存和发展的基础。不同民俗、

不同的地理环境都将影响餐饮空间设计的风格，所以餐饮设计必须遵守社会环境的适应性原则。餐饮空间设计的实施需要有经济的保障。经济的原则性来自两个方面：必须考虑到投资是否必要，以及投资是否有回报。满足销售餐饮产品功能，需要提供产品销售场所的功能，销售餐饮产品的交易功能，完善的使用功能，满足顾客特定的心理需求。餐饮生产空间具有生产餐饮产品的功能，餐饮生产空间包括产品加工区、员工休息区、办公管理区。

三、课程作业

　　本课程作业是实际案例设计，设计对象为位于越秀区东风东路 836 号东峻广场的澳门街风味餐厅。澳门街是葡国风情的餐厅，随着广州深圳的不断开业，令澳门街更具规模、更具活力，同时亦将理念作进一步延伸：饮食自我，不论中西。通过课堂的学习，先让学生从理论学习的角度，对餐厅空间有一个基本的认识，使学生了解和掌握餐饮空间设计的基本要求和基本理论。理论应当与实践相结合，让学更加充分地参与到实际项目的案列中去，将理论知识运用于实践之中，有利于增强学生的思考与设计能力。

教师评语：

澳门历史上曾经是葡萄牙的殖民地，所以澳门的许多建筑都带有中式和葡式交融的特点，这些中西合璧的建筑和文化反应了不同民族和文化的特点。该组学生的设计方案将以澳门行政特区的区花"莲花"为主线，配合具有中西建筑特点的拱门碎石等元素，塑造澳门街的餐厅主题。主题鲜明，中西合璧，并具有一定的视觉冲击力，给人耳目一新之感。美中不足之处在于灯光效果的欠缺影响到空间的氛围，给人以沉闷之感。

教师评语：

第二小组同学通过对中西文化交融的探索与思考，提取了丰富的设计元素，如葡式建筑以及澳门几何形态元素的提取，澳门妈祖阁的塔形建筑元素的提取，结合传统的岭南画派的水墨画表现题材等。手绘效果图色彩丰富，感染力强，对空间的利用与元素的搭配进行过深入的思考，前期的调研分析详细，后期总体设计效果略微有些欠缺，空间层次感与灯光效果有待进一步提高。

教师评语：

第三小组同学结合葡式建筑装饰元素与东南亚风格建筑意韵。材料大量使用木材，采用曲面的天花造型设计，现代造型感强烈，与空间融为一体，增强了空间设计的造型感。该组同学敢于打破空间设计固定思维，在形式上具有一定创新力度。但对于总体设计理念与设计主题的阐述与表现力仍有欠缺，缺乏一条清晰与整体的设计思路，使得设计有总体感觉有些不足。

该同学手绘功底扎实，空间表达能力强，清晰地表达出自身的设计理念与设计构想，采用具有丰富东南亚韵味的设计元素来诠释空间，总体感觉细腻丰富。采用具有花纹图案的屏风作为隔断，增强了空间的层次感，以及运用不同的铺地材料或者抬高地面的方法来区分空间不同的功能区域。

总体设计不错，美中不足同样也在于对空间整体性的把握，对具体细节设计方面的分析，以及个性化不够突出，从而表现出空间的张力与感染力。

课程名称：

更新与改造

主讲教师：沈康、杨一丁、许牧川

沈康：教授，博士，硕士研究生导师。1968 年生，1993 年起于广州美术学院任教至今，现任建筑艺术设计学院院长，中国美术家协会建筑艺委会及环境设计艺委会委员。

杨一丁：副教授，硕士，硕士研究生导师。1968 年生，1990-1994 年于天津市建筑设计院从事建筑设计工作，1997 年起于广州美术学院任教至今，现任建筑及环境设计专业板块负责人。

许牧川：讲师，硕士，高级设计师。1974 年生，2005 年起于广州美术学院任教至今，现任室内设计教研室主任。

广州美术学院
建筑艺术设计学院

一、课程大纲

本课程为专业必修课，教学对象为四年级（建筑学专业 5 年制），三年级（室内设计及景观艺术设计专业 4 年制）下学期，每周 16 学时，总学时 80（5 周），计 5 学分。

旧建筑及群落的改造性设计为城市、建筑、室内和景观等设计综合性训练课程，重点学习对原有城建筑群落的认识和评价，并综合运用规划、策划以及设计等手段，将其转化成为具有新的功能用途空间和具有新意义和活力的片区，是一次在空间与形式创造、建筑形象与环境艺术设计上的综合尝试，是对多相位品质（观念、生活、技艺、审美等）和多层面知识（建筑、环境、社会、经济、文化、历史等）的一次综合检验。本课程要求对以上诸多知识内容进行整合，并且能够反映在具体的设计创作过程中，观念与技巧应高度统一，课程成果应能全面和生动地展现学生们对该课题的思考与行动。

过程也希望强化学生对案例学习和研究的能力，掌握国内外相关设计实践中的观念与方法手段。在培养设计方案构思能力的同时，加强设计表达的训练（设计图示，模型以及文字表达）。

（一）教学内容

1. 建筑群落与周边环境的关系；
2. 旧建筑群落的认识与评价；
3. 旧建筑群落的功能更新；
4. 建筑改造的空间布局；
5. 建筑群落的形象塑造；
6. 建筑改造的工程技术；
7. 建筑改造与相关法规；
8. 建筑设计的表达和表现方式与技巧。

（二）课堂作业

以一具体项目为对象，在目标定位和场地分析后，完成具有一定深度的建筑群落改造设计方案。设计文件包括：设计分析图、思维构架图、总平面图、各层平面图、立面图、剖面图、效果图和设计方案模型。

二、课程阐述

（一）课题1

韶关始兴中学图书馆及校园景观设计

广东韶关始兴中学由宋朝嘉定年间的黉学官发展而来，1915年始办新学。现在学校占地面积13.86万m^2，建筑面积5.3万m^2。校园内现存建于清代道光七年（1827年），面阔五间进深三间的文庙大成殿，是县级文物保护建筑；周边围绕改建的岭南建筑风格院落。校园部分建筑质量参差不齐，新旧风貌杂陈，需对校园整体环境进行改造和整理。

课程教学应校方改建图书馆的要求，结合校园内以原文庙大成殿为中心的布局，进行校园整体环境改造，使具有历史价值的文物建筑得到更好的保护和利用，并满足现时教师和学生的需要，实现教学环境的提升。

1. 课程要求

（1）新旧建筑的关系。原有的文庙大成殿如何在新的校园环境中担当起文化传承的作用。图书馆新馆力求与周边现有的古建筑物和谐统一，需要对地块所在区域的人文、历史及地块周边环境状况进行全面、深入的了解。（2）在经济落后地区，如何采取较为低技术、低造价的策略来实现建筑改造。需要思考地方材料与技术、气候特点、可持续、低能耗等问题。（3）始兴中学的老师和同学"在今天"需要一个怎样的校园环境？一个怎样的图书馆（以阅读为中心的公共空间）？校园和图书馆需要适应新的教育理念，需要满足更具开放性和社会性的交往活动。

2. 课程实施进程

第1周：集中讲课，收集资料。分组参观并作调研报告。（按班级分组6组/班）制作基地模型。

第2周：第一轮草图，发散构思，多方案比较。树立功能与流线，形成整体功能配置。细化空间模式。

第3周：第二轮草图，平面布置，空间组织。空间—功能—流线—结构—造型—场地循环深入。明确空间名模式，建立空间秩序。（图幅要求：大于A2标准图纸）；

第4周：第三轮草图，整合技术要素，细部推敲。第5周：包括正图所有内容。正图绘制，交图。（图幅要求：A1标准图纸）。

3. 教学团队：沈康、许牧川

（二）课题2

广州织金彩瓷厂创意园区改造概念设计

随着时代的变迁，广州织金彩瓷厂作为广东传统手工艺的生产基地之一，现今需要进行旧厂区业态活化与更新。本次景观艺术设计专业三年级《更新与改造》设计课程以此为实题对象，邀请广州尚诺柏纳空间策划机构的专家及一线设计策划人士，以校企联合教学的形式共同开展了为期6周的《出彩，广州织金彩瓷厂创意园区改造概念设计》课程。

1. 课程要求

（1）对实际现场有全方位和具体深入的调查能力，有计划地主动开展设计前期研究工作。

（2）在导入品牌塑造的观念引领下，完成园区整体业态功能布局调整，建筑物的外部形象和室内空间改造，以及园区景观系统和节点的塑造等设计内容。

（3）提高图纸及模型等设计表达手段的运用能力，同时强化训练语言表述和展览呈现的系统性和逻辑性。

2. 课程实施的进程

第1周：基础理论知识讲授，介绍旧工厂改造理念和基地背景，学生分组讲解案例研究心得，集体实地考察周边创意产业园改造案例。

第2周：基地现场分组测绘和调研，并汇报基地分析、完成测绘电脑建模制图，分组制作A0园区总体模型。

第3周：汇报设计概念和A0沙盘模型，讲授开发运营等补充知识和分组辅导。

第4周：汇报讲评设计初步方案，讲授设计实施的流程步骤。

第5周：汇报讲评设计深化方案，讲授照明设计知识。

第6周：分组讨论辅导设计，完成课程作业。

后续：分别于校内教学展厅和校外羊城创意联盟会馆举办教学成果汇报展览，并组织学院教师和校外各界人士点评及交流。

3. 教学团队

建筑艺术设计学院教师杨一丁、林红，研究生助教郑娴、林志磊、钟婧、王宇维；广州尚诺伯纳空间策划机构许涛、王赟、骆钊、张文伟等教学团队。

4. 教学成果

深化提高了学生设计综合能力，为其进入毕业设计阶段做了预热和准职业化培养；为企业提供高标准方向性强的设计人才资源；同时进行学校教学体系三师化师资队伍建设的工作教学成果。

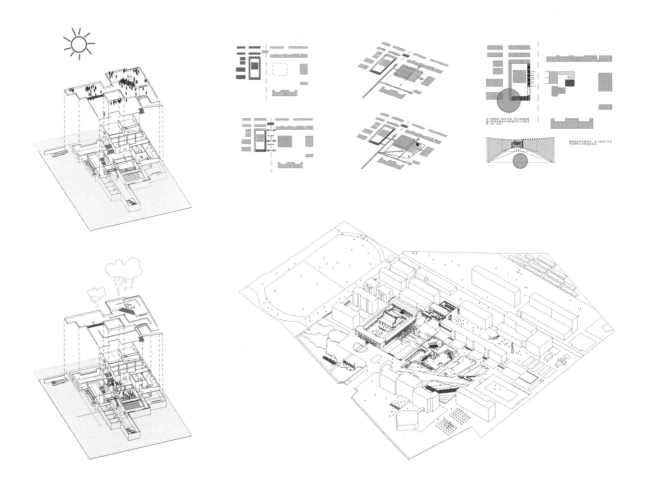

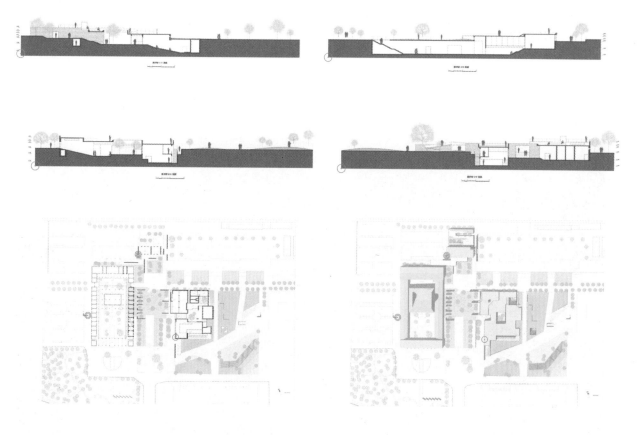

作者：朱慧、邓晓东、林庄、谢志艺、梁华杰

教师评语：该组同学在对历史保护建筑大成殿的设计处理上，通过巧妙地植入一个玻璃装置，通过玻璃的反射把以前被遮挡的大成殿重新"透现"出来；新旧建筑通过一组低矮的短墙联系起来，创造出一组松散且连续、形态活泼的大小围合空间，这组空间是新的图书馆和大成殿之间"柔性"的衔接，很好地保持了视觉和空间上的连续性。新的图书馆屋顶被设计成阶梯状，创造出更为丰富的公共活动空间。设计成果的深度和完整性都值得肯定，深入思考了当下校园环境对社会性交往和学习主动性的要求，并采取了策略性和艺术介入的设计手法。

作业1: 敖卓毅、陈永伦、刘德威、钟明达、周广森、郭超

教师评语: 通过现场考察体验, 该组同学敏锐地发现场地位于城市主要干道旁, 道路对面人流到达不便, 故提出增设过街天桥的大胆设想来加以解决, 在得到鼓励后以此为牵引, 同时紧扣"出彩"的品牌主题, 明确以平面化的图形设计元素作为统领, 将夸张的造型与色彩结合起来, 渲染了热烈形象和氛围, 也促成了园区与城市空间关系上的互动, 设计整体性把握较好, 艺术设计素养发挥突出。

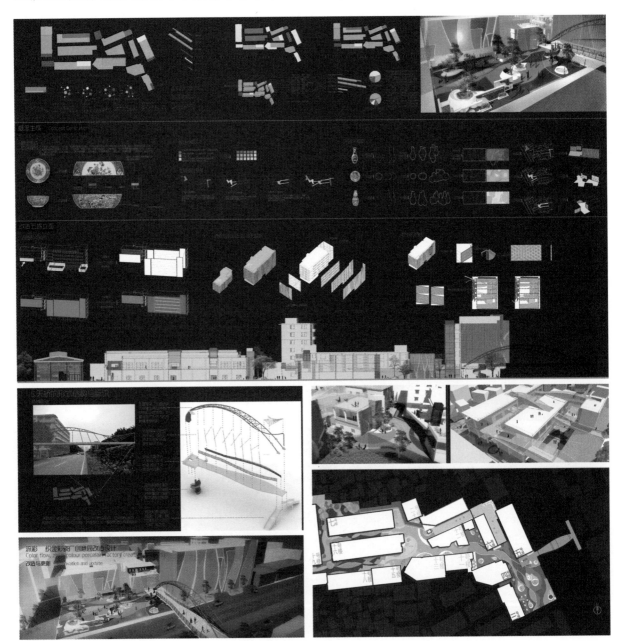

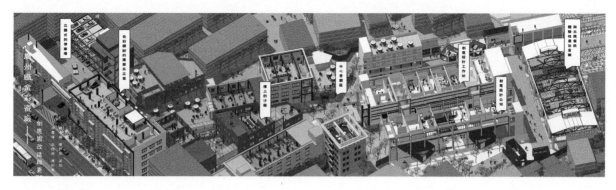

作业 2：洪庆辉、黄凌峰、王煜超、谭知雨、吴瑛、边依果

教师评语：该组同学着眼基地内部形状尺度各异的室外空间生活形态的塑造，对可利用资源进行梳理定性，并以此为参照线索，展开对各相邻建筑物表皮及内部空间的调整和改造，使内外功能形式产生有机关联，建构了丰富细腻的情境；在启发下吸纳整合邻近"飞地"，强化其蔬菜种植之特性，为园区注入都市田园的情趣。学习理解流行图示的方法和意义，并加以灵活运用也为作品呈现加分不少。

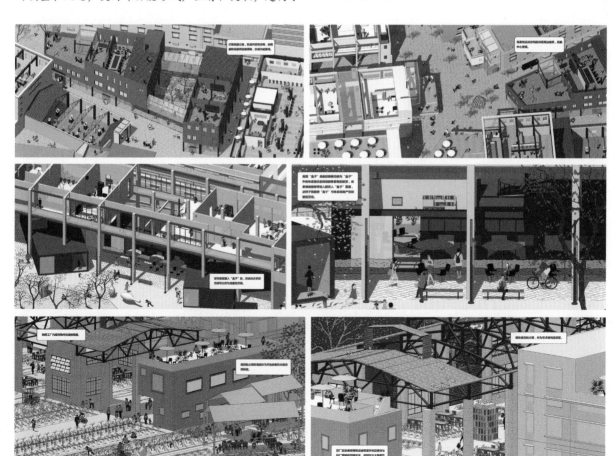

课程名称：

室内设计专题一

主讲教师：梁竞云

梁竞云：湖北美术学院环艺系室内教研室主任、副教授。2004年湖北美术学院环境艺术设计专业硕士研究生毕业。

一、课程大纲

（一）教学目的与任务

1. 教学目的

通过本课程的教学使学生了解掌握室内设计的基本理论知识和专业的发展动态及社会应用情况，掌握室内设计的程序与各阶段的深度要求。掌握方案设计表达深度以及标准文本编排方式。了解施工工艺和方法以及材料的运用等基本知识，能够与相关设计工种有效沟通与协作。

通过一个完整的课题训练，使学生基本掌握从概念设计到方案设计的系统设计步骤与方法。

2. 教学任务

（1）掌握文献、资料查询和收集的基本方法。

（2）掌握室内设计的基本理论知识和设计规范。

（3）了解国内外室内设计专业发展动态及社会应用情况。

（4）加深室内设计课程的专业深度，有针对性地用实际项目，强化设计流程、设计方法。

（二）教学方法与教学要求

本课程强调教学过程的规范性和连贯性、知识的系统性。

教学以理论讲述为主，课题研究为辅，根据课程教学不同的阶段，针对性地采用不同的教学方法。

通过对室内设计的基本理论知识的讲授，要求了解掌握当代室内设计专业的发展动态及社会应用情况，为后续的课题训练奠定良好的基础。

通过一个完整的课题训练，按照周进制的要求，完成方案深度的设计任务，并加强图形表达的应用能力。

二、课程阐述

"周进制"教学模式是湖北美术学院环境艺术设计系在当前本科教育新的时代背景下，提高教学效率与教学管理的一种教学模式探索。

室内设计课程"周进制"教学模式的核心是将教学流程转化为与设计实践相结合的标准化过程阶段性管理，明晰课程目标，建构层次清晰的教学模块组织结构，以形成一个以标准化教学目标为主线的教学系统。

"周进制"教学模式是在高校教育规模化招生及以满足毕业生就业为先导的国家宏观背景下应运而生的一种教学模式探索。

其核心是将教学进程控制在与设计实践相结合的阶段性教学目标中，建构层次清晰的标准化专业知识体系，逐渐探索出以适应新时期教育形势背景下的教学模式。

"周进制"教学模式的核心是将教学流程转化为标准化教学目标设定，以直接的可量化标准来评价教学目标的执行程度。"周进制"教学模式在室内设计课程的具体实施中，将课程中的课题项目按专业知识节点及模拟实际项目操作流程的阶段性任务来分解成交叉递进关系的若干"周"单位层次，以每周的教学目标完成依次链接成一个完整的教学系统。

室内设计是一门多专业兼容和复杂操作流程的综合性学科，长期以来，其教学效果的完成情况很大程度上取决于每个学生个人素质情况与教师的个人教学能力，"重结果轻过程"的教学方式使教学完成情况呈现很大不稳定性及学生学习程度的高低落差。"周进制"教学的实施，将课题任务从繁琐的专业结构系统中一个个抽离出来，切片成阶段性相对直接的知识节点，使学生对课题的理解与操作目标对象变得直观而明确，教师的教学目标更为清晰而使课程教学效率提高。

课程具体安排

第一周

教学内容：

课堂讲授国内外室内设计专业发展动态及相关案例，设计课题的项目背景资料介绍及课程整体安排及要求，设计调查分析方法。

教学安排：

课堂讲授（4课时)，学生收集课题相关资料(4课时)，学生课堂完成作业，教师课堂讲授辅导（12课时）。

重点：调查对象各功能区域的侧重点。

难点：调查对象的系统性关系。

深度要求：调查对象的总体定位，区位关系的图文表达及数据统计。

第二周

教学内容：

室内设计的流程及方法，课题动线及功能分区的组织。

教学安排：

课堂讲授（2课时），学生课堂完成作业，教师课堂讲授辅导（18课时）。

重点：空间功能安排的组织系统关系。

难点：空间功能与形式的结合。

深度要求：概念表达阶段，要求有系统的指标统计。

第三周

教学内容：

方案设计及及表达方法，概念草图的画法。

教学安排：

课堂讲授（2课时），学生课堂完成作业，教师课堂讲授辅导（18课时）。

重点：概念草图在分析思考中的作用。

难点：平面、立面与空间透视的相互印证，空间关系的准确表达。

深度要求：将初步构思变为生动的情景化表达。

第四周

教学内容：

方案设计及徒手表达方法，平面图、立面图及透视图的画法。

教学安排：

课堂讲授（2课时），学生课堂完成作业，教师课堂讲授辅导（18课时）。

重点：对方案设计深度标准的掌握，图纸的系统性

难点：工具制图的规范标准，相关技术协调的整体考虑。

深度要求：设计符合标准，图纸系统完整，表达准确。

三、课程作业

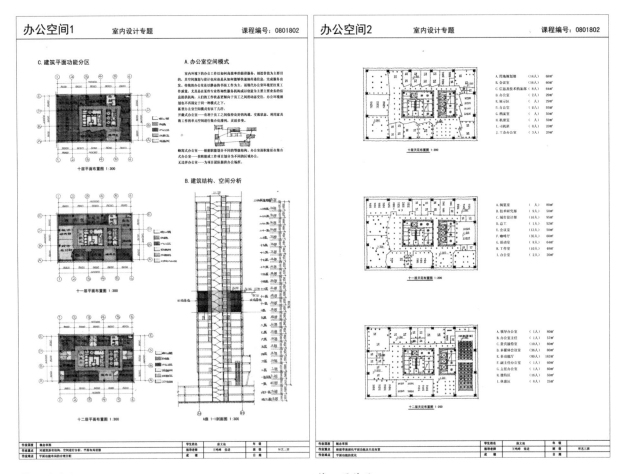

第一周作业：
学生通过对办公空间相关资料的收集分析整理，对办公空间的设计流程有一个基本的概念。
平面布置通过功能色块示意图，满足设计任务书中对各功能空间的指标要求，空间形式处理有待深入细化。

第二周作业：
学生通过顶棚平面草图主要表达了吊顶标高的设定及灯具照明的基本定位，在顶棚形式的处理及灯光类型的组织上还存在很多的不足，立体的系统性思维还需在下一步设计训练中加强。

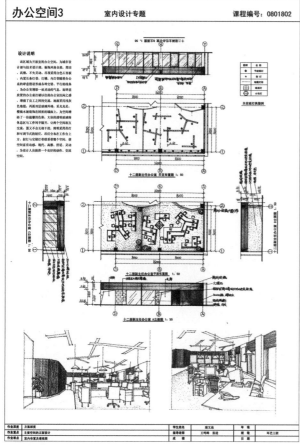

第三周作业：
局部空间的细化设计基本表达出了学生自己的设计想法，平、立面在制图中表达还欠缺规范完整性。

第四周作业：
通过各个空间的手绘透视图，表达出各个空间的设计特点。对学生自己的设计成果有一个直观的验证。

课程名称:

酒店设计

主讲教师: 谢冠一

谢冠一:副教授 硕士导师,建筑学博士,环境设计系 主任,美国亚利桑那州立大学 访问学者,中国建筑学会 会员,中国室内设计学会 会员。

谢冠一教授从事室内建筑学教育有 17 年经验,专注于建筑空间地域化的实践与研究,项目涉及建筑、旅游、生态、景观等领域,曾获华南理工大学教学优秀奖及多个行业荣誉。

一、课程大纲

总学时:64 学时
理论课学时:52 学时
实验课学时:12 学时
学分:4 学时

酒店建筑是功能复杂的综合体,包含了餐饮、住宿、康乐、会议和后勤管理等多种内容。由于用地条件、投资规模、地域气候和管理方式等方面的差异,酒店建筑会产生多种面貌和空间形式。学生需要了解酒店业的发展变化,了解酒店基本类型和酒店建筑的基本架构,学习如何组织复杂的交通和功能要求,思考如何利用设计提高酒店的空间品质和服务品质,研究场所精神、地域气候和文化对酒店设计的深层影响。

酒店建筑理论基础(8 学时)
酒店建筑的类型和特点
酒店建筑的发展过程
酒店的功能需求酒店设计的影响因素(2 学时)

酒店的选址和规模
酒店的目标市场
酒店的管理模式
顾客的行为特征
酒店设施(2 学时)
采光照明
通风采暖
交通
酒店星级评定标准(2 学时)
酒店案例赏析(2 学时)
酒店设计实践(48 学时)
项目设计
设计与研究

二、课程阐述

课题选址于中国南方城市山地环境,是 20 世纪 70 年代典型的岭南园林式酒店,拥有优越的景观资源和交通便利条件。如何在全球化的浪潮下对本土旧建筑的重新解读再利用并适应本土气候条件和现状的限制将成为同学们思考和讨论的焦点。

三、课程作业

设计说明、条件分析、构思过程。

首层、标准层平面图，表达各主要功能的分布状况。

主体空间的剖面图 1：50，不少于 4 张。主体空间的模型透视图 4 张，短边不小于 200mm。

主体空间的手绘透视图 4 张，短边不小于 200mm。

平时作业（占 60%）

是否了解现代酒店的基本架构，是否明确办公空间设计的目标和重点，能否合理组织各种功能房间、交通流线并结合场地条件有效利用资源。能否体现地域环境与酒店空间的共生关系。

快题考试（占 30%）

酒店某公共空间和客房空间的闭卷设计，6 小时完成平面图、立面图、剖面图、效果图及设计说明。

考勤（占 10%）

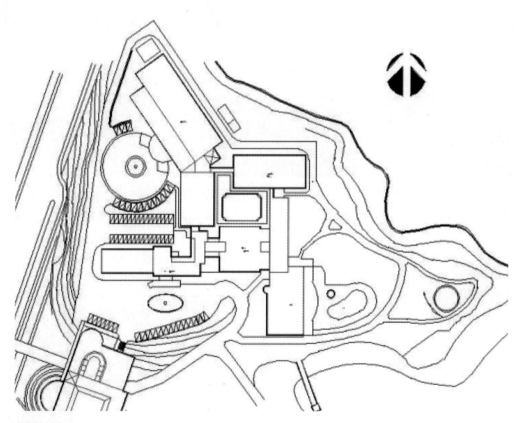

教师评语：

作者在保证功能完整的基础上对客房构成做大胆的尝试，尤其是对卫生间的打散重组带来了新的空间形态和体验，对空间尺度的把握和色调的控制也很恰当，繁简得宜整体感很好。但是对景观资源的利用和对南方气候条件的适应性反馈欠缺深入思考，如果能利用本土建筑的技术措施将会有更高的可行性。

作业一

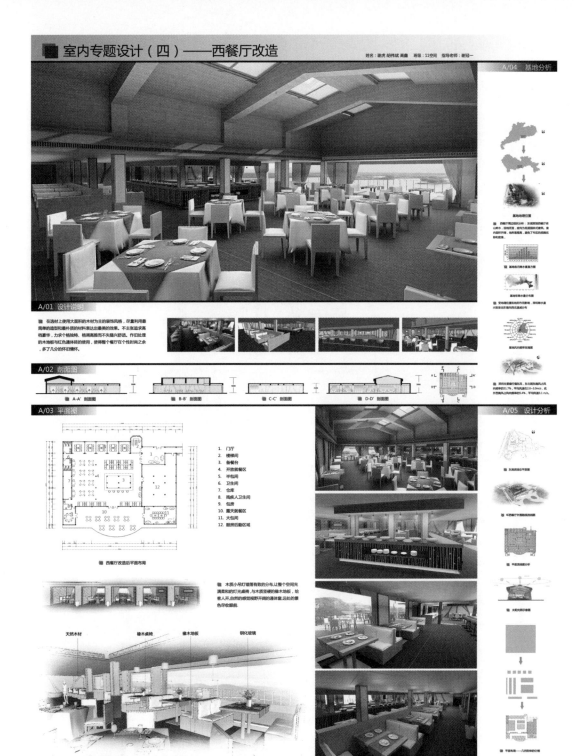

163

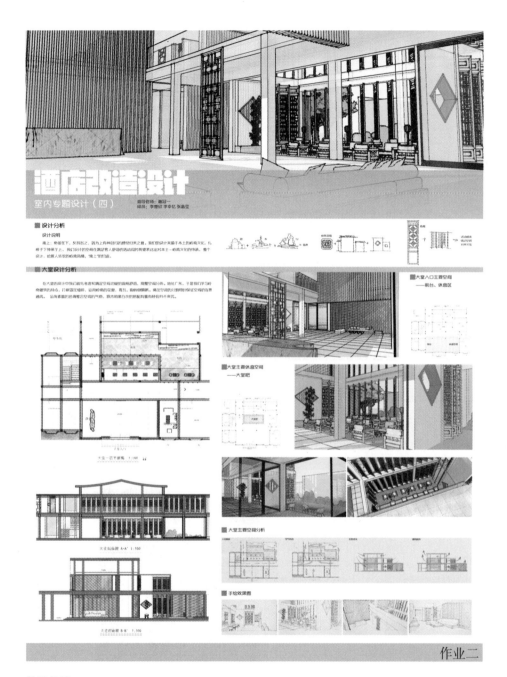

作业二

教师评语:

作者对门厅原有的空间做了显著的调整,意图加强室内外环境的相互交融,可调节的遮阳措施的确可以有效调节室内空气温度。为了解决空间紧凑带来的交通流线的压力,楼梯移位是比较可行的办法,如果总台能设在另一侧将会更有说服力。设计意图很明确,空间组织和界面处理也很有分寸,是对南方地区旧建筑再利用的有意义的尝试。

客房设计

在客房的设计中，我们依旧首先满足功能的合理分布。努力做到功能的简洁而足以满足客人的需求。没有使用过多的装饰元素，承袭了大堂的设计风格，包括考虑到通风 采光，运用流动的空间设计，灵活了空间中的墙体，学习运用古代的花窗 门棚点缀。同时，为做到空间纯粹舒适，我们采用浅色基调给客人提供干净安静的环境。

■■ 标准间客房设计

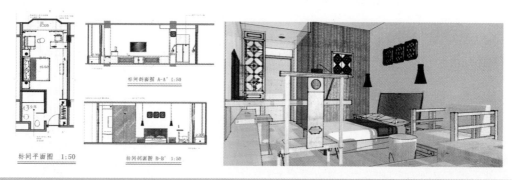

标间剖面图 A-A' 1:50

标间平面图 1:50

标间剖面图 B-B' 1:50

■■ 套房设计

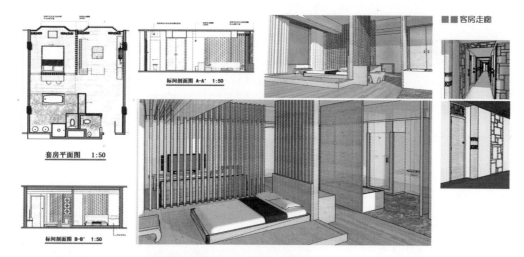

■■ 客房走廊

标间剖面图 A-A' 1:50

套房平面图 1:50

标间剖面图 B-B' 1:50

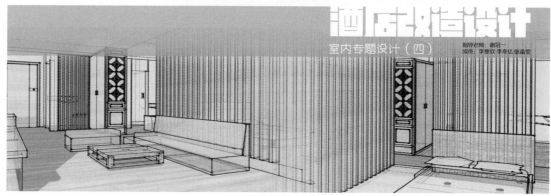

酒店改造设计
室内专题设计（四）

指导老师：谢冠一
成员：李梦欣 李幸忆 张晶莹

作业二

课程名称：

居住空间室内设计

主讲教师：陈薇薇

陈薇薇：硕士研究生，现为华南农业大学艺术学院环境艺术系讲师，教研室主任，从事教学工作10余年，有着丰富的教学经验。主要讲授程《室内设计原理》、《人机工程学》、《居住空间室内设计》、《展示设计》等。公开发表教学及科研论文8篇，主持教学改革课题3项，教学中注重产学研的结合。

华南农业大学
艺术学院环境艺术系

一、课程大纲

（一）课程性质和任务

本课程是环境艺术专业学生必修的一门专业必修课。

通过理论讲授与实践教学，使学生正确理解居住空间设计的相关概念，了解居住空间设计内容分类以及方法步骤，让学生掌握居住空间各环节具体设计内容与要求；熟练掌握居住空间的功能空间组织和界面处理、采光照明设计方法、陈设布置方法等，让学生能够运用正确设计程序、方法、原则和原理创造出满足人们物质与精神生活需要的居住空间环境作品；培养学生运用空间功能、照明、色彩、家具等技巧综合表达空间的设计能力。

（二）教学方法

1. 课堂讲授，利用多媒体课件进行教学以及优秀设计案例分析。

2. 运用启发式教学、讨论式教学、开放性教学、互动式教学等教学方法。

3. 进行现场考察与调研，结合现场教学，强调实践操作，加强学生解决实际问题的能力，培养学生的设计创新意识。

（三）课程教学内容和目标

理论教学部分

1 居住空间设计概述

　　1.1 居住空间的含义及特点
　　1.2 居住空间设计的目标
　　1.3 当代居住空间设计的发展趋势

　　教学目标：对相关课程概述进行介绍，以讲授装修故事观看网络装修日志的方式介绍课程，使学生产生学习兴趣，明确该课程的学习目的。

2 居住空间设计的原则与分类

　　2.1 居住空间设计的基本原则
　　2.2 居住空间的功能分区
　　2.3 影响居住空间设计的因素

　　教学目标：多媒体理论授课与实例分析结合，讲解居住空间设计的基础理论知识，让学生理解设计原则和家庭居住空间的功能分区。

3 居住空间内的各部分功能空间设计

　　3.1 门厅的设计
　　3.2 起居室的设计
　　3.3 餐厅的设计
　　3.4 卧室的设计
　　3.5 书房及工作室的设计
　　3.6 厨房的设计
　　3.7 卫浴间的设计
　　3.8 储物间的设计

　　教学目标：按照居室内功能分区进行分段教学，结合案例进行分析讲解，使学生掌握居室内各功能分区的设计处理要点及整体协调关系。

4 居住空间的设计要素

    4.1 居住空间的色彩设计

    4.2 居住空间的采光及照明设计

    4.3 居住空间的家具与陈设设计

教学目标：通过多媒体授课以及案例欣赏对居住空间各设计要素进行讲解，组织课堂讨论，让学生掌握居住空间内的色彩设计、照明设计、家具和陈设设计以及相互之间的协调统一，能够为空间进行设计配色、陈设装饰。

5 居住空间设计的程序

    5.1 设计前期准备与条件分析

    5.2 方案设计

    5.3 方案实施

教学目标：通过讲解，使学生了解居住空间设计的工作程序、施工与设计的前后衔接、装修施工过程，同时让学生学会如何进行设计思考以及拿到设计任务后如何开展设计工作。

（四）实践教学部分

1 市场调查

    1.1 材料市场调查

    1.2 家具及灯具市场调查

教学目标：通过市场调查，了解居住空间设计中材料的种类、用途与施工方法、家具及灯具的样式风格，使学生了解更为直观的第一手材料、家具、灯具资料。

2 实地考察

    2.1 实地考察施工现场

    2.2 实地考察样板房

教学目标：通过实地考察，直观体会施工现场与成品设计，使学生了解施工现场状况和成品样板房。

3 现场勘查

    3.1 现场实地勘察测量

    3.2 绘制原始平面图

教学目标：通过现场勘查，测量并绘制原始平面图，带领学生实地勘察测量与绘制原始平面图，使学生获得现场直观感受和第一手原始设计资料。

4 课题设计

    4.1 下达课题设计任务书

    4.2 方案设计阶段

    4.3 深入设计阶段

教学目标：通过项目实践，向学生下达课题设计任务书明确设计方向，按计划实施方案设计与深化设计并最终完成设计任务。

二、课程阐述

（一）课程基本情况

本课程在第 5 个学期开出，总课时为 48 课时，每周 2 次，每次 4 课时，整个课程持续 6 周，后续 4 周时间为学生完成课程设计。课程对象为环境艺术专业三年级本科生。

教学内容	课时分配	
	理论课时	实践课时
居住空间设计概述	2	—
居住空间设计的原则与分类	4	—
居住空间内的各部分功能空间设计	8	12
居住空间的设计要素	2	10
居住空间设计的程序	2	8

（二）学生知识情况

课前课程包括工程制图、效果图表现技法、室内设计原理、人机工程学、3D 效果图制作。学生经过两年的专业平台课程、专业准入课程的学习，已具备一定的设计基础知识，对于空间效果图表现以及施工图绘制的方法已基本掌握，同时对于室内设计的基本知识以及室内与人机工程学的关联已经学习并掌握，为学习居住空间室内设计课程打下良好的基础。

（三）课程简介

本课程位于专业基础课程结束，专业设计课程开设伊始。在本门课程中，着力培养学生的前期基础专业知识的整合、运用能力，以居住空间为着眼点，掌握设计的基本技能，具有承上启下的作用。

本课程力求把握居住空间设计艺术的前沿动态，着眼于新技术、新材料、新手段在居住空间设计中的应用。在教学方法上，采取课堂理论与校外社会实践相结合。在教学手段上，通过多媒体以及大量丰富的图片以及视频资料，拓宽学生的专业视野，使学生在学习相关基础知识的同时也可以获得更为直接的设计体验。

三、课程作业

整个课程作业分为两个项目：小户型设计、别墅空设计。

1. 给定小户型设计的空间平面，约为 50m² 左右，小面积的设计比较容易上手，设定不同的居住人群，通过对一个空间的三个不同平面布局的设计，训练学生创意性设计思维，同时也锻炼学生针对于不同居住人群的不同要求做出合理的功能设计。

2. 以分组合作的方式展开别墅空间设计。老师提供两套不同户型的别墅建筑，学生需要通过实地测量来完成建筑原始图的绘制，选择感兴趣的其中一套。拟定设计任务，所有的设计步骤都要求通过小组协商、探讨来确定，采取这样的课程作业方式目的在于培养学生的团队精神，在训练学生设计能力同时培养学生相互合作的能力及性格。

（一）小户型设计作业要求

1. 完成 3 个不同居住对象的平面布局设计并写 100 字左右设计说明，按绘图要求绘制图纸。

2. 效果图 2 张，要求体现主要空间的设计效果。

3. 所有作业排在 A3 版面，注意整体风格协调及版式美观。

（二）别墅设计作业要求

1. 全方位的设计纪录（A3 本），记录整个项目过程包括所有的草图、文字、讨论纪录等。

2. 别墅施工图：平面布置图、顶棚布置图、地面铺装图、主要空间的立面图、构造节点详图（根据需要绘制）。

3. 别墅效果图：客厅效果图、餐厅效果图、主卧室效果图、次卧效果图、书房效果图等。

4. 设计说明 800 字。

5. A3 册子装订，要求有封面、目录、设计总结，版式需要与设计风格统一。

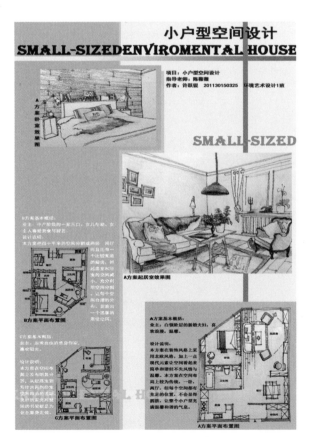

教师评语： 该生手绘能力较强，方案的设计能够根据不同的要求进行功能布局，整体平面布置较为合理，最终方案的设计对于风格的体现把握较好。

教师评语： 设计能够充分考虑到不同家庭对于居住环境的要求并能做出相应的功能布局，设计思维比较活跃，最终方案的设计能够完整体现出设计风格要求。

教师评语:

该方案设计是一栋三层别墅,家庭一共四口人。整个方案设计从"大隐于市"出发,体现中国文化与现代元素的共生,能够用现代的艺术元素来演绎中国传统表情,采用木材、竹材与壁纸、布艺进行软硬碰撞,设计出舒适温馨的居住环境。

别墅内部的功能分区和平面布局也较为考究,能够将动静分开,空间动线较为流畅,使用起来非常方便,体现出居住的高品质。此方案无论在功能处理和风格设计上都比较完整。

教师评语：

  该方案设计是一栋四层别墅，居住家庭为五口之家，三代同堂。在功能布局上，该方案比较完整，将家庭娱乐、休闲聚谈等活动空间与私人休息、工作等私密空间进行合理的安排，整体布置得当。

  设计风格是东南亚风格，设计中能够把握东南亚风格的特点并运用到界面、色彩、陈设的设计之中，多以自然的木材为主要装饰材料，贯穿着返璞归真的装饰理念。但方案在局部的细节处理上有一些欠缺，餐厅以及水吧装饰处理比较生硬。

教师评语:

　　该方案设计是一栋三层别墅,家庭成员有五个人,设计的出发点是给客户一个温暖的港湾。整体的功能考虑周全,能够满足每个家庭成员的不同需求,但具体的平面布置还不够完善,一层空间的利用率较低,没有充分利用。

　　设计风格是中式风格,运用了较多的中国传统装饰图案,装饰材料以木材、仿古砖为主,体现出中式风格的特点,但是个别空间的装饰较为繁琐,各种元素的堆砌过多,太过集中。

171

课程名称：

空间设计

主讲教师：杨茂川、姬琳

杨茂川：男，1964 年 6 月出生于四川省什邡县。1987 年 7 月于同济大学建筑系获工学士。现为江南大学设计学院教授、硕士生导师、环境与建筑设计系主任、责任教授，江南大学学术分委会委员。兼任（CIID）常务理事、CIID 第 36（无锡）专业委员会主任；中国建筑学会建筑师学会环境艺术专业委员会委员；"中国环境设计学年奖"专职评委；全国普通高校信息技术创新与实践活动（NOC）主任评委；江苏省室内设计学会副理事长等职。发表论文近百篇，出版著作与教材 6 部。承担和完成多项教育部、江苏省研究项目。多次获江苏省优秀教学成果奖。主持完成了百余项有较大影响的建筑与环境设计工程项目，并获得了第十届、第十二届全国美展在内的多项国家级、省部级与省级学会奖。

姬琳：男，1977 年 2 月生于江西省上饶市；现任江南大学设计学院环境设计系讲师；艺术设计学硕士学位，清华大学美术学院博士研究生在读；研究方向：环境设计。兼任 CIID 第 36（无锡）专业委员会副秘书长，江苏省室内设计学会副秘书长等职，获得第十二届全国美展在内的多项国家级、省级学会奖。

一、课程大纲

通过本次课程使学生掌握单一空间的构成方法、组合空间的组织方式，以及空间设计的最新方法。了解影响空间感觉的各种因素。培养用三维的方式进行空间设计的能力。

二、课程阐述

空间设计是环艺设计与建筑设计的根本，是本专业所有设计的本源。为了使同学们树立空间意识，掌握空间设计的方法，特设计了本课题：系列空间设计与模型制作。本课题抛弃了诸多细枝末节，循序渐进、由浅入深，以纯粹的具有典型意义的空间设计与模型制作来实现课程的目的。

三、课程作业

课题一主要为了体现以水平要素限定的空间。以水平要素限定的空间既可以运用于诸多环境设施，也可以应用于建筑设计的某一部分。

课题二主要为了体现组合空间的组织方式。组合空间有许多组织方式，其中具有可生长的特性。运用这一特性进行空间设计可以在一定程度上解决建筑空间的组合问题，具有可持续发展和比较广泛的适应性的特征。

课题三主要为了解决空间限定与围合中的水平要素与垂直要素截然分离的问题。将二者自然的、连贯的融为一体，形成趣味空间。在解决大跨度空间的应用中具有相当的实用价值。

课题四由当今最新的解构主义的打散与重构的基本原理，来创造一种不可预见的，具有一定偶然性的空间形式。这类空间形式可以给人以强烈的视觉冲击力。作为纯粹的空间设计本课题具有一定的探索性和可操作性。

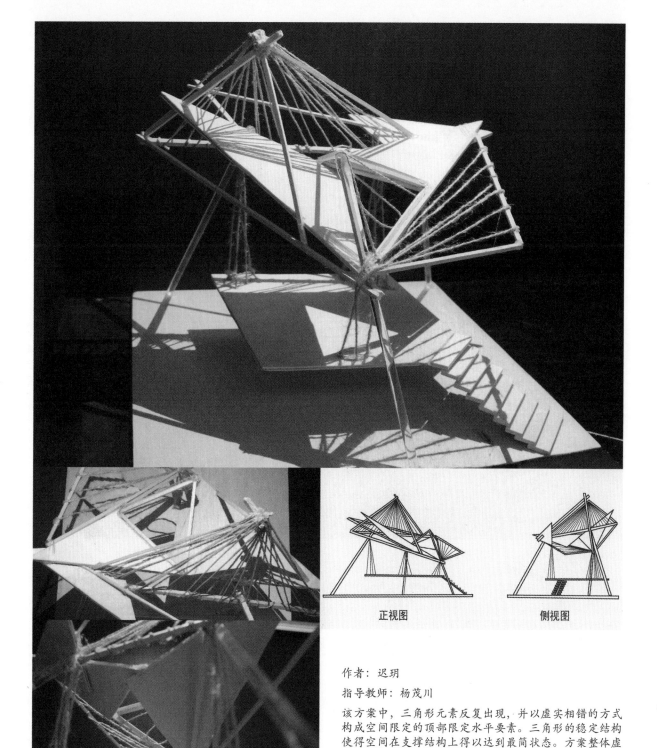

正视图　　　　　　　　　　側视图

作者：迟玥

指导教师：杨茂川

该方案中，三角形元素反复出现，并以虚实相错的方式构成空间限定的顶部限定水平要素。三角形的稳定结构使得空间在支撑结构上得以达到最简状态。方案整体虚实相生，轻盈空灵。

173

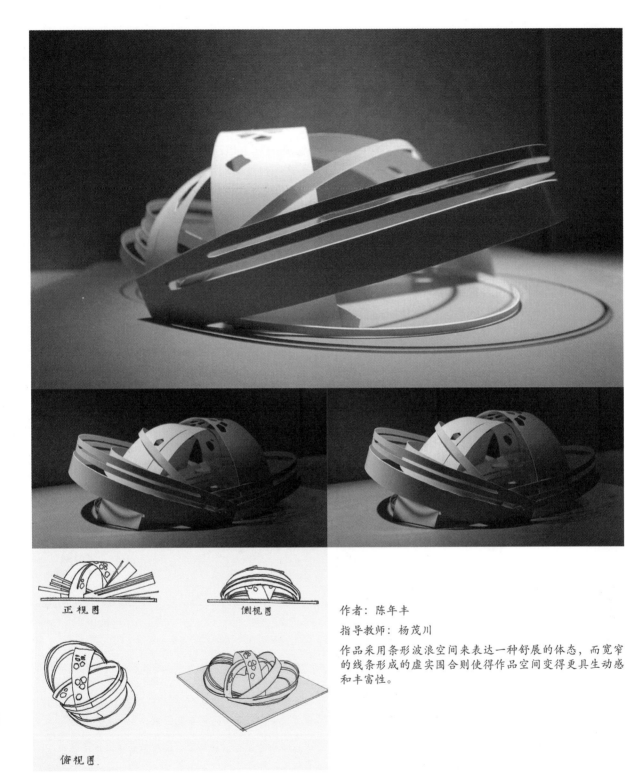

正视图

侧视图

俯视图

作者：陈年丰

指导教师：杨茂川

作品采用条形波浪空间来表达一种舒展的体态，而宽窄的线条形成的虚实围合则使得作品空间变得更具生动感和丰富性。

作者：卓润伊
指导教师：杨茂川

作品原型来自剥开的橘子，每瓣"橘皮"具有夸张的曲线
形态，这种夸张的形态构成了空间独特的夸张感。

作者：刘展羽、余思诗、朱凌婕、余思涵、程彦惠、杨牧昆、黄磊

指导教师：姬琳

由房子造型抽象出最简洁的虚实两部分空间形态，并在此基础上通过对虚化形态部分进行推拉，折叠，拆分组合的形式设计，实现休息，烹饪，办公，户外娱乐等功能。

墙面有 2 处可折叠部分，向内折叠后可以成为一个可以餐饮或办公的台面，向外放倒可以扩大原有空间。

作者：邵晓冬、段美如、董彦钰、梁嘉欣、马睿、周炫焯、
韩璐璐

指导教师：姬 琳

该作品以"花朵"为空间原型，以烧燎过的日本纸与木框
架为空间构建元素，较好的处理了花的轻盈、纸的半透
明、以及它们与木构架之间结构上藏与露的关系，材质
美学特性与空间造型主题关系处理较好。

177

课程名称：

建筑技术与构造

主讲教师：施济光、李江

施济光：先后毕业于沈阳建筑工程学院及鲁迅美术学院，一级注册建筑师，作品多次在全国美展等全国性大展中获奖。现于鲁迅美术学院环境艺术系任教。教授建筑技术与构造"、"建筑设计"、"建筑概论"、"江南园林的建筑与意境"等课程。

李江：鲁迅美术学院环境艺术设计系讲师。2007年毕业留校任教。《互融温泉疗养院度假村设计》获得《第十一届全国美术作品展览》——获奖提名作品。第二届，第三届为中国而设计最佳手绘表现奖，第六届为中国而设计提名奖。

鲁迅美术学院
环境艺术设计系

一、课程大纲

（一）课程性质和任务

　　建筑技术与构造是环境艺术本科教学中的必修基础专业课程。对于环境艺术专业而言，构造设计是实现建筑和环境设计创意和构思的深度设计过程。构造设计的科学性、系统性、完整性等直接关系到整个设计的最终实现以及实现程度。建筑构造是关于建筑方案实现的方法论问题，是研究建造过程当中如何有效实现建筑目标的技术问题。学习构造知识是一个持续、渐进的过程，是在学习中去体验、在实践中学习的过程。能够随时留意身边、周围的环境，特别是细节，并对优秀的构造做法进行分析、总结、探讨，同时作为知识的积累和储备，并在可能的实践活动中加以应用和发展。本课以理论讲授结合设计实践为授课形式。

（二）教学内容的基本要求及重点

　　第一部分　建筑构造的知识铺垫

　　基本要求：了解建筑及构造，以及构造在设计和建造中的地位和作用。

　　重点：了解构造对于设计的意义。

　　第二部分　建筑六面体——建筑本体构造

　　基本要求：掌握建筑的主要构造知识原理及设计要点。

　　重点：了解建筑各主要组成部分的构造知识要点。

　　第三部分　非建筑——广义建筑的构造

　　基本要求：掌握建筑外围及环境中的组成部分的主要构造知识原理及设计要点。

　　重点：注意建筑与环境的整体性设计与功能实现。

　　第四部分　实践与实现——构造模型的设计与制作

　　基本要求：介绍学习构造知识的几种主要的实践及训练方法。

　　重点：掌握利用模型的手段进行学习、研究、训练的方法和注意事项。

（三）学时分配

教学内容	授课	辅导	作业
第一部分 建筑构造的知识铺垫	8		
第二部分 建筑六面体——建筑本体构造	24		调研报告一份
第三部分 非建筑——广义建筑的构造	16		调研报告一份
第四部分 实践与实现——构造模型的设计与制作	8	64	构造设计草图一套 构造设计草模一套 构造设计正模一套

（四）适用专业

环境艺术设计 / 城市规划

（五）使用教材

施济光 . 学习创造——通用构造基础 . 北京：中国建筑工业出版社，2010.

二、课程阐述

建筑构造是建筑类、环境艺术类院校的必修基础课程，其重要性无人否定，但其传统授课模式的弊端也是显见的——重要却枯燥；实践性强却远离实践现场；需要设计却没有创造的空间……

因此，在实际的教学活动中我们进行了大胆的调整，尤其强化实践性的教学环节，这不仅仅是"作业形式"的变革。

1.建筑构造一直就是知识和实践能力并重的学科，而在学校教育中，工程实践的教育环节的实现度近乎为零，而利用构造模型设计、制作的手段就可以解决这一问题；

2.教材上的构造知识是"平面的"，利用构造模型设计、制作的手段，有利于学生建立直观的、立体的空间思维；

3.传统教学中构造知识、工程实践、实际应用三者是脱节的，利用构造模型设计、制作的手段，可以让他们紧密的结合起来，使构造知识可以贯通全过程。

4.利用构造模型设计、制作的手段，可以使教学全过程变得更有趣，也更能激发学生的创作与实践激情，

从而也更有利于构造知识的掌握。

5.构造模型设计、制作，看似非常强调"动手"，但在实际操作的过程中，从选题、选材、选择工具、设计修改图纸、加工制作、组合连接的过程中，会遇到"海量"的问题，而解决这些问题的过程，就是最完美的训练过程。

三、课程作业

（一）模型的题材要求

关于选择什么样的题材才更适合制作构造模型，这是一个关键的问题，不论是对于同学们还是老师，都应该把握住下面几个最基本的原则：

第一，兴趣很重要。

第二，难度适当。

第三，专业重点突出。

第四，构造逻辑关系合理明确。

第五，模型的可实现性。

模型题材的选择面很广，比如可以做古建筑模型、也可以是现代建筑模型，可以是中国的、也可以是西方的，可以是经典作品复原模型、也可以是普通作品的创造性复原模型、甚至是全新的设计创作模型……都可以，没有固定的要求。选择的基本原则是能满足构造课的基本的考察与训练要求，能够激起同学们的学习和动手操作的热情。

这样可以培养同学们的协作能力，集思广益，互相学习借鉴，互相鼓励，可以更好地完成教学任务、激发同学们的学习热情……并且，制作一个较复杂的模型，也不是一个人的能力所能及的。

然后选择要制作什么模型，并收集相应的资料，这些纯粹是从同学们的兴趣出发的。值得注意的是，在确定模型题材的同时，要对模型的制作材料与工艺有一定的可行性设想，这是非常必要的。在本书中我们可以看到中国古建筑类的模型可能很多，这主要有两方面原因：第一是中国古建筑主要是木构，各构件的穿插、连接较为复杂，有一定的难度和深度，而且逻辑性很强，有足够的思考空间，更能够达到能力训练的目的。第二就是中国古建筑木构架体系经过数千年的演变，有较为独立完整的系统体系，资料的收集较为方便，而且形成的模型形态优美，更能够激起同学们的制作兴趣与成就感。

（二）模型作业的进程安排

构造模型作业主要包含这样几个部分：1. 资料收集与选题。2. 设计及图纸放样。3. 制作草模。4. 正模的制作。

1. 资料收集与选题

作业之初先要编组，一般是两三个同学一组。这样可以培养同学们的协作能力，集思广益，互相学习借鉴，互相鼓励，可以更好的完成教学任务、激发同学们的学习热情……并且，制作一个较复杂的模型，也不是一个人的能力所能及的。

然后选择要制作什么模型，并收集相应的资料，这些纯粹是从同学们的兴趣出发的。值得注意的是，在确定模型题材的同时，要对模型的制作材料与工艺有一定的可行性设想，这是非常必要的。

2. 设计及图纸放样

然后根据收集到的资料绘制模型设计草图，按比例计算并绘制出各构配件的形状、尺寸，同时要设计出制作安装的程序与连接工艺等，这是一个非常重要的过程，但往往容易被同学们忽视，因为同学们经常会充满激情的急于进行模型的实际制作。小组成员的职责划分在这一阶段要基本明确下来。这大概要一周时间，磨刀不误砍材工，准备得是否充分直接影响到后续的制作。

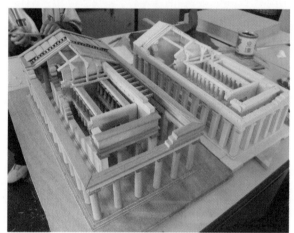

3. 制作草模

草模是一种工作模型，在某种意义上可以认为是正式模型的试验品。我们要求它的尺寸、尺度与正式模型要保持一致。至于材料和连接工艺等的要求则比较自由。发现设计中的一些问题并将其解决是草模的主要作用。草模的制作一般应该在一周之内完成。

4. 正模的制作

正式模型的制作过程一般可分为三个阶段：第一阶段是主要构件的试制和试安装。先用正式材料制作部分主要构配件，并进行实验性的安装，有问题可以及时调整。第二阶段是批量的构件的"生产"过程。这一阶段比较枯燥，精度要求又高，又看不到明显的成果，是需要毅力的阶段。第三阶段是"装配"，就是将加工好的构配件按事先设计好的程序进行组装、连接和固定，这必须由小组成员共同完成。

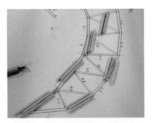

模型作业的关键是模型题材的选择和亲自动手制作的过程，选择什么建筑来做模型直接影响到作业训练目的的实现程度。而亲自动手制作，解决制作过程中遇到的技术问题（建筑的问题和模型的问题），是训练目的的核心所在。至此，模型本身倒好像并不是十分的关键。

教堂穹顶结构

（三）模型的材料、工具与制作

模型的制作材料没有固定的要求，只要能够找得到，并且可以加工就可以了，鼓励对陌生材料的探索。但在教学实践中，木材之所以成为首选，更多的可能是因为它更适合在教室内进行加工，加工过程中不太受时间和空间的限制，也不需要太复杂的加工工具，可以将人们的注意力更多地吸引到模型的设计与制作过程，而不是工具和加工工艺。

（四）作品的制作与评判原则

模型作品的制作与评判，应有一些基本的标准：

第一，正确性。要求模型的整体与局部的构造关系必须正确、恰当，不能违反起码的工程现实，这也是构造模型区别于其他模型的根本点。

第二，形体美。也就是要把握模型的整体的造型与比例关系，符合一定的审美规律。

第三，技术精美性。着眼于单一构件本身的制作，要求尺度精确、做工精细。就是说只有无数完美的"细胞"单体才有可能形成完美的统一有机体。

第四，协调性。着眼于构件之间的连接与组合，要求正确、准确、精确。

第五，创造性。这是我们以制作模型为教学训练方式的出发点与最终目的。体现在模型的题材选择、构造方案设计、制作的方法与手段等方面。

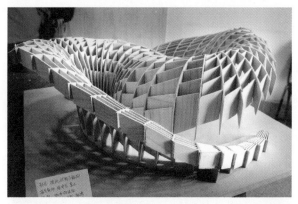

图 1

4

图 4

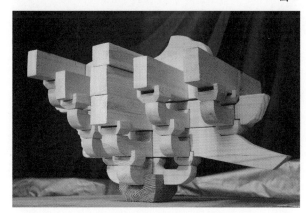

图 2

图 3

图 5

图 1 建筑结构造型分析　　图 4 鲁迅美术学院老办公楼

图 2 斗栱　　图 5 美国某木结构教堂

图 3 中国古建筑木构架

183

课程名称：

建筑设计
——桥梁建构

南京艺术学院
设计学院

主讲教师：丁治宇

丁治宇：男，1979年生于江苏溧阳。2006年获东南大学建筑学硕士学位，2009年东南大学建筑学院在读博士研究生。现为南京艺术学院设计学院讲师，国家一级注册建筑师。广泛设计民用及公共建筑，并在国内核心及其他刊物发表近8篇文章。研究方向：艺术视野中建筑形态与结构重构、动态建筑形态与外部环境。

一、课程大纲

建筑设计之桥梁建构旨在通过"桥"这一课题来梳理、强化相关的理论知识和纲要，最终能融汇贯通此类知识并将其演化为外在的物化的形态关系。

（一）相关结构知识的梳理

基础性结构力学知识、结构构件受力的图像解析、稳固的结构构件基础单元、空间结构网格系统、树形结构和堆积网格等。掌握结构构件受力后的特性，并通过构成、艺术的原则将其整合起来，形成正真超能效和超形式的交通建筑。

（二）建筑形态与结构重构

结构是任何建筑不可或缺的一部分，也是经常被维护体系所掩盖而鲜为人见的一类系统。而将结构系统从传统的观念束缚中解放出来，打散、重组后把它作为建筑外在形态的主导，最终完成结构系统也即建筑形态、建筑形态与结构系统一体化的目标。建筑形态和结构系统如此相辅相成、相得益彰、整体复合的理论构想在桥这偏单一性功能的交通建筑中得到充分地发挥和展现。

（三）复合性、多样性、选择性空间构成

桥作为交通建筑的一种类型，常常因为其单一性的通行功能很少能提供驻足和休闲空间。通过各种功能空间的构成和整合、多流线和复合流线的交叠来构筑更多机会性和选择性空间，以此弥补单一性能桥梁的不足。至此桥不再是传统性和穿越性的，而是更多诱惑性、享受性、复杂性、整合性的。

（四）建筑材料的运用

材料是建筑自我表现的基础，是人的直接视觉所捕捉到的第一印象和感受。不同材料的运用和组合将传达出不同的情感、肌理和表情，在表达桥梁建筑整体动感的同时也传递出建筑各类细部的真切感和细腻性。桥梁主体结构性的材料无非是混凝土和钢材，或者是两者的结合—钢混。其他非结构性的维护体系材料有：玻璃、木材、塑钢板材、聚酯性和热塑性挂板以及单元性钢皮板等。

（五）相关建构理论

建构是指诗意的建造，诗意更多地指向用富有特征和肌理的建筑材料按照一定的法则构筑后所传递的建筑情感和韵味；而建造则是指代建筑具体生成过程中建筑的连接性节点和建筑的表皮。虽然桥不能按照 1：1 的比例进行实体建造，但在电脑模型中却能虚拟性地实现这一过程，从细部节点设计到表皮处理逻辑再到形态的整体把控，试图通过建构这一理论来指导设计的过程，最后真正实现不止于纸张谈兵的概念设计目标，并对现实的建造起到指导性的现实意义。

二、课程阐述

课程概念的提出——桥作为连接性的交通建筑广泛存在于城市之中，而其单一的通行性状、平凡的建筑形态以及俗套的建筑材料和构成肌理等诸多特质，实在使之难以成为城市景观优秀的组成部分又或是城市名片。故此，结合南京艺术学院设计学院的创新化教学和前瞻性设计优势并试图强化和实践相关设计理论概念，本课程之建筑设计——桥梁建构也就应运而生了。希望借此设计课程，提请与桥梁建设相关的各界人士对优秀城市景观桥梁设计概念的关注，一改以往平庸的设计观念并能正真落实新锐性的设计构思，让"桥"能城市的一道靓丽的风景线，也让更多的人能"进入桥来"，体验、驻足、欣赏和穿流。

设计课程一共历时 8 周，共有 8 位学生和 1 位教师参与，而课程的开展也至少经历了如下六大阶段：从理论授课—设计草图—草图深化—模型建构—模型制作—成果展览。

理论授课（历时 1 周）：

桥梁无论是其设计概念又或是其设计建造，专业的结构力学知识是必不可少的，而身处专业艺术院校的学生对结构知识的认知是相对比较模糊的。因此，理论授课首先从本源上结合图片和图解对相关的结构知识进行梳理，其次讲述建筑形式和结构重构的关系。希望将学生对丰富形式关系天赋性的理解，与其对结构知识掌握后物化为形式源的领悟结合起来，完成从知识到形式的思维输出过程。再次教授相关空间构成和建构等理论，从而在整体层面上对设计有整合性的掌控。最后解析了材料的运用和表达，无论在虚拟表现层面或者是构筑桥梁模型及展现层面，为诗意的建造铺垫坚实的基础。

设计草图（历时 1 周）：

经过理论知识的洗礼后，设计的概念则如同雨后春笋般浮现于草图纸上。首先是让学生寻找各自所需要的相对合适的现实场地，对现状的滨水场地关系进行调研分析，并虚拟假设在该滨水空间之上建造一座桥梁。试图引导 8 位同学在 8 个相对有差别的设计方向上前进，教其如何学会肯定草图中的精华、剔除糟粕，最后能生成 8 个独居自身特色的桥梁设计。

草图深化（历时 1 周）：

该阶段即是对确定的草图概念在整体尺度关系、各局部空间和细部节点构筑等方面定性、定量地用草图或者 cad 软件细化。

模型建构（历时 2.5 周）：

用 Max、Rhino 和 Grasshopper 软件对草图构思进行电子性矢量化操作，而电子模型化的建构为设计提供的虚拟性的直观效果，同样也可能打破了我们在草图阶段对设计思考的局限性，并为我们提供了更多直观的选择性和可能性。同时也对电子模型和设计草图进行双向互动调整，在调整到具有满意形式关系的模型之后，赋予其相应性状的材质表现，最后获得虚拟的效果表达并输出相关的电子文件。

模型制作（历时 2 周）：

将电子模型数据输入电脑，运用 3D 打印和三维雕刻直接全部生成模型或者产出模型的组成部分；另外一部分设计则直接结合手工操作完成，终而呈现最后的成果模型。模型制作的过程是辛苦的也是兴奋的。

成果展览（历时 0.5 周）：

将设计过程中收集的、产生的和制作的图片资料编辑排版，形成成果展示文件；并设计相应的实体模型展示方式将模型在一定层度上做到最好的展现。同时这个阶段的到来，虽预示着课程的结束，但也定格了下一起点的位置和格调。

三、课程作业

课程作业是 8 位同学各自设计一座景观桥梁，每位同学的成果是：提交方式 4 张像素不小于 4000、尺寸为 A1 的 jpg 并打印成展版；一个外观尺寸不小于 0.5m×3m 的实体模型，而且 8 座桥最后以独立主题展览的方式进行展现。并且课程作业的开始、操作乃至完成的各个细节和整个过程是都是在理论授课后自然且始终贯穿于设计课程中的，是相互之间相辅相成、密不可分的概念。

展板涵盖的内容有：简洁的设计概念说明、图解性概念推理、场地条件解析、设计生成图解、平立剖面技术图纸、虚拟效果表现和模型图片展示等，以此来展示从设计构思到作品生成的整个脉络，使得非设计者同样能获得历时性和共时性的感官体验。

模型的表现方式不限，可采用完全采用 3D 打印、三维雕刻和手工制作或者任选其中 2 项相互结合完成。在模型材料的选择性方面也是多样的：铁、铜、木、有机玻璃、热塑性粉末、石膏、聚酯板、ABS、PMMA、树脂等。

8 位同学依据各自的设计概念分别将桥命名为"丝路"、"E.T"、"殊途"、"轴"、"阡陌"、"盘"、"月影"和"流鑫"，她们虽各自代表了不同的设计方向和风格，但传达的设计精神是一样的：基于合理、超效的结构受力构件，按照艺术性的概念构成建筑形式与结构系统一体化的桥，她涵盖交叠、机会性的复合空间，并于细部节点和表皮构成上表现着建构主义的特质。

《殊途》

《月影》

《丝路》

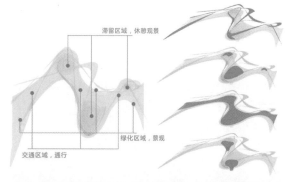

滞留区域，休憩观景

绿化区域，景观

交通区域，通行

体块分析/Body mass analysis

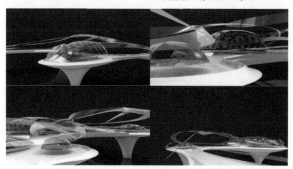

教师评语：

桥之"殊途"——多条非统一标高的通道流线的穿插与交错形成了更高级的路径系统，用以表达殊途同归的设计原想。仿生化的结构配置在艺术化设计导则控制下，强化了建筑与结构一体化的形态关系——建筑形态即结构系统的外在表达。

桥之"丝路"——不同大小的"珍珠"叠合了"丝带"的概念，形成了字母"M"的形态。"珠"所承载的休憩、观赏功能与桥的通行功能进行了复合，让空间的意义等到升华。舞动的"丝带"和"珠"体相互契合，柔美与圆润、细长与羞涩，相辅相成地建构了"丝路"之景。

桥之"月影"——设计犹如一轮月牙一般浮现于水面之上，其轻盈的体态、婉约的线性和特殊的肌理无不践行着"Less is more"的设计理念。

桥之"流鑫"——拱形作为结构受力最合理的桥体原型，在参数化网格介入之后，使桥的形态完成了从简单——简洁——灵动展翅的蜕变。富于变化的网格系统附着于整个形态，在消解整个桥体的同时也周边的环境建立了一种融合性。

《流鑫》

187

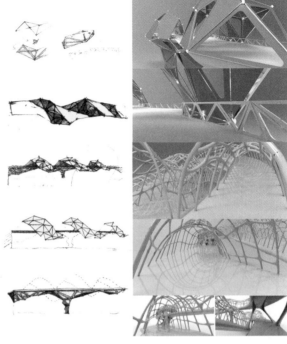

教师评语:

桥之"阡陌"——以交叠、变形的"Loop"为概念,演绎出区别于单一线性的、并集多通道、机会性、重置性为特质的复合型桥的设计。交织的桥面在树形支撑和异形曲面网格化桥顶的衬托下,形成与周围环境相生相融的画面。

桥之"盘"——以三角形为格构的基础元素,并复合于空间性蜿蜒的蛇形曲线,构筑了桥身、桥墩和桥顶整合性一体化的形态。三角形构件不但充分发挥了结构轴向压力和拉力,而且也彰显了结构超效能和独特的建筑形态完美融合的艺术。

教师评语：

桥之"轴"——对未来仿生的强化和表达是本设计的初衷。在力的图解基础上提取的结构受力构件，其间组构成具有流线性、张力感的结构系统。

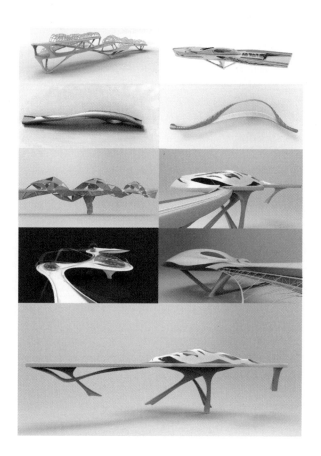

教师评语：

桥之"E.T"——幻影性成为该设计所要标的的精髓——各条空间曲线间所附着的线、面和体将整个桥显现于滨水空间之上，人穿梭于流线性的桥面和交错的网格化空间中，冷峻的色泽和线性的构件将整个桥叙述为链接地球和外太空的一条通道，于是乎E.T便正式存在了。

课程名称：

家具设计

主讲教师：吕在利、隋震

吕在利：生于 1961 年 6 月。1986 年毕业于山东轻工业学院艺术设计系装潢设计专业，现任齐鲁工业大学艺术学院教授、硕士生导师、环境艺术设计系副主任，中国工业设计协会展示委员会委员，先后承担多门本专业本科及研究生专业主干课程的教学任务。曾先后出版著作六部，专业论文七篇，国家知识产权局授权专利十余项，近年来主持并参与多项文化部及山东省教育厅、文化厅课题。

隋震：生于 1969 年 10 月。1994 年毕业于山东艺术学院环境艺术设计专业，同年入职齐鲁工业大学艺术学院环境艺术系执教至今，先后承担多门本专业本科及研究生专业主干课程的教学任务。曾先后出版著作六部，专业论文七篇，国家知识产权局授权专利十余项，近年来主持并参与多项文化部及山东省教育厅、文化厅课题。

一、课程大纲

（一）理论教学内容（16 学时）

　　1. 理论讲授（16 学时）

　　（1）概论

　　（2）家具发展的历史

　　（3）家具与室内设计的关系

　　（4）家具设计与人体工程学

　　（5）家具的材料与构造

　　（6）家具设计构造详解

　　（7）家具的色彩涂饰工艺

　　（8）家具造型设计的一般规律

　　（9）家具设计的步骤与方法

　　（10）家具设计实例分析

　　2. 课程作业及课堂辅导（32 学时）

　　（1）作业安排与要求

　　习题内容：设计生活家具单件或组合；绘制平、立、剖三视图；绘制大样图或结构详图；绘制手绘或电脑效果图；写出设计说明，进行装裱。

　　（2）课堂辅导（32 学时）

（二）实践教学

1. 实验（32 学时）

　　（1）实验项目

　　家具设计结构推敲，实验类型：验证性实验。

　　（2）实验目的和要求

　　家具设计实验是完成从设计构思到设计完成的重要环节。通过实验，使学生掌握使用材料进行家具设计的程序与方法；体会家具的选材、结构以及拼装工艺；研究各种家具的结构与比例关系，是家具设计教学过程中不可缺少的环节。

　　（3）基本设备与器材配置

　　木工机具及刀具、切割机、转盘、五金工具、弯管机、打磨机、嘉宝雕刻机、电焊机、小型电动工具、木材、金属材料、其他消耗材料。

　　2. 实习（1 周）

　　本课程实践教学主要是考察家具卖场和参观家具生产厂。

　　（1）目的任务及基本要求

　　家具设计课程的实习目的是为家具设计搜集第一手资料，通过到家具生产厂家和家具卖场进行实地考察、参观来提高家具设计水平和能力。要求学生通过两周的实习，能够了解家具设计制作的各类材料、结构方式和设计表现方式，为下一步作业训练打好基础。

　　（2）考察内容

　　考察家具卖场，了解家具设计的选材、结构及设计表现形式。

　　参观家具生产厂，了解家具制作的流程与制作工艺。

　　（3）时间安排：2 周（每单元 1 周）。

　　（4）实习方式：集中考察。

（5）成果要求：收集家具设计资料，为下一步的设计课程做好准备。

（三）考核方式

以课堂作业作为该课程成绩。

（四）评分标准

项目指标	分值	评分说明
设计创意	40	作品的创新性和创意的独特性
设计表达	30	作业构图、造型、色彩、材料、工艺等方面的综合设计水平
作品效果	30	作业完成质量、最终的效果以及艺术性

注：

1. 以平时上课考勤确定学生是否具有考试资格。

2. 根据考勤、学习态度等情况，对于出现旷课、迟到等现象的学生酌情扣分。

（五）主要参考书目

1. 李凤菘.透视、制图、家具.北京：中国纺织出版社，1997,4.

2. 隋震.吕在利.家具设计.徐州：中国矿业大学出版社，2000,10.

二、课程阐述

《家具设计》是艺术设计专业环境艺术设计方向学生的专业基础必修课程，在第5学期进行，共计80学时。其中讲课16学时，实验32学时，课堂作业训练32学时，考察实习1周。

家具设计是室内外环境设计学科的基础训练内容，是室内外环境艺术设计的重要组成部分，是根据环境的具体功能要求及相应标准，运用设计美学原理和物质技术手段，创造出功能合理、舒适优美的室内外空间环境的重要内容之一。

其教学任务是：明确"以人为本"的设计目的，创造满足人们物质与精神生活的家具设计作品，通过对其设计理论的讲授、课堂作业的训练以及各实践环节，掌握科学的思维方法和设计手法。它与其后的室内设计、室外设计等专业课程共同构成室内外空间设计的完整教学任务，为更好地学习室内外设计课程奠定基础。

三、课程作业

作业安排与要求

习题内容：设计生活家具单件或组合；绘制平、立、剖三视图；绘制大样图或结构详图；绘制手绘或电脑效果图；写出设计说明，进行装裱。

设计说明：创意家居是指在满足产品本身的实用功能外，在外观的设计上融入时尚，个性化的家居用品。产品以独特的设计打动人心，融合了设计师的创新和灵感。符合人们对生活环境以及生活品质的高要求。创意时尚家居展现的魅力能舒缓生活中的部分压力，增添生活以及工作的乐趣。

儿童斑马椅，通过黑白的色彩，丰富小朋友的想象空间。可以让小朋友更加喜欢上小动物。

创意家居用品的核心主题是"创意"，不是随处可见的锅碗瓢盆。

常规家居用品在各位的家中存在了很多很多年，人们最关注的是它们的实用性，而创意家居用品除了要更好地满足这种实用性外，还要具备外观、功能等方面的创意点、闪光点，因此我们的设计要注重造型与实用性的统一。

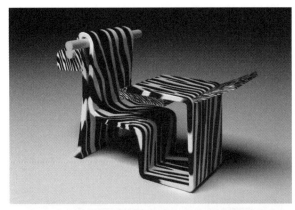

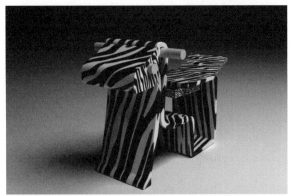

教师评语：

该同学的设计创意在形态和原理上都源于斑马。该设计具有较好的创意；在功能、材料及安全性等元素，充分考虑到儿童的使用特点，形态活泼可爱，尺度合理，创意性强。

建议：

1. 台面的尺度可以再宽一点，使实用性增强。

2. 在双层台面的中间加入一个能够伸缩装置，使台面可大可小，方便使用。

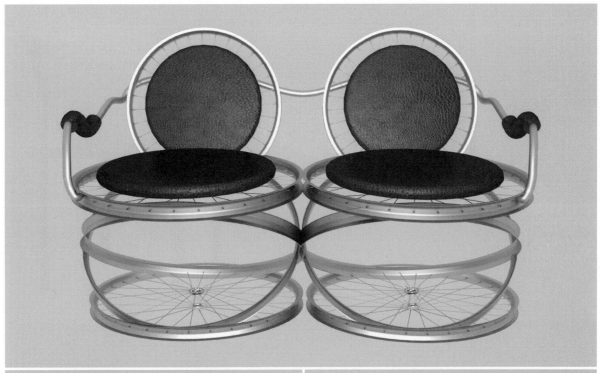

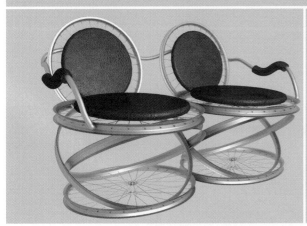

　　设计说明：这是一款现代风格的创意座椅，主要以自行车车轮为设计元素。不锈钢的自行车车轮和不同颜色的 PU 合成皮革座、背垫相结合。不锈钢的重感和不易变形的特点加之 PU 合成皮革的细腻、防水防务防晒等特点，奠定了此座椅放在室内外均可的基础，给室内外空间，给室内外空间增添些许活力。此款座椅较清新并不失潮流。

教师评语：

该同学的设计取自自行车车轮为设计元素，在设计过程中结合时尚和力学原理，以皮革为材料，通过疏密节奏的对比，创造出功能尺寸合理而又不失时尚感的现代座具设计。

不足之处： 坐面钢丝密度不够，在视觉感受上疏密对比过强。底盘的形态太写实。

193

设计理念：

　　本设计是中国传统风格文化意义在当代背景下的演绎，是基于对中国当代文化充分理解基础上的设计，既可用于玄关陈设又具有使用性。

　　现代中式座椅，在形式上，采用了一种扭曲的设计感，让扶手成非对称性状态。而在座椅腿的处理上加入了曲线的感觉，使得上下相得益彰。靠背的设计则完全保留了传统中式的意境。

　　在材料上，采用了亚光碳钢与黑色木纹木料相结合的手法。亚光碳钢让设计更具有现代感，可塑性强；黑色木纹木料是中式传统的延伸。两种材料的结合既保留了传统中式的美感又具有一定的现代感。

　　在色彩上，统一用了黑色，让整个家具更符合现代感。

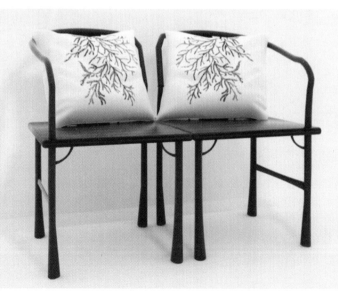

教师评语：

该同学设计的座椅和茶几在结合传统家具特点的基础上，联系当下的时尚，在结构、材质和实用性等方面进行了综合的应用性研究，创造出一种传统与时尚相结合的、具有较强书卷气息的新型时尚座具组合。该设计尺度合度、比例协调、材料运用都有创新之处。

不足之处：

1. 起连接稳定作用的部件在支撑力方面需要更为深入的研究，使实用性与稳定性功能不断完善。

2. 座椅内侧的三条腿的支撑力缺少撑力的计算，要在稳固的前提下美观、时尚。

课程名称

建筑装饰

主讲教师：梁雯、韩冬

以往，对于建筑装饰的研究多是针对装饰纹样的收集、整理。这固然是一项重要的研究工作，但是隐藏在装饰形态背后的历史、文化和经济背景，以及当时的工艺、技术和当时的人对于材料的态度，同样是装饰形成的原因。回顾距离我们遥远或者不那么遥远的年代，我们会发现材料、工艺与装饰艺术曾经紧密地联系在一起，例如，在中国传统建筑中，工作往往根据材料和工艺进行分类。若希望真正地了解建筑装饰，熟悉材料和与之相关的工艺是必要内容，甚至，应该从材料和工艺入手去进行设计思考。

现代主义建筑师严厉拒绝装饰在设计中出现的一个主要原因是：装饰在大批量生产的环境中是一种浪费行为。但是，在过去的20年，技术的发展为装饰回归建筑创造了前所未有的条件。计算机技术使装饰构件的设计、制造、生产、加工和组装逐渐便易而经济，使各种复杂形态的实现成为可能。同时，设计的思考和实现方式也发生了转化。

设计逐渐成为一个整合各种条件的系统工程，包括建筑中的纹样、图案、肌理和造型的实现。

本课程将装饰问题定义为人对于世界的解读方式，而非传统意义的附着于建筑的图案和造型艺术。课程的主要目的是帮助学生思考在数字环境中，设计与技术的关系，以及设计的实现。课程所关注的重点是设计过程，即如何将构想物（virtual artifact）转化为实体制造物（physical artifact）；如何建立设计语言；如何面对限制条件。在课题训练中，学生将面对两组相互关联的问题，物质性的问题和视觉性的问题，其中物质问题包括结构、组装、材料和加工问题，而视觉问题包括造型、空间、风格等问题。如何平衡这两组问题是本课程对学生所设定的一个挑战。

课程的预期效果是，学生在练习过程当中逐渐掌握数字环境中整合性（Integrated thinking）的设计思考方式。

课题的完成建立在一系列有步骤的小练习基础之上。学生通过逐步完成每一个练习，将学习如何建立设计步骤，最终完成设计任务。

一、课题训练

练习1：数字设计和图案

计算机辅助设计是计算机图形学的一个分支，CAD智能化的发展摒弃了早期使用Autolisp编写代码的复杂方式，突破了以AutoCAD为代表的电子绘图方式，向着更加智能的关系型数据结构内核发展，并且引入了以算法为基础的设计方法。这种方法为建筑装饰中的图案设计开拓了疆域。本练习的目的就是让学生通过学习和使用数字化的设计方法，初步认识算法和图案之间的关系，重新理解建筑装饰重点图案（图1、图2）。

在这个练习当中，学生被要求在数字环境中理解和思考图案。不同于学生以往的经验，学生从学习软件开始，重新认识构成图案的因素以及图案的结构，通过反复调整和修正，创造出二维图纸，并考虑图案的加工条件。

步骤提示：
1. 在AutoCAD或Rhino中绘制图案；
2. 图案需要适合于8mX4m的矩形；
3. 记录在绘制过程中遇到的和思考的问题；
4. 完成二维图纸和三维渲染图。

作业重点：
对图案的理解 —运用软件的手段 —尺度问题 —思考记录。

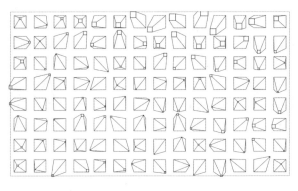

图1　　　　　　　　　　　　　作者：何为

图1方案的灵感源自中国建筑大门上的门钉。此设计将门钉化作方形，并采用等大放形矩阵排布，凸起的顶端采用随机干扰的方法重新组织。于是凸起物向四面八方隆起，表现出强烈的向外伸张的效果。

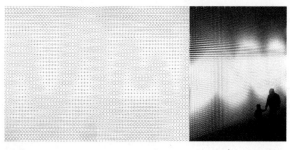

图2　　　　　　　　　　　　　作者：郑明凯

图2在我们的时代里城市居民越来越多，人口密度变得越来越大，并且造就了一些封闭的空间。用算法设计的思维与手段可以控制构筑物里的光线，影响人的流动。

练习2：造型、尺寸和加工生产

设计不但需要遵从美学规律，还要考虑生产和加工的实现。算法设计给设计的发展带来了无限的创新可能，但是，加工技术是这种设计方法的关键约束条件。因此，如何在数字环境中实现设计方案是这个练习的关键所在。练习中学生既要考虑自身方案的视觉效果，同时还要面对之前从未涉及的加工问题，以及与之相关的尺寸和尺度问题。训练的目的是引导学生思考如何用低技术约束条件来实现参数化设计作品。

步骤提示：
1. 根据设计概念，思考造型的基本单元；
2. 设定基本单元迭代的函数关系式；
3. 在算法设计软件中实验构想结果，记录实验中出现的错误或者不同，修正算法，最终与设计概念吻合；
4. 以人的尺度为中心，在三维软件中按比例模拟现实并计算模型建造尺寸。
5. 导出加工平面图，送实验室加工；
6. 将零部件组装，并置于现实空间中，再次体会概念、造型、算法设计及尺度四者之间的关系。

作业重点：对造型的理解 —算法设计的运用 —尺度问题—思考记录 。

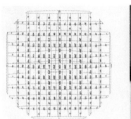 

图 3 作者：郎宇杰

图 3 方案所关注的是图案、形态与结构的统一，并在三者之间找到交集，从而将装饰的需求、结构的需求、功能的需求都结合到一个方案上。方案的最初灵感来自"编织物"，在练习 2 中，方案的构件被分为经纬两组，并分别标注序号，四个方向依次相叠，生成形态。

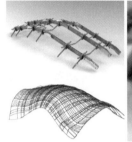 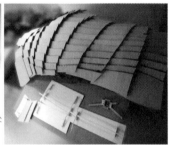

图 4 作者：蔡亚群、李博阳、董博、申御珍

图 4 方案试图将图案联系中出现的连续性、秩序感与重复性运用到空间当中。方案以木骨架支撑片状木板，并以此为单体，重复变化，达到设计意图。

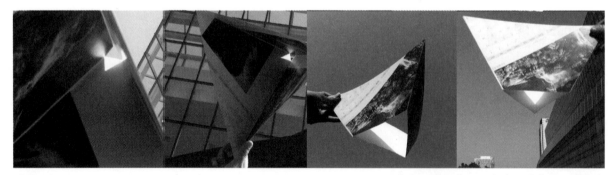

图 5 作者：谢处中、丁晓玲、区摩笛、黄润生

图 5 在此方案中，建筑的空间体验依赖运动产生，方案的意图是弱化建筑构造的实体，塑造一个只存在光与影的场所。方案中漏斗形的构件，附在一个流线型曲面上，在运动中能体验到阳光直射到反射的不同变化。

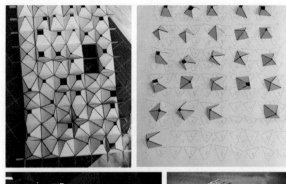

图 7 尺寸深化设计

图 6 出于工艺问题的考虑，将大小不一的锥体底面改为等大正三角形。锥体的高度和倾斜角度控制另一端的开口大小，丰富光的形式和层次。

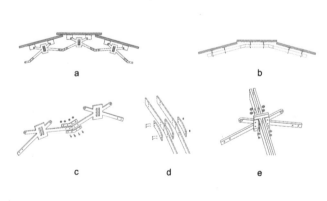

图 6

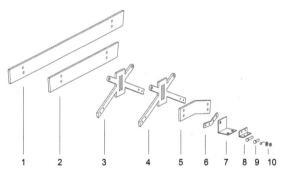

图 8

图 8 连接方式：a 连接构件；b 梁与木板的连；c 用角铁将两根相同的支架连接，端头与木板连接；d 横梁连接方式；e 横竖构件连接方式

零部件：1 长横梁；2 短横梁；3-4 支架与横梁连接 2 个；5 横梁连接构件；6 支架连接件；7 木板与支架连接件 1；8 木板与支架连接件 2 个；9 螺钉；10 螺母

图 9 练习 3 设计方案的深化、加工过程和模型细部照片

二、最终成果 FINAL

学生被要求对之前的练习成果进行总结，创造一个体验环境。与传统的设计方法相反，学生将从已有细部方案、造型、加工方式和结构考虑入手，重新分析、平衡物质性和视觉性这两组问题，完成从构想物（virtual artifact）到实体建造物（physical artifact）的转化过程。

步骤提示：

1. 仔细观察之前联系所得到的成果，接受感觉带来的偶然性，提出概念。

2. 用简短但具体的语言描述设计。在设计中探索和思考了什么问题？为什么如此制作这个设计方案？构造和材料的自身系统与语法。

3. 清晰地描述期望的效果，关注方案的概念，以及由此而带来的空间现象。

4. 描述出研究的各种细节，细致的程度以别人可以根据描述复制设计方案为标准，包括：

（1）模型——明确再现形态生成的过程。犀牛的使用，表面的生成，参数化制造等内容；

（2）组成——组成部分的尺寸、材料、数量等。

（3）设计——将设计描述清楚，并清晰地描述设计单元之间的组合关系。

（4）步骤——总结课程每个过程所遇到问题，并尝试解释如何看待和解决这些问题的。

作业重点：构想物到实体制造物的转化

三、小结

与其他设计问题一样，装饰实际上是设计师解读世界的表达，如何在当代的语境中重新认识和理解装饰是我们向学生提出的一个问题。课程选择了算法设计作为课程的主导设计方法，目的是帮助学生从另一个角度去观察、思考一些传统设计问题，例如图案、造型等问题，从而使学生摆脱对于这些问题的习惯思维。在课程总结中，学生写到：

"古代工匠和艺术家以植物、动物以及其他自然纹样为主要装饰题材，后来随着时代的改变装饰不断演变。我认为这并不代表人类对装饰的本质上的态度改变，而是这个改变代表了人类对美的一个更明确的认识。

我们所理解的美实际上在两个极端之间：一个是在混乱的环境中具有模数化的因素，另一个是在模数化的环境中破坏这个模数的因素。"

这段稍带武断而稚嫩的文字是学生独立思考的结果。在我们的教学中，永远没有唯一的答案，学生需要不断地提问、回答、倾听自己，在众多的知识点中寻找它们之间的关联，触类旁通，继续向四周或纵深扩展。这是我们教学的初衷。

图 11 　　　　　　　　作者：甘子轩

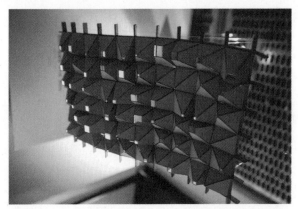

图 10 　　　　　　作者：蔡亚群、李博阳、董博、申御珍

图 12 　　作者： 谢处中、丁晓玲、曲摩笛、黄润生

图 13 课程结束后在学院楼道的小展览

课程名称：

专业设计
——功能与空间

清华大学美术学院
环境艺术设计系

主讲教师：崔笑声、陆轶辰、
　　　　　涂　山、刘铁军

一、课程大纲

认知层面：格物致知作为认识论的重要问题之一，格物即就物而穷其理，是一个逐渐积累到豁然贯通的过程，而在设计行业中也有相应的对设计本质问题理解的"进阶"过程。教师的任务之一是对当今设计的种种可能性，和学生共同探讨如何设计一个结果开放、却又是具架构性的且可能被人所理解的设计项目。尽管由于学生的程度和背景不同，此种对话形态经常产生出极多样性的作品；然而教学的成果还是依据学生对设计基本原理、设计技术及建筑历史和理论等的知识与了解来衡量。经过严格的训练和规划、学生们可以将所习得的知识与工作方法应用于之后的设计经验中。

方法层面：三个循序的项目之间：第 1 个项目是对客体研究的主观表达，在第 2 个项目中客体作为学生本体的替代品来设计空间容器的雏形；第 3 个项目将社会性、建筑性融入主、客体之间的概念关系中，最终形成空间容器的概念设计成果。这个由小至大，由研究至设计的工作方法适用于学生今后的社会实践工作。

技术层面：二年级学生在此面临由"绘画思路"向

"设计思路"转型的时期，这门课程作为专业设计的门槛，需要训练学生如何去"看"，看到的如何去"画"；画出来的如何去"建"的一系列基本功。课程的设置让学生经历以手绘、模型等不同的方法来理性表现二维、三维、四维度的关联。此阶段教学的目的不在于训练一个建筑师，而在于培养看与想的方法，为学生在 3~4 年级的进阶学习打下基础。

二、课程阐述

（一）教学目的

通过直接的观察和思考训练学生的认识能力，培养学生对于事与物的解读意识，以便在设计中能够不断追问"为什么？"。强调设计背后的观念与逻辑关系，摒弃纯粹追求设计结果，强调设计过程，并能够在评图中向评审清晰地说明"为什么这么做"。结合美院情况，在强调过程的前提下，鼓励学生同时追求表现力，鼓励思考。同时，向学生介绍设计功能、空间、结构、意义及使用等基本的概念，并训练学生思考概念、表达概念的工具和方法。

（二）教学方法

以学生与教师之间的讨论为主要教学模式，强调同学身体力行的实践。以表现性绘画为切入点，将技能训练贯穿在设计的各环节中，以设计进程训练思维和技能。在8周内，用3个系列相关的设计课题来达成。老师只有在指导学生完成一个研究项目后，才对学生公布下一个研究项目的内容。3个项目彼此之间有连贯性、积累性，且越往后难度越高。

将学生分为四组，由四位教师分别辅导，强调课堂讨论，教师主要职责是引导学生进入独立思维和判断的工作习惯中。期间，四位教师进行四次公开课程。分别是：1.设计、构思与草图；2.设计与物理模型；3.设计与图解方法；4.设计与结构基础知识。作业过程中，还会有参数化设计的专业辅导内容。

三、课程作业

第一阶段：物

挑战："格物"——对事物的了解与如何观察事物有关。学生们收到老师收藏的"物"后，老师会与同学们一起讨论。学生需要换一双"眼睛"，重新观察事物本来的面目，并深思它们可能成为什么样子；学生需要自己来决定对物体的观察角度（空间次序、形态生成、材料特性、内在逻辑等）和与之相符的表现手法（平、立、剖、图解、轴测等），并由此为出发点描绘该物体，需要画出一套完整的设计图来。

学生每组抽选一个"物"进行认识。

内容关注点：

"老式照相机"关注结构、时间性，机械美感、动态控制、观察方式……"咖啡壶"关注结构、纯粹形态、组织，逻辑关系、理性、类型……"集成电路板"关注形式的内在关系和衍生形态，一种设计方式，依赖对于对象"物"的形态抽象和形态关联性的挖掘。"毛笔"关注人的肢体行为和物的关系，及其所产生的变化，行为的控制与物的关系，物是在被控制的前提下有规律的运行的。"水晶体"关注形态、肌理、透明度、物理结构、触感。

……

作业：表现性绘画。

学生首先需要对物体进行精密的测绘；借测绘练习，可以使学生熟悉基本的建筑表现技法，了解对平、立、剖面图的基本观念；并且了解到如何借由这些图面的转

化来概念性地诠释一个物体。

成果要求：

每组学生充分展开联想，并深入分析对象"物"的规律和可能性，将结果整理在A4草图纸／本上，内容涵盖尽可能全面（包含收集和整理的资料）。本阶段必须完成的作业量，A1规格的表现性绘画一张。

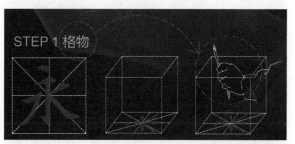

图1　　　　　　　　　　　　　　　　作者：柏思宇

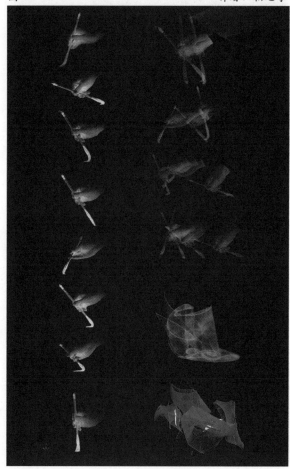

图2　　　　　　　　　　　　　　　　作者：柏思宇

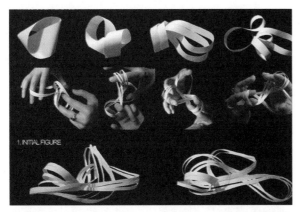

图 3　　　　　　　　　　　　　　　　作者：郭亦家

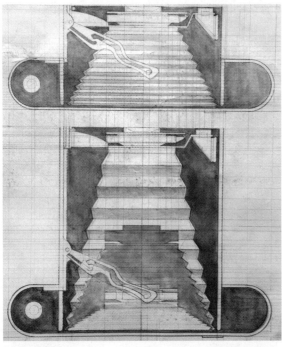

图 4　　　　　　　　　　　　　　　　作者：康雪晨

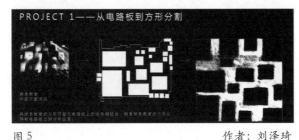

图 5　　　　　　　　　　　　　　　　作者：刘泽琦

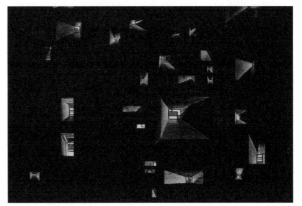

图 6　　　　　　　　　　　　　　　　作者：刘泽琦

第二阶段：容器

挑战：在项目 1 概念的基础上，设计一个容纳该物体的容器，并制作出来，材料不限。

阶段重点：培养学生三维的思考方式；训练学生把项目 1 里所形成的概念和 2D 图面表现 3 三维化；"物"与容器之间的关系可以是空间上的、材料上的、形态上的……相互之间可以是容纳、排斥、融合、支撑、契合……每个老师可根据自己的要求和学生的程度对容器的尺度、材料进行限定。此容器是学生未来设计"空间"的雏形。

作业：容器设计。

项目 2 其实是把课程 1 的过程翻转过来，将二维的图面表达变成三维的空间分析。从细部到空间，没有基地，没有正面；物体与容器的空间组成相互关系，籍由空间限制来描述物体特性。

课题要求：

1. 容器的形态要在分析和认知的基础上，充分展现对象"物"的属性。2. 容器必须有一部分是开放的（或镂空的），观者可以直接观察到对象物。3. 容器的结构与对象物要有机关联，不仅仅是包裹或放置其中，即以一定的合理结构夹持或固定，以控制对象物的姿态和朝向，将对象物与观者建立有效的认知沟通。4. 容器的建构思路务必清晰明确，有迹可循。借此探寻有效的形态生成方法。

成果要求：

1. 每组同学完成 A4 文本和草图若干（内容：为什么选择此形态，它与"物"的关系？此种结果对于观者的影响如何？如何建立"物"和容器以及受众的情感、记忆、认识关联？如何使用你的容器？使用它的条件是什么？等等）

2. 纸板概念模型 3~5 个（比例 1：1）。

图7　　　　　　　　　　　　　　　　　　作者：柏思宇

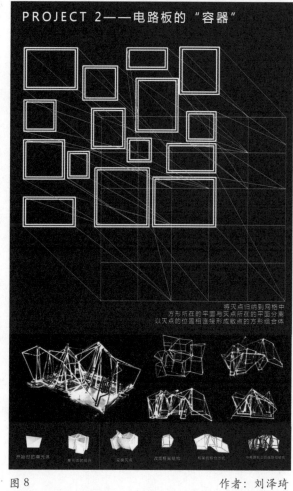

PROJECT 2——电路板的"容器"

将灭点归纳到网格中
方形所在的平面与灭点所在的平面分离
以灭点的位置相连接形成欹点的方形组合体

开始时的单元体　单元体的组合　安插灭点　改变框架结构　框架咬合方式　与电路板立面结合的包裹关系

图8　　　　　　　　　　　　　　　　　作者：刘泽琦

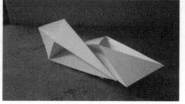
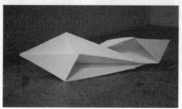

图9　　　　　　　　　　　　　　　　　　作者：郭亦家

205

图10　　　　　　　　　　　　　　　　　　作者：康雪晨

第三阶段：Space, 空间

挑战：项目3是项目1与项目2的一个深入。学生们所设计的画廊建筑必须是建立在项目1、项目2的研究基础上的深入设计，并清晰地告诉指导老师设计的过程是怎么来的；学生可以由造型的、展览的、材料的、社会的，特别是空间的层面上进行研究，以期为自己的概念找到建筑上的答案。

阶段重点：最重要的是训练学生坚持自己的一直以来的概念并帮助学生推导出设计结果；培养学生把概念性思考落实到实际设计项目的能力，需要学生形成概念先行的设计方法，以概念带动研究，以研究来推动设计；展览空间的特性、对光、形、色、质的把握度，基地和建筑入口的处理，空间结构的序列，以及基本的展览功能的安排都是最后项目所探讨的重点。

作业：展览建筑设计。

在前两个课题的概念基础上，设计一个200m²的小型画廊来为这个"物"举办1个展览。

课题要求：

1.展览空间设计，设计一个200m²的小型画廊来为这个"物"举办1个展览，必须包括天光和1个50m²的水池。2.具体的功能：空间位于一个三面围合的"U"字形场地之间，面向南侧可设计出入口，其余三个立面无采光条件。在前两个课题的概念基础上，设计一个

200m²的小型画廊来为这个"物"举办1个展览。

　　场地面积：120m²
　　建筑面积：200m²
　　楼层及层高：自定
　　功能：
　　展览空间（带天光）：130 m²；
　　接待空间：15m²；
　　卫生间：10m²
　　咖啡、休息及其它公共空间：30m²
　　管理办公室：15m²
　　50m²左右的庭院＋水池（室内、外均可）

成果要求：

　　每组同学完成A4文本和草图若干（内容：如何从"物"、"器"发展到"间"？"物"的状态，及其展示空间的关系？观者的参与和解读、空间与"物"的关系？等等），纸板概念模型3~5个（比例1：00）。最终模型一个（1：30）以及最终版式800mm×2000mm。

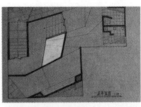

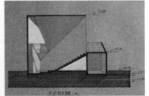
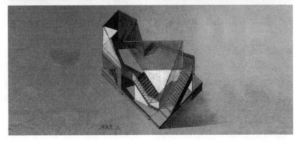

图11　　　　　　　　　　　　　　　　　　作者：郭亦家

图 12　　　　　　　　　　　　　　　　作者：郭亦家

图 15　　　　　　　　　　　　　　作者：康雪晨

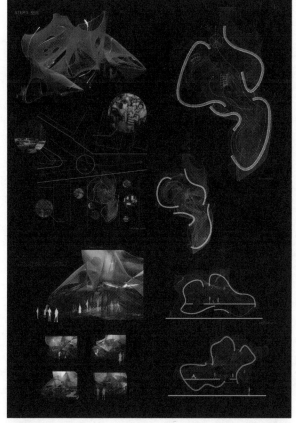

图 13　　　　　　　　　　　　　　　　作者：柏思宇

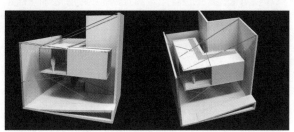

图 14　　　　　　　　　　　作者：康雪晨

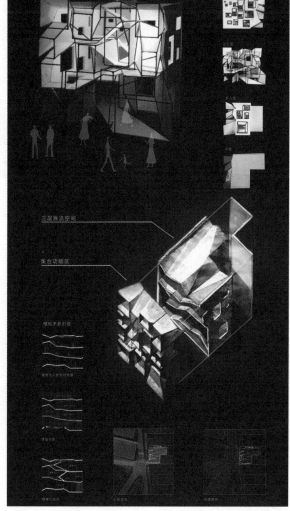

图 16　　　　　　　　　　　　　作者：刘泽琦

207

公共文化空间规划与设计

主讲教师：李文华、梅剑平、
　　　　　黎　明、马　庆

李文华：男，1970 年生于山东，山东工艺美术学院建筑与景观设计学院副院长、副教授、硕士生导师。1991 年至 1995 年就读于山东工艺美术学院获学士学位，1995 年至今在山东工艺美术学院建筑与景观设计学院任教。

梅剑平：男，1979 年出生，山东工艺美术学院建筑与景观设计学院讲师。2012 年 6 月毕业于南京林业大学，获得博士学位。2012 年 9 月至今在山东工艺美术学院建筑与景观设计学院任教。

黎明：男，1977 年生于山东，山东工艺美术学院建筑与景观设计学院室内设计专业教研室主任，讲师。2005 年 7 月毕业于中央美术学院环境艺术设计专业获硕士学位，2005 年 9 月至今在山东工艺美术学院建筑与景观设计学院任教。

马庆：男，1969 年出生，山东工艺美术学院建筑与景观设计学院副教授。1991 年毕业于重庆建筑工程学院建筑系室内设计专业，任教于山东工艺美术学院建筑与景观设计学院至今。1990 年至 2001 年留学英国伦敦切尔西艺术设计学院。

一、课程大纲

课程总体介绍：

　　公共文化空间所包括的内容十分广泛，如博物馆、艺术馆、剧场、影院、图书馆等，是人们文化娱乐的重要场所，常作为城市中主要的公共建筑而屹立于城市中心区或环境优美的重要地段，成为当地文化艺术水平的重要标志，是城市社会生活的窗口，因此它对形象、功能、空间等多方面要素都有极高的设计要求。设计者须具备较全面的空间设计技巧和分析组织能力，并对相关的专业知识有一定的了解和掌握。

　　前修课程：环境设计概论、设计表达 II、品牌策划与商业空间。

　　学分及学时：4 学分，72 学时。

（一）教学目的

　　使学生了解公共文化空间设计原则、功能、布局、空间设计特点、把握其社会定位和文化定位与空间设计的关系，掌握一定的空间设计方法及相关的专业基础知识，并能根据空间的不同性质、规模及设计要求提出创意和设计概念。

（二）教学方法

　　授课分理论讲授和课题设计两部分，理论部分以课堂讲授为主，同时设置几个专题让学生进行讨论和创作，通过观看有关幻灯、影像资料以及实地考察等方式增强学生对所学知识的理解，提高学生的设计主动性，便于学生形成自己的设计思想和方法。在其后安排两个课题，以巩固所学知识，提高学生的实际设计应用能力。

（三）教学内容

　　1. 理论讲授

　　（1）公共文化空间概述。

　　（2）空间与功能、结构、形式美的分析和规划。

　　（3）公共文化空间技术经济问题、空间组合的分析。

　　（4）公共文化空间设计的基本原则、设计方法、设计步骤。

（5）公共文化空间设计新概念、新趋向。

2. 实践环节

（1）实践环节课时：共44课时，其中实验中心实验36课时，其余实践环节8课时。

（2）实践环节教学目的：将理论知识与实际项目进行参照比对，将课堂所学与实际相结合，开拓思路，强化学生实际操作能力。

（3）实践环节教学内容：公共文化空间实地调研，设计公司考察、专业论坛及设计赛事参与等。

（四）课堂作业及课堂辅导

1. 课堂作业

作业1：考察公共文化建筑，对其造型、功能、材料、风格等方面做出分析，写出考察报告。

作业2：公共建筑设计，如博物馆、文化馆、图书馆、展览馆、剧场等。要求完成建筑的整体概念设计，包括平面布置、建筑造型、内部空间，以及建筑庭院的环境设计，设计成果包含专业图纸及分析模型。

作业3：根据已提供的公共建筑图纸，按要求完成其室内设计总体布局和设计表达。

作业4：将设计成果编制PPT文件，进行课程专题设计结题答辩。

2. 教学总结：理论讲授、课堂作业和课堂辅导完毕后，就课程的整体情况、讲授重点、实践环节与存在的问题等进行系统总结。

二、课程阐述

课程设计共包括10个部分：

1. 公共文化空间专业基础理论讲授

专业教师结合PPT进行理论讲授、经典案例解析。

2. 公共文化空间专项研讨

专项研讨由专业教师、行业专家、学生就预设专题开展互动交流。专项研讨根据创作过程的进展和问题的集中程度据实而定时定量定人定内容，目的在于促使学生在面对问题时能够积极思考，乐于集思广益，树立信心科学解决。专项研讨包括：

（1）设计流程专项研讨

（2）设计方法专项研讨

（3）设计任务专项研讨

3. 专题讲座

专题讲座与理论讲授按需穿插进行，实现理论与实践经验互为补充，彼此支撑。专题讲座与课程密切配合，良性互动，面向全院，尽量使效能最大化。

本课程三个主题依次开展包括如下：

（1）山东省建筑设计研究院行业专家现身说法，就代表案例全面介绍公共文化空间的建筑设计经验。

（2）集美设计公司M组行业专家现身说法，就代表案例全面介绍公共文化空间室内空间的设计经验。

（3）济南市园林设计院行业专家现身说法，就代表案例全面介绍公共文化空间景观设计的经验。

4. 实践环节

（1）公共文化项目实地调研。

（2）建筑及装饰材料市场调研。

（3）访问设计研究院、设计公司等。

（4）实验室数据分析、模型推演与制作。

5. 设计深度要求

本次课程设计深度主要参考相关课题的招标文件并依据《民用建筑工程室内施工图设计深度图样》、《建筑施工图表达》等的规定和解释。

6. 本课程作业成果类型主要包括：

（1）方案草图。

（2）效果图。

（3）模型。

（4）动画。

（5）施工图。

（6）汇报文件：PPT\PDF。

7. 作业成果的提交方式与时间节点

充分体现过程与结果并重，由垂直灌输转向扁平式学习转换，引导学生在竞争与协作中进步，关注良好的创作习惯的养成。实现教师和学生角色的回归——教师分享知识，促进讨论，学生互惠共赢，民主交流。

（1）开题汇报：

意向参考图、草图展示。PPT演讲。

（2）两次中期汇报：

草图、CAD、SketchUp、效果图展示。PPT演讲。

（3）结题答辩：

效果图、方案图、重点节点、动画、模型展示。PPT演讲。

8. 设计成果评价

授课教师4名、行业专家4名、兄弟院校专家4名、全体同学互评。

9. 评价方式

（1）匿名计分，去掉最高值与最低值后取平均值。

（2）指出问题，形成讨论，促发思考，推动进步。

10. 课程作业成果推广

课程作业通过参加专业展览、赛事，在网络论坛、专业版块发布，向公共文化空间运营方、设计院、设计公司免费提供，出版印刷，在校内外专业领域发挥示范带动作用等多种形式开展推广。

三、课程作业

（一）选题来源

1.真题假做

（1）德州市博物馆

具体要求详见甲方提供的设计任务书。组织现场踏勘。与甲方开展专题座谈。

（2）山东省博物馆

具体要求详见甲方提供的设计任务书。组织现场踏勘。与甲方开展专题座谈。

2.真题真做

《邹城市乡村驿站项目》

具体要求详见甲方提供的设计任务书。组织现场踏勘。与甲方开展专题座谈。

3.专业比赛

《蓝星杯·2013全国大学生建筑设计》具体要求详见竞赛文案。组织该选题学生举行专题解析研讨。

4.其他

自选课题须经指导教师小组共同认可工作量、难易度、工作内容、工作方式等。

（二）课程作业创作形式

课程作业原则上独立完成，特殊情况需要团队合作的需要明确各成员的工作量、工作内容及其他合作细节，以便于答辩量化。

（三）课程作业成果的提交内容、流程和方式

1.开题汇报：草图、意向参考图展示。PPT演讲。

2.两次中期汇报：草图、CAD、SketchUp、效果图展示。PPT演讲。

3.结题答辩

效果图、方案图、节点、动画、模型。PPT演讲。

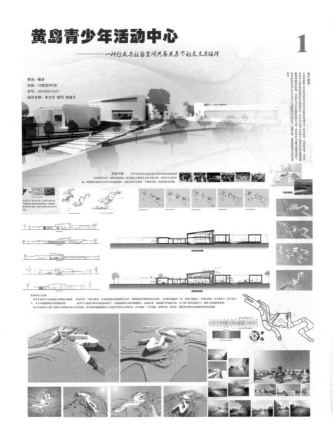

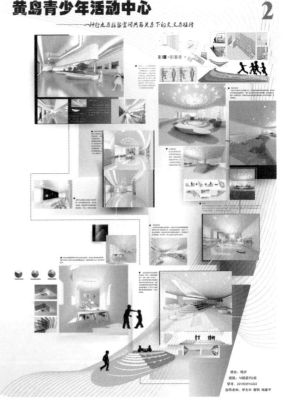

水乡芦院

Water reed college 桓台马踏湖乡村文化中心设计

　　水乡芦院—桓台马踏湖乡村文化中心项目设计为切入点，探析新农村民居改造和当地原生态材料芦苇在民居改造中的创新设计思路。在设计中将体观法法自然的设计理念，使设计和自然融洽，并结合中国道家哲学思想对自然的理解，在保留其当地的地域特色民居建筑基础上，运用原生态的芦苇材料进行民居创新设计，使地域特色的芦苇文化得到保护和传承。

　　分析当前新农村建设背景下民居改造更新的思路，并通过水乡芦院探析芦苇文化孕育下桓台马踏湖乡村文化中心项目设计，探寻一条既能够保留即将消逝的乡土文化及保留原有的民居建筑特色，同时在新农村文化建设方面又能够将当地具有地域特色的非物质文化传承发展的改造思路。从而增强乡村内部的凝聚力，重塑新时代的乡村之美。

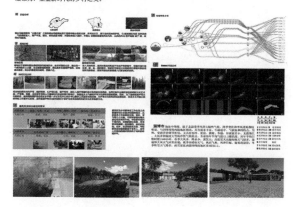

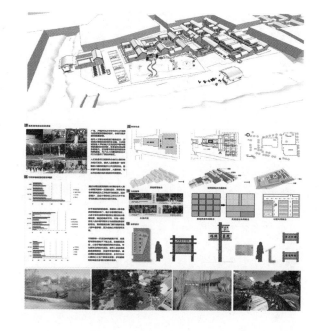

黄岛青少年活动中心评语：该青少年活动中心建筑设计清新流畅，自然生动，犹如从地块所在环境中生长而出，轻灵婉转，像风像水，流动不息，与主题密切结合，符合青少年的性格特点和追求美好未来的自由张扬天性。该建筑在满足功能需求的前提下，从材质、语言、技术等方面努力探索内外协调，统一系统的较高境界。曲线柔美，阳光和煦，起伏合宜，视野开阔，是室外的特征也是室内的特点，这一定是青少年们欢欣鼓舞的好去处。

水乡芦院——桓台马踏湖乡村文化中心设计评语：秉持低干扰、低技术、低造价的原则，作者为自己的乡村设计文化中心，虔诚而单纯。闲置民居改造再利用，芦苇深度开发广泛利用，农具的收藏保护与展示，信息的分享与知识的传播等无不是作者认真研究、努力发掘和期待传承的。很多空间和功能是只有在特定的环境和人群中才有的，很多材料是只有在马踏湖才可能开发出来的，在作者的方案中我们看到了关注、关怀、关切，从自身出发，从专业出发，为乡村看得到青山绿水，留得住乡愁营造氛围，挽留人气，改善环境，提升品位。

课程名称：

城市公园设计

四川美术学院
设计艺术学院
环境艺术设计系

主讲教师：谭晖

谭晖：女，讲师，硕士，2006 年毕业于四川美术学院建筑艺术系，2004~2005 年在德国卡塞尔大学建筑系学习。

出版教材：《城市公园景观设计》《透视原理及空间描绘》发表论文多篇。

近期完成设计项目：重庆市艺术广场；广西东兴市山海相连地标广场；杭州西溪湿地公园观鸟台景观设计；重庆大足濑溪河滨水公园设计；重庆马桑溪公园景观设计。

一、课程大纲

（一）教学目的和任务

通过本课程系统的理论讲授和科学的课题训练，学生可以将所学设计知识，运用到公园这一较大尺度的区域性景观设计项目中去，从而培养学生的综合设计能力。本课程的教学目的，是使学生通过对公园这个设计媒介的认识，基本理解区域景观规划的概念，初步建立起区域景观规划的设计意识，掌握区域景观规划设计的方法，并能够以设计理论结合设计课题，提高区域景观规划的综合思维能力和表达能力，以图为今后进入社会，参与设计实践打下坚实的基础。

（二）教学内容与基本要求

1. 教学内容
（1）城市公园概述
（2）城市公园空间体系
（3）城市公园的视觉要素设计
（4）城市公园构成要素设计
（5）城市公园景观设计程序
2. 基本要求：要求掌握城市公园设计涉及的政策法规，并针对指定的场所进行分析和论证，准确地找到设计理念而进行有针对性的设计。

（三）教学方法

课程采用教师理论讲授、影像多媒体辅助教学的方式，并辅以作品实例考察与分析、课题设计练习有机结合的方式进行，同时对学生设计作业本课程采用三种方式教学：

第一，教师多媒体辅助课堂理论教学，讲授城市公园设计的基本原理及设计方法。

第二，学生对已建成城市公园进行考察与分析，并完成考察报告。

第三，根据教师教授的城市公园设计的原理和方法，教师辅导学生完成设计作业，根据具体设计情况，可到实际场地进行观摩、学习。

（四）课程考核

1. 课程考核的内容

（1）对有代表性的城市公园设计进行深入分析与研究，并完成考察报告。

（2）课题设计练习：对设计对象进行环境分析、综合现状调查，完成一个有个性特点的城市园景观设计方案。（公园整体设计：包括公园的平面设计、功能性分析、景观节点等，以完整的图纸表现设计内容）。

2. 课程考核评价的方法：通过设计图纸和规划说明的绘制与编写质量，考核学生对本课程知识与技术的掌握程度，以课题作业的平均得分确定成绩。

二、课程阐述

根据学习的设计方法和设计步骤，同学们按照自己的设计思路和空间语言对城市公园做的几套设计方案，通过同一场地不同方案的对比，可以看到学生在教学过程中对公园设计的概念和空间布局的不同理解。

课程时间：五周，80学时。

设计目的：通过研究城市公园景观的特定属性，让学生了解公园景观的空间形态，同时要求学生运用自己的设计语言，实现对特定构成空间规律性、独特性和协调性的设计。

设计重点：在满足公园景观功能需求同时，本课程重点要求学生从设计对象出发，寻找设计元素，并根据所学专业知识，形成自己的空间设计语言，并能够将其运用在实际的设计中。

时间安排：第一周

教学内容：陈述现状

从内容、空间和时间来描述设计对象的现状。通过对景观现象和结构的描述及分析设计目标的综 合现状，了解当地的历史文化背景，同时收集当地的景观、建筑资料，寻找可借鉴的地方性设计元素。

教学实例1——大足濑溪河滨水公园设计

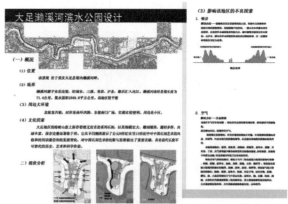

陈述现状01 蒲佳、韩青设计

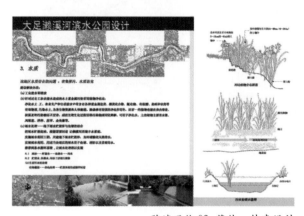

陈述现状02 蒲佳、韩青设计

陈述现状03 李媛、陈子仟设计

213

教学实例——重庆马桑溪公园景观设计

教学实例——重庆市大足濑溪河滨公园景观设计

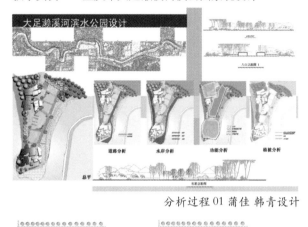

分析过程01 蒲佳 韩青设计

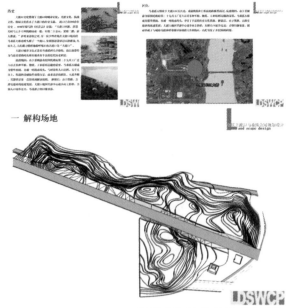

一 解构场地

陈述现状04 黄天蓝 李凌设计

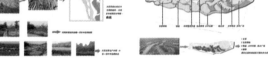

分析过程02 钟丽 潘娟设计

教师评语：通过对两个公园课题学生完成的情况来看，第一周课程的学习，学生逐步掌握了如何对场地进行评价，学习了解构场地的方法和原则。在本周里，学生较好地完成以下教学任务：

第一，核对补充所收集到的图纸资料。

第二，了解土地所有权、边界线、周边环境。

第三，确认方位、地形、坡度、最高眺望点，眺望方式等。

第四，观察水体，植物植被现状，植物特征。

第五，现场调查基地附近环境，例如，与相邻街道的关系、附近的建筑物、地下管网等。

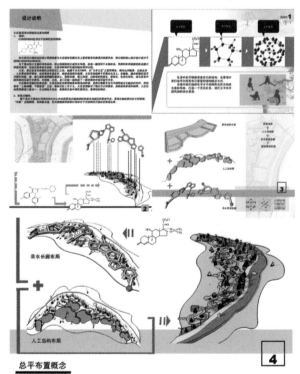

时间安排：第二周

教学内容：分析过程

　　根据收集的设计对象的现状和历史、文化资料，分析公园场地中各要素之间在空间格局上的关系。

　　1.找出公园场地中重要的要素，以便理解现存景观的空间格局，分析现场的设计元素如何与自己的设计产生联系。

　　2.分析方法：记录各种因素；查阅背景资料、整理、提炼（大量文字表述）、深化；选择评估观察点，以确定设计方向。

分析过程03 吴越 马刚设计

教学实例——重庆马桑溪公园景观设计

设计理念推导

以大渡口特有的老民居四合院的院落形式作为构形成场地框架，一个大的围合框架中包含四个主题空间，四个主题中间中有包含若干个不同构成形式的小空间。使场地在有序中又形成不同的变化空间。

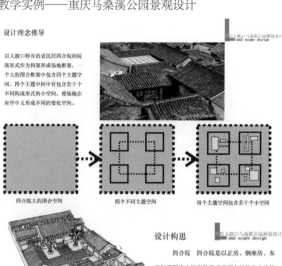

四合院大的围合空间 → 四个不同主题空间 → 每个主题空间包含若干个小空间

设计构思

四合院 四合院以正房、倒座房、东西厢房围绕中间庭院形成平面布局的北方传统住宅的统称。在中国民居中历史最悠久，分布最广泛，是汉族民居形式的典型。其历史已有三千多年，西周时，形式就已初具规模。本方案一四合院的院落形式作为载体作为场地设计的根源。

设计理念

以大渡口区特有的古民居四合院的院落形式作为空间载体，贯穿四个不同主题空间，四个主题空间中又包含若干个不同小空间。

（1）空间营造铺砌用大渡口就成改造或古镇拆建用的砖头或用青石铺造，实现生态及本土文化价值信息的双重传导，促使人们重视保护历史文化，保护环境。

（2）运用古镇空间构成要素的提取，将"错层　错位　吊层　吊脚　挑层　贴岩"等形式融入到空间构造中。

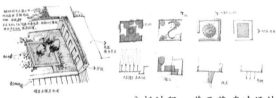

分析过程　黄天蓝 李凌设计

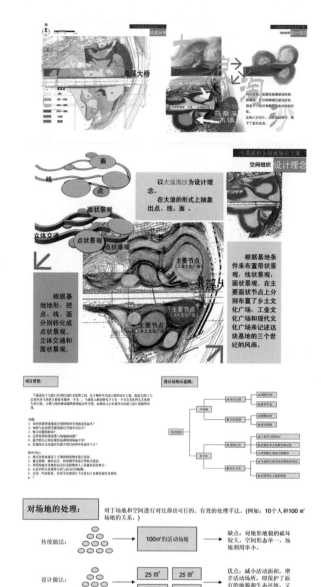

空间组织　设计理念

以大浪淘沙为设计理念。在大浪的形式上抽象出点、线、面。

根据基地形，把点、线、面分别转化成点状景观、立体交通和面状景观。

根据基地条件来布置带状景观，线状景观，面状景观。在主要面状节点上分别布置了乡土文化广场，工业文化广场和现代文化广场来记述这块基地的三个世纪的风雨。

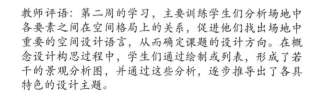

对场地的处理：

对于场地和空间进行对比得出可行的、有效的处理手法。（例如：10个人和100㎡场地的关系。）

传统做法：→ 100㎡的活动场地 → 缺点：对地形地貌的破坏较大，空间形态单一，场地利用率小。

设计做法：→ 25㎡ 25㎡ 25㎡ 25㎡ → 优点：减小活动面积，增多活动场所，即保护了原有的地貌和生态环境，又使空间丰富多变。

马桑溪 -- 一个有着300多年历史的沧桑古镇

重庆钢铁厂 -- 一个有着100多年历史的重工业龙头

它们早已融入这块土地，成为这块土地独有的身份

教师评语：第二周的学习，主要训练学生们分析场地中各要素之间在空间格局上的关系，促进他们找出场地中重要的空间设计语言，从而确定课题的设计方向。在概念设计构思过程中，学生们通过绘制或列表，形成了若干的景观分析图，并通过这些分析，逐步推导出了各具特色的设计主题。

时间安排：第三周、第四周

教学内容：确立主题

　　提出自己的空间设计语言，对设计目标进行概念设计。所谓空间设计语言就是从方法论的角度在景观设计中表述设计理念的媒介，同时也是实现景观设计意图的具体方式，还是将景观设计理论转化为设计实践的工具。

　　在教学中，要求学生通过系统、深入地对公园景观设计中的空间设计语言进行研究与学习，对空间设计的经验进行归纳与总结，找出空间设计要素的变化规律，提炼出具有个人特点的空间设计语言，并能将其创新性地应用与实践，从而掌握在公园景观设计中组织空间设计要素的能力。

　　在这个阶段的课程中，侧重要求学生更多地去进行尝试，希望在创作大量设计语言的过程中体会不同空间的感受，并且在与目标现场的结合中，寻求合理而明确的空间形式及处理手段。学生从设计现场中提炼的设计要素和平时积累的设计经验，成为了提炼空间设计语言最坚实的基础，因此要求学生多尝试、多运用，这样才能从众多的元素中发现自己最感兴趣和最具表现力的设计语言，并将它运用到设计中去，体会不同的语言塑造的不同空间带来的不同感受，从而体会创造空间的乐趣，这种体会将从心理上开始引导学生萌生对空间深入探求的渴望。

　　通过前期对公园现状的调查、各空间要素的具体分析和多种设计语言在对象空间中的尝试，学生逐渐确定出设计的主题和方向，提出切实可行的设计途径及办法，以具有个性风格的空间设计语言为设计的基本要素，结合当地的地域特色，构成该滨水公园景观的设计核心，实现对设计目标进行整体设计的目的。

　　在设计成果方面，要求学生的总体设计基本满足公园景观平面布局的合理性、空间组织的连续性、细部形态独创性的设计要求，进而使对象景观的现有历史文脉和空间结构得以延续和升华。

教学实例——重庆市大足濑溪河滨公园景观设计

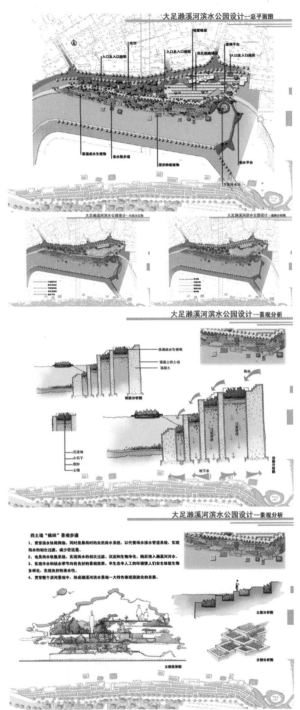

确定主题01 彭堃 邢晓静 设计

教学实例——重庆马桑溪公园景观设计

听雨空间透视图

听雨空间透视图

错层空间局部透视图

确定主题02 黄天蓝 李凌设计

教师评语： 本阶段为课程的重点。经过立意和概念构思阶段的酝酿，此时所有的设计元素均已被推敲、策划、确定。根据这些已确定的设计元素，训练学生通过功能图解、分区与交通系统规划、空间布局组合，进而完成草案设计。并通过草案设计这一考虑过程，再进行后期的综合研磨。

时间安排：第五周

教学内容：现场实习

在设计作业进行中，根据具体的设计情况，学生也可参与相应的设计工作。现场实习工作包括：现场观摩学习；协助整理现场的各类数据；熟悉将设计图转换为施工图，并能参与指导现场施工。通过现场实习，学生对尺度、材料、工艺有了更深入的理解。

课程名称：

照明设计

主讲教师：龙国跃、江楠

龙国跃：四川美术学院环境艺术设计系主任、副教授、硕士研究生导师、高级室内建筑师、中国美术家协会会员、中国建筑装饰协会设计委员会委员、重庆照明学会秘书长、艺术照明专业委员会主任。

江楠：实验师、重庆照明学会理事，毕业于重庆大学建筑城规学院建筑技术专业，硕士研究生，研究方向为照明与空间、建筑技术。

四川美术学院
设计艺术学院
环境艺术设计系

一、课程大纲

课程名称：照明设计
课程学分：2 学分
课程学时：48 学时
课程类别：专业必修课
课程安排：三年级上学期

（一）教学目的

通过课程的理论讲授和设计练习辅导，学习照明设计的基础知识和初步的设计方法，使学生了解照明设计的意义和目的，照明设计与建筑和空间的关系，光源与灯具类型，照明方式与照明表现手法，光与色，光与材料，光与空间。掌握照明设计的基本原则规范，照明设计构思和表现的基本方法和步骤。能针对明确的室内外设计要求独立进行照明设计构思和设计表达，制作照明方案设计文件和展示图版。

（二）教学内容与基本要求

1.教学内容

第一讲：LIGHTING & US
第二讲：光、颜色、视觉环境与光度量
第三讲：光源与灯具指南
第四讲：照明质量与数量
第五讲：室内专题照明（室内专业）
①居住空间室内照明
②商业空间室内照明
③餐饮空间室内照明
④办公空间室内照明
⑤博展空间室内照明
第六讲：景观专题照明（景观专业）
①绿化照明
②水体照明
③雕塑照明

④建筑物照明

⑤道路及广场照明

2.基本要求

①了解照明设计的基本理论和规范要求，掌握初步的照明知识。

②掌握照明设计的基本方法，能够独立完成照明方案设计及设计文件的编制。

（三）教学方法

1.课堂讲授：按教学内容进行系统讲授，建立系统连贯的照明知识体系。

2.课堂讨论：针对课堂讲授的内容进行课题讨论，进一步理解照明设计相关知识。

3.动手实验：了解实验室照明设备和仪器的使用方法，动手设计实验项目，感受光与空间的关系。

4.参观调研：通过有计划的照明设计作品实例的学习赏析，建立对光与空间直观的感性理解。

5.设计指导：根据教学内容进行设计辅导，使同学通过设计练习达到规定的教学目的。

6.课程总结：通过作业讲评进行教学总结，找出成功的经验和不足的原因。

（四）课程考核

1.实验：考查学生使用设备和仪器、动手设计光艺术装置的能力，占总成绩的20%。

2.调研：考查学生对照明设计作品实例的解析和认知能力，占总成绩的20%。

3.设计：考查学生按设计任务书进行专项主题设计的能力，占总成绩的60%，其中设计构思和构思阐释以及设计草图占40%，对作业条件和要求的响应占30%，设计表现占20%，方案设计文件编制占10%。

二、课程阐述

光的设计不仅仅是艺术的独创，缺乏技术手段的支持，光艺术将不够完美。同样，光的设计也不能仅仅停留在技术层面，艺术效果和视觉呈现同样不可或缺。我们对于照明设计的教学，以理工科院校传统教学模式为基础，结合环境艺术设计的学科特点和优势，培养学生艺术创作力的同时注重学生技术能力的提高。在课程内容的设置和安排上采取由浅入深、直观视觉体验、强调创作实验的教学方法，引导学生从艺术设计的视角切入与光环境相关的设计。

课程分为基础知识、进阶训练和高阶专题三部分，每部分内容层层紧扣，逐阶递进，既保留传统照明设计教学中的量化指标，如照度、亮度、显色性、色温、眩光、配光曲线、发光效率、光通量等知识点，又避免讲授大量枯燥乏味的计算公式，采用案例与实验相结合的方式，使学生直观地感受光艺术的魅力。

基础知识部分（16学时），通过实验室的现场演示和讲解，使学生了解和掌握各种光源与灯具特性，感受光源及灯具的色温、显色性、光束角、光色叠加等因素对其照明效果的影响，帮助学生更加直观地理解光学基本概念和名词术语；进阶训练部分（8学时），讲授光与空间、光与造型相关知识，介绍照明设计软件，为下一阶段的专题设计打下基础；高阶专题部分（24学时）分为室内方向和景观方向两部分。分别从不同性质的建筑和景观元素入手，系统介绍常用光源与灯具、照明手法、照明方式、光色与材料、国家规范与标准、光与空间构成等知识。

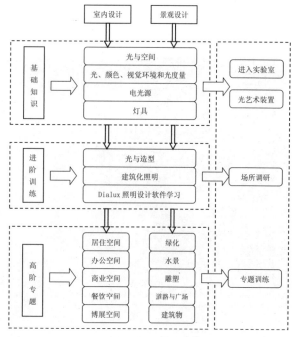

四川美术学院环艺系照明设计教学大纲

三、课程作业

根据课程三个阶段的教学内容和基本要求的设置，每个阶段都设定了相对应的专题作业，希望学生通过专题作业的设计和完成，对本阶段的知识进行梳理和总结。作业设置采取有限与无限原则，以照明基础知识为依据，相关规范标准为技术支撑，在此基础上充分激发学生的艺术创造力和想象力，无限可能地鼓励学生发现光之美、光之魅。

（一）实验部分

要求学生利用实验室设备，采用任意材料和照明方式，进行不限题材的光艺术创作。可以是纯艺术的体现，也可以是艺术与功能的融合，可以是具体的创意灯具，也可以是光艺术小品，或一系列的光影表现形式。充分发挥学生在造型艺术修养和发散创新思维上的优势，又能让学生亲身感受光与材质的反应，更能体会到制作过程中不断出现的预期之外的奇妙光影效果。

（二）调研部分

要求学生运用照明相关技术标准，对照明设计作品实例从空间感受（空间的基本参数、构造特点、门窗现状、内部材质、色彩风格等），使用者感受（使用者对于空间光环境的主观感受如明暗舒适度、眩光、光色、灯具造型等），绿色节能感受（电气能耗、光源及灯具种类、布灯方式、维护周期及费用、使用频率等）三方面进行评价和分析。使学生在感受光环境的同时掌握大量调研资料，以便于快速建立光环境概念，为后续学习打下基础。

（三）设计部分

运用课程所授知识，对小尺度场所进行照明设计，并从专业设计角度思考方案的可行性，完成构思草图、设计说明、软件建模、方案优化、技术指标评价、效果图渲染以及设计成果展示图版的设计制作。通过专题设计，使学生了解照明设计的程序，并对整个课程进行总结，对相关知识进行梳理，体会光带来的魅力，感受技术与艺术的结合。

教师评语：

该设计方案的特点在于能从品牌特征入手，利用冷暖光色对空间进行功能分区，多变的照明手法更好地突出了品牌标志性元素，简洁干练的光环境为商品的陈设和展示提供了良好的视觉背景。低调含蓄的橱窗照明将品牌文化和价值得以体现。

教师评语：

该设计方案的特点在于抓住珠宝的"小"，利用灯光的处理，以"小"见"大"。灯具与展柜结合，灯具既是照明器具，又是艺术装置。照明手法和光色的运用，既提供了良好的视觉环境，强调了展品，又丰富了空间层次，增加了空间神秘感。

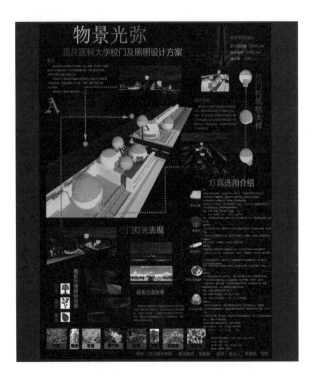

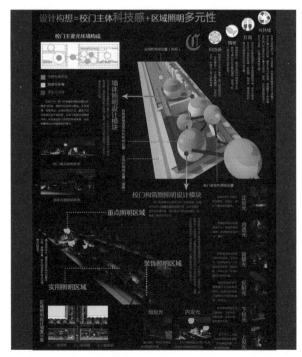

教师评语：

该设计方案的特点在于照明手法与建筑空间的良好结合，采用局部与整体的照明方式将大门与围墙空间划分主次分明，照明手法多样，使大门的空间层次感更加丰富。同时强调了大门景观的鲜明个性和主题内涵。明暗光影与强弱光色，与冷暖光源的交叉对比，既渲染了夜景氛围，又与医科大学的特殊性吻合，让整个大门氛围充满科技感与未来感。

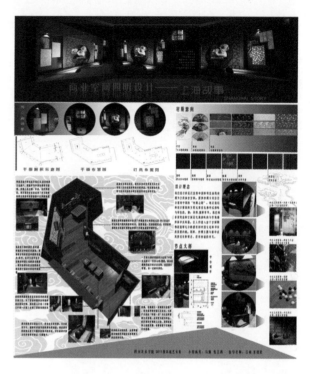

基础教学 / 专业教学 / 毕业设计

教师评语:

该设计方案的特点在于能利用光色将围墙和大门建筑的夜景层次丰富。单一光色保证了大门建筑的统一性,多种照明方式使整体空间丰富有趣。

教师评语:

该设计方案的特点在于照明与中式元素的良好结合。剪影墙和透光伞顶棚的设计,丰富了空间的明暗变化。光影的营造,增加了空间层次感,增强了内部装饰的立体感。家具与小品的照明设计,轻重手法的结合,为顾客提供了良好的视线焦点。

课程名称：

建筑表皮形态
—Studio

四川美术学院
设计艺术学院
环境艺术设计系

主讲教师：邓楠

邓楠：1999 年获设计艺术学硕士学位；2000 年至今，于四川美术学院建筑艺术系任教；2005 年至 2006 年，法国巴黎一大访问学者。重庆大学建筑城规学院建筑技术专业，硕士研究生，研究方向为照明与空间、建筑技术。

一、课程大纲

本课程与学期主干设计课《办公建筑设计》并行开设，每周 4 课时，课程围绕"建筑表皮的形式语言"这一主题，通过系列训练，引导学生探索建筑表皮形式语言的生成途径、造型单元及其几何秩序的表现力等问题。在课题设置上，应针对美术院校学生的思维特点，加强对形态创造思维的引发和空间造型语言的研究，开拓学生的创作思路。

二、课程阐述

（一）元素与肌理

指定多个自然主题，如"水"或"木"，要求学生选定其中一个作为研究对象，通过摄影等手段，研究此对象在各种状态下的形态特征，从若干张照片中选择自己认为最能表现对象特征的 1~2 张，进行归纳，从中抽取出形式要素，尝试转化为一个三维空间元素，并以特定的几何秩序组织起来，通过重复排列的方式进一步强化特征。

要点：通过摄影等手段，研究、观察对象的形态特征，强调直接从图像中提取形式语言。

（二）肌理与感受的表达

指定多组有关环境感受的反义词，如坚硬与柔软、舒缓与紧张、沉重与轻盈等，要求学生从中选择一组作为自己的研究主题，在一个界面的正反两面，尝试以完全同样的材料制作表面肌理，传达两种对立的感受。

要点：研究给自己带来特定感受的事物，如坚硬——松果、岩石、龟壳等。大量收集相关图片和实物，从中归纳出能传达"坚硬感"的形式特征，如"清晰的转折线"、"一定的厚度"、"较为光滑的表面"等，并设计具有此特征的界面肌理，尽可能强烈地表达出"坚硬"的感受。

（三）图形与体积

制作两组形体、尺度一样的白色立体模型，分别在两组模型表面附加二维图形，一组通过二维图形强化模型原有的体积关系，另一组则通过二维图形弱化或破坏其原有的体积关系。

要点：讨论二维图形与三维形体结合的视觉效果。

学生作品（课题1）

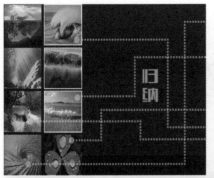

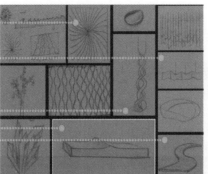

教师评语：该生以"水"为主题，重点研究潮汐的形态，最终选定以"人"形线条作为基本元素，经过简单的模数化处理后并行排列，呈现出预期的波浪序列。学生在特征的抽取、元素的提炼、秩序的形成等三个环节的有效推进，最终形成了自己的造型语言。

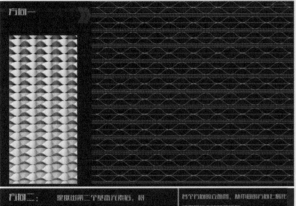

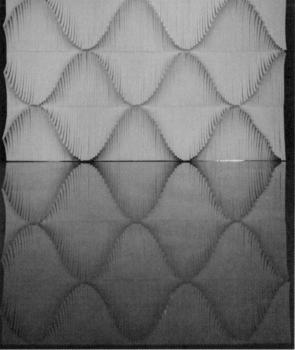

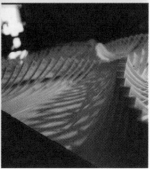

学生作品（课题 2）
以下两位学生都选择了"坚硬—柔软"这一组反义词。

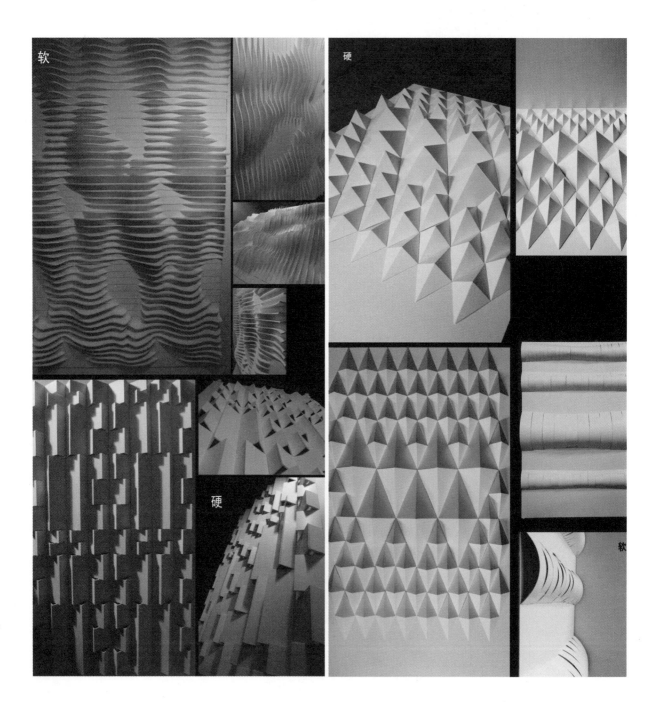

学生作品（课题 2）

教师评语：该生也选择了"坚硬—柔软"这一组反义词，在材料上选择了卫生纸、丝棉、纸板，在工艺上采用了扎针、包裹等方式，虽因制作原因最终效果未能达到预期，但对材料和工艺的尝试以及由此产生的独特效果仍然值得鼓励。

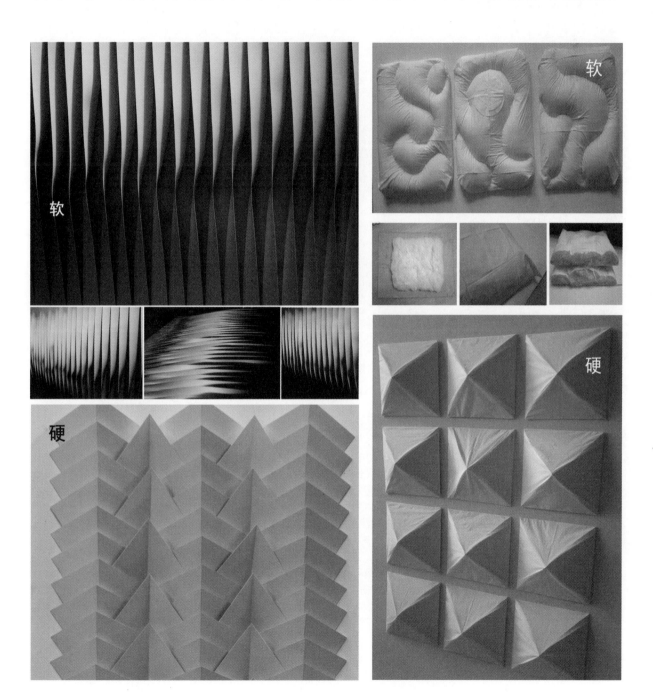

课程名称：

休闲建筑

四川美术学院
建筑艺术系

主讲教师：李勇

李勇：1988年由同济大学建筑系毕业，曾任重庆钢铁设计院、重庆华泰建筑设计事务所、重庆经良建筑设计事务所、重庆建筑工程设计院设计师。专业技术职称为国家一级注册建筑师，现任我系建筑艺术专业教研室主任。

一、课程大纲

通过"关于空间思维能力教学实践"课程的建筑设计，使学生能掌握正确的设计方法，具备建筑个体与群体的综合设计方案能力：能因地因事制宜进行方案构思，正确理解城市（自然）环境对建筑的制约性和启发性，处理好功能、技术、造型的关系，掌握一定的空间处理和建筑艺术处理的手法，并且有较好的艺术表现技巧。

从建筑外部的体量设计规划开始到内部的流线设计，再到建筑的材料、建筑外部设计，从而完成整个"休闲建筑"课程的学习。通过从整体到局部，再通过局部调整整体的这种方式，发现设计的本质和解决问题的方法，掌握正确的设计方式。课程拟在树立一种空间思维的设计习惯，培养学生在设计中掌握建筑"整体与局部"的推演方法，突出建筑材料在建筑设计中的地位，掌握具有建筑学艺术特征的表现手段，培养学生的专业兴趣。系统性了解对本专业的一些基础理论、基本知识。通过小型建筑的设计训练，掌握一些基本的建筑构成要素，

学会处理功能、技术、材料、造型的关系。

养成建筑设计时的空间思考习惯和空间设计方法，为今后的专业发展打下良好的基础。通过课程，培养学生正确的设计思维方式，获得确实有效的设计手法，提高学生的审美能力，掌握建筑设计的基本原理和方法，具有独立进行建筑设计和用多种方式表达设计意图的能力，课程结束后，由任课教师负责建立该课程的学生成绩档案并按学院要求制成光盘送交系上存档。

二、课程阐述

"关于空间思维能力教学实践"课程有别于传统的类型学教学，例如传统的课程关于幼儿园的设计，以功能、幼儿的心理、幼儿的尺度为出发点来完成整个课程过程，完成的设计仅仅适用于完成它本身的建造，而"关于空间思维能力教学实践"课程，重点并不在修造建筑，而在外部空间，内部空间，建筑材料的思维方式讨论，希望通过设计，获得空间思维的能力，抓住建筑设计核

心进行教学，而这种方式则适用于多种类型学建筑教学。对开发学生的创造性思维和培养手脑并用的能力提供了基础，培养学生即具有较强的艺术造型能力和扎实的专业基础知识，又具有创新能力和较强的社会实践能力。

老子在《道德经》里有句名言，"埏(shan)埴以为器，当其无，有器之用。凿户牖(you)以为室，当其无，有室之用。故有之以为利，无之以为用"。这句话建筑业人士用来解释空间很恰当。即人们建房、立围墙、盖屋顶，而真正实用的却是空的部分；围墙、屋顶为"有"，而真正有价值的却是"无"的空间；"有"是手段，"无"才是目的。这样对空间的描述和《建筑空间组合论》中所提到的空间是异曲同工之妙，而这正是"关于空间思维能力教学实践"课程中对空间意识思维的描述，发展空间想象能力是培养空间思维能力的核心，通过阶段性课程的学习，完成建筑核心部分思维方式的转变。

前期学生分组进行课题研究和讨论，以小组的形式完成作业。

通过老师的讲授，老师和学生的讨论，学生和学生之间的讨论，完成课题学习。

进入设计阶段，由学生民主地进行设计地块的选择，提高学生进行设计的兴趣；同时自主选择建筑的类型进行设计，老师在这期间提出建议供学生参考，在进行有效设计的同时，培养学生的自觉学习性。

三、课程作业

课程主要通过四个部分构成，前三个部分将对整个建筑的外部设计、内部设计、立面设计各部分进行单独的讲解，最后一个阶段将前三个部分的内容融合在一起，形成一个完整的设计。

第一阶段：建筑的外部空间设计
　　阅读课外参考书
　　1000字读书心得
　　查阅知名设计师的作品及其方案的设计过程
　　调研报告
　　地形测量
　　地形模型制作
　　外部空间设计一草
　　外部空间设计二草
　　外部空间设计交作业、评讲

第二阶段：建筑的内部空间设计
　　阅读课外参考书
　　1000字读书心得
　　查阅知名设计师的作品及其方案的设计过程
　　内部空间设计一草
　　内部空间设计二草
　　内部空间设计三草
　　内部空间设计交作业、评讲

第三阶段：建筑的材料、立面设计
　　阅读课外参考书
　　1000字读书心得
　　查阅知名设计师的作品及其方案的设计过程
　　建筑外观设计一草（表现图）
　　建筑外观设计二草（表现图）

第四阶段：建筑的表现
　　在每个阶段的课程中，加入读书笔记（例如《建筑空间组合论》等建筑书籍的阅读）；查阅知名设计师的作品及其方案的设计过程，场地调研作业等，提高学生在日常生活中对建筑设计认识的敏锐性和自觉性。

休闲建筑·展厅茶室设计

指导老师：李勇　　学生：陈居曈

设计说明：

· 体块：由要求的展厅与茶室两个功能考虑将建筑分为两部分并由二层长廊将其连接。

· 材质：茶室与展厅休闲区用大面积玻璃墙形成与自然的良好沟通，展厅展览区为满足功能需求开窗较少，外墙用清水混凝土。

· 面积：一层展厅 56 ㎡茶室,71 ㎡,二层展厅 151 ㎡,建筑总面积 278 ㎡。

一层平面图 1：100

二层平面图 1：100

教师评语：

建筑完整地体现了空间感和主次关系，并且满足它的使用功能，它使用的穿插式的建筑外观方式，完美地将建筑与周围环境相结合，内部设计掌握了正确的思维方式，营造了较好的空间感。在材质的选择上，朴实的素混凝土更能体现整个建筑的风格，同时反衬出建筑的额内外空间的光影关系。

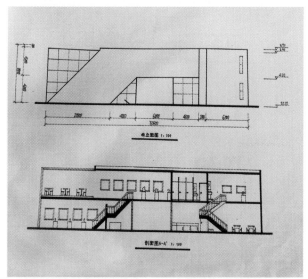

单立面图 1:100

剖面图A-A' 1:100

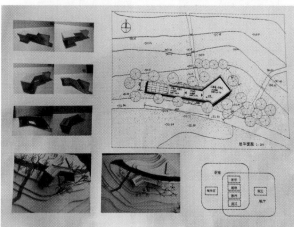

总平面图 1:200

艺术家工作室设计

Artist studio design

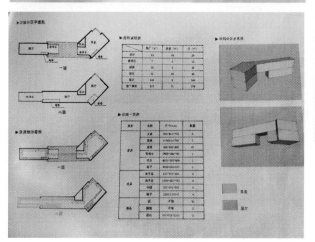

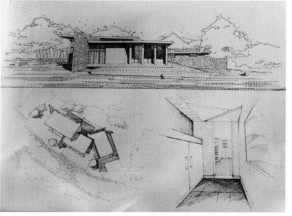

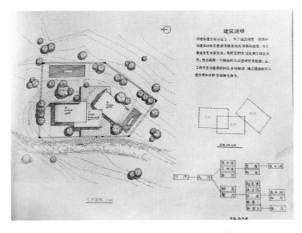

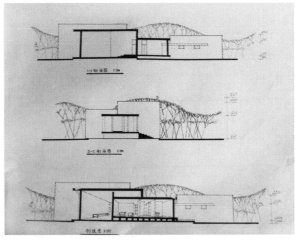

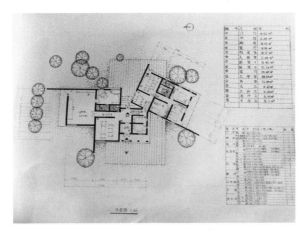

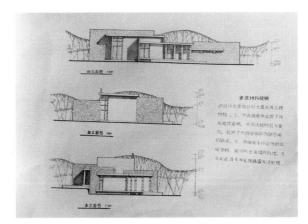

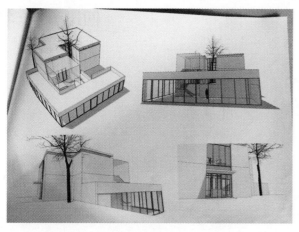

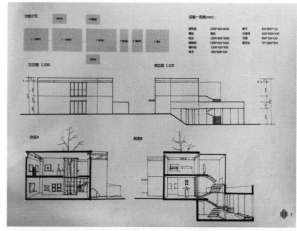

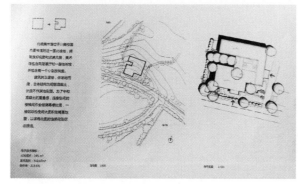

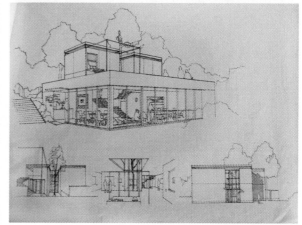

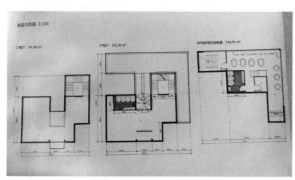

教师评语：建筑受到地形的制约，在有限的条件下，发挥了自己的空间思考能力，将建筑朝竖向发展，完成功能的要求。在外部空间的处理上，保留了原有基地的植物，在此基础上与建筑的外部空间相辅相成，大片玻璃幕墙的使用，与建筑的功能性融为一体。

课程名称:

城市形态的
解构训练

四川美术学院
建筑艺术系

主讲教师:王平妤

王平妤:讲师,硕士。作为主创人员积极参予多项城市规划与建设,致力于城乡统筹建设、城乡问题等方面的研究与设计。2006年至今,参与过多个教学课程改革。担任《建筑渲染与草图》及《建筑初步1》等课程改革与教学;其教学成果多次在教学年会展出,并发表论文《结合乡土材料的构筑训练课程》。

一、课程大纲

《城市形态训练的解构》是《城市设计》课程中的一个主题版块,《城市设计》通过城市设计基本理论与方法的介绍,使学生在合作完成城市设计选题的规划设计过程中,了解城市设计的基本理论,掌握城市设计、环境分析、行为调查研究、经济论证、设计表现手段等基本方法。熟练掌握建筑单体、建筑群体到城市空间的组织设计方法。培养学生建立由微观设计思维到宏观规划思维的城市设计思想,树立城市综合和可持续发展的观念。

整个课程的教学重点包括:

1.初步了解城市发展和形成的历史及其动因和规律。

2.初步了解城市的基本空间和物质形态及结构并展开分析和研究。

3.初步了解和掌握城市设计的基本原理和方法。

4.在城市设计过程中,学习并展开环境分析评估,行为调查研究,初步建立有关城市设计方面的经济学概念。

5.基本掌握城市设计的基本方法和手段。

6.熟练运用和掌握从建筑单体,群体到城市空间的组织,规划和设计的方法。

7.培养和训练学生建立由微观设计思维到宏观规划思维的整体设计思想。

8.树立城市综合和可持续发展的观念。

9.初步掌握城市设计的表现方式。

了解城市的基本空间形态及解构进行研究成为这个版块的主要内容。

二、课程阐述

这是高年级的设计主干课程《城市设计》中的一个主题板块。在这一次的教学中,教师组将城市设计的教学内容分解成三个主题板块:空间设计、城市设计思潮与观念、形态解构训练。

空间设计针对的是城市空间的设计训练,其知识点涉及城市功能的配置、城市空间的规划与形态控制、设计规范与图纸呈现等具体的空间作业；也是我们常规下的城市设计课程。

城市设计思潮与观念是主要针对城市设计的相关理论、城市发展历程及设计思潮的研究。以讲授结合案例的方式进行教学，并对当近的城市发展及建设的现象进行解读。

而空间形态的解构训练主要针对了城市的形态本身作视觉上的结构与形态表达。

这三个板块课程是从同一个课程产生的三个不同的主题。目的是摆脱就的设计谈设计的单一教学模式。城市是一个复杂的论题，多个教师知识背景有助于丰富学生的知识点，其中并不排除有相异的观点与理解。

这里展现的是城市形态的解构训练的课程内容，教学中的重点与难点：

1. 理解城市的形态，并能运用一定的方法和技术手段，通过图底分析、形态归类的方式完成相应的城市形态分析，并能辅助设计课程的进程。

2. 对城市形态的外延思考和认识，并能运用图形的视觉手段去表达自己的观念和想法。

3. 难点是需要足够的知识储备进行教学的互动并逐渐产生明确的观点，在后期利用装置或者模型进行观念呈现。

形态课程与设计课程的关系
——交叉与互补

关于城市形态分析方法的引入
——设计外的研究与观察

形态课程的结果
——实验的、过程的、体验的表达

城市设计

主题板块	空间设计	设计观念	形态解构
	总体布局 路网结构 空间容量 风貌形态 空间模式 城市景观	规划理论 发展演变 当代思潮 设计观念	图解形态 类型解析 城市观察 观念表达

三、课程阶段及作业

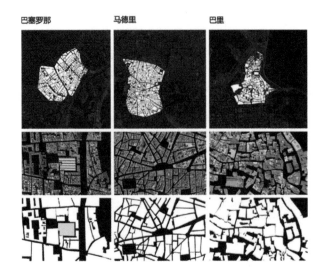

巴塞罗那　　马德里　　巴里

（一）城市形态的研究分析

　　1.建立工作小组收集城市卫星图，对图片进行分类，找出形态上的共性与差异，归纳后图面上进行描绘，选择其中一种类型的城市（根据城市大小可选择部分区域）进行解读，分解形态构成的内容（建筑体量、道路骨骼、街巷尺度、城市中心、城市肌理……）重点针对不同背景下的城市形态的特点。

　　2.针对"城市轴线"、"巴洛克城市"、"网格.城市"、"矩形.城市"等命题，结合选择的相应类型的城市形态进行深入研究，设置命题与工作框架，建立城市模型，借助相机、视点分析剥离城市形态，研究城市肌理、天际线、城市尺度与建筑组团等方面城市形态要素及深层次的组织方式，理解这种类型的城市形态的特点、构成要素的关系，揭示城市形态发生的空间规律。

（二）城市观察

　　从不同角度记录城市形态的不同要素、城市形态特征，根据设定的主题与调查内容现场调查划定的城市地块，现场观察与记录。小组翔实完地成图像化表达。

（三）城市形态的观念表达

　　就对城市现象及空间策略展开命题，形成观念性的视觉形式表达观察到的内容与特征（模型＆装置……）。

　　最终成果：将各阶段的模型、图纸汇编成A3图册。

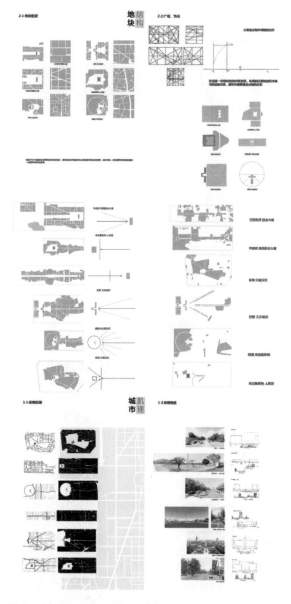

作者：吴文杰、孙丹阳、张勋

教师评语：这个小组在形态解析的阶段主要是围绕权力
建筑展开的城市空间形态进行解析，选择了6个主要的
解析对象，并得出了空间中围绕核心建筑组织的不同形
式。城市观察阶段对山地城市中因高差带来的城市负面
空间进行调查，并结合小组对此相关的研究提出了由小
空间整合激活此类空间的形态策略。

237

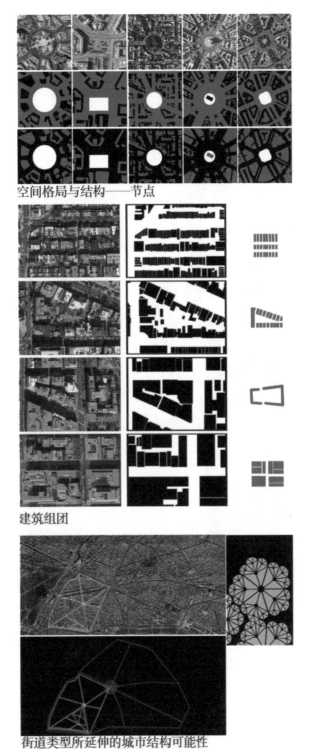

空间格局与结构——节点

建筑组团

街道类型所延伸的城市结构可能性

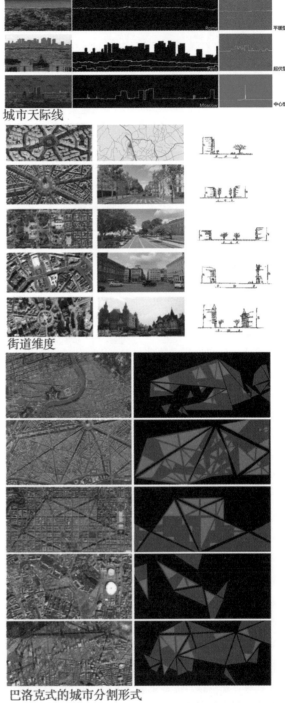

城市天际线

街道维度

巴洛克式的城市分割形式

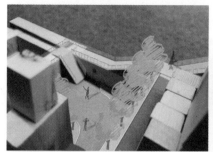

景观步道将上下两个庭院空间联系在一起，是社区具有更加和谐的气氛，增加了活力度，增进了邻里关系。达到一个共享、舒适，高效的社区公共活动场地。

空中步道在增进邻里关系的同时，还分担了部分交通压力。在广场上增添更多的休息座椅，真正成为人们休息、聚集的理想空间。

对公共空间进行不同的设计处理，展现出休闲、安逸的空间体验，屋顶室外咖啡座也为人们的休闲提供更好的去处。

桥下空间巧妙地用 block 商店填充，丰富靓色彩充于钢架结构内，不仅解决结构裸露的单调，更增添了奇妙的童真，创造出清新活力的空间，符合年轻人的心理感受。

作者：吴文杰、孙丹阳、张勋

教师评语：这个小组在形态解析的阶段主要围绕古典城市中体现巴洛克式城市规划理念的空间形态进行了解析，对此类型的城市空间作出了关于巴洛克式骨架空间的分析，也根据自己图形、模型推演的比较，形成了建立了相对完善的认识。对旧城进行观察，借助模型探索空中步行体系的城市策略，空间改变带来对微观区域的影响。

239

课程名称:

中国古典园林设计

主讲教师: 孙 锦

孙锦: 讲师, 1995 年毕业于天津美术学院工业设计系环境艺术专业学士。同年进入天津天美室内外装饰有限公司, 从事环境设计师工作。2000 年任教于天津美术学院环境艺术系。2005 年毕业于天津美术学院环境艺术系研修生班。多年来结合教学从事本专业实践工作, 主讲课程: 园林设计、传统室内、室内施工图、室内设计方法与设计程序、住宅室内设计等课程。2014 年编著《中国古典园林设计与表现》是天津美院"十二五"规划教材立项资助项目的实训教材。

一、课程大纲

(一)课程目的与要求

中国古典园林设计与表现是天津美术学院环境艺术设计专业景观与室内方向必修的一门颇有特色的传统课程。在科技发达的当代, 节约资源, 提高使用效率, 保护环境, 改善日益恶化的环境, 建设美丽中国, 实现中华民族可持续发展成为大势所趋。该课程对学习掌握好古人的造园手法, 做到古为今用具有较强的现实意义。

在日益拥挤、狭窄的都市空间中, 繁忙的人们不得不忍受着大气的污染, 只有在假期从城市跑到郊外, 短暂地享受一下新鲜的空气。如果我们能像古人建造私家园林的思路: 建造城市化山水园林, 将城中绿洲与中国传统园林中的"师法自然、再造自然"原则相借鉴, 尊重自然、顺应自然, 保护和先人一样利用好自然, 用现代的技术贯彻生态文明的理念。应以"格物穷理, 知行合一"的学习方法, 引导学生思考本源、从园理"巧于因借"中博采众长、豁然自在于设计天地。

(二)课程计划、作业内容、考核标准

课程计划为六周合宜, 通过电脑课件教授, 学生将进行基础理论的学习、从现存优秀古典园林作品中更

深入了解建园史(由谁建园)、园林的命名与景点的出处(建园立意)、造园法则(怎样建园)。带领学生就近考察北方园林, 同专业考察课程的南方园林部分相结合, 必须要在古园林空间中体验与感悟其流动、意趣的空间, 使课程体系更加完善。

二、课程阐述

首先要清楚中国园林自有史以来便与中国的诗、书、画等各门类的艺术融为一体。在历史的演变中区别于法国勒诺特尔式园林、意大利的台地式园林和伊斯兰园林, 并深深影响了英国的风景式园林和日式的枯山水园林, 在世界造园艺术史上独树一帜。对造园史论的学习应该做到以史为鉴, 避免做出不伦不类、四不像的设计。因为我们可看到的现有遗存园林大多是从元以后到明清时期作品, 其中不少景点是直接对前代园林作品的模仿与深加工。古人尚如此, 我们虽没当时的艺术氛围, 但应以人为本, 设计出舒适、合理的休闲园林空间以满足人的感观享受, 包括视觉、听觉、触觉、嗅觉的怡人空间。

(一)紧紧围绕中国园林美学特征——"诗情画意美"来突出讲授中国古典园林造园的立意: 是托物言志、

直抒胸怀，还是借景抒情、讴歌自然，都是对自然美、建筑美、意境美的情感寄托与表达。接着根据艺术生的气质与以往的学习经历，从"画境"空间的塑造来分析造园手法：以画入景，以景入画的方法，做到"咫尺山林"美如画的动态空间美，美在步移景异。还有仔细列举深入分析名家建名园的人文背景，旨在强调培养提高学生的文学艺术、美学修养。

（二）应存在于造园布局和对空间的理解上，针对此类问题，仍然延续从中国画对造园理论的影响为出发点来分析它们的依存关系，以"巧于因借，精在体宜"为基本原则，从中国绘画的"六法"与"六要"来看其对园林创作的借鉴性。并总结出：移天缩地，以简寓繁，再现自然与以小见大的造园法则。并通过构园要素来分析布局特征包括画境中的：地景、水景、建筑、绿植。对画境中的空间美的阐述，形象的解读较为抽象的画境和时空概念，从文人园林所特有的精神空间和现实所具有的虚空间中点出"命题在空不在实"的自然空间理论。通过大量实景拍摄的照片和分析图加深对园林空间特色的理解。

（三）以学生最为感性知识的"画境空间"为始端，了解为什么建园、怎样建园，最后到如何表现设计图纸是一个自然而然的学习过程。掌握鸟瞰图的绘制技法和中国古建筑单体快速画法，更有利于对立体空间图面化的表达，也是美术院校学生特有的技能：能想、能画、擅表现，并有各具特色、不同风格的优秀作品为范做以展示。使学生能理解到中国园林从画中来再到画中去的整个教学过程。

三、中国古典园林设计课程作业

（一）作业内容

1. 有一个长 200m 宽 100m 的地域，周边可根据设计需要向外延伸或向里收缩，但总面积不可突破 20000m²。

2. 要求不少于 6 个景区的划分，游览路线合理，尽量减少不必要的重复游览，出入口自定，由入到出应该是最佳游览路线。

3. 设计应该有建筑、有山石、有水体、有绿化，要有主要景观和次要景观的区别，要有借景对景的设计。

4. 要求一份详尽的设计说明，包括设计主旨、规划分析（空间与布局）、建筑类型的使用等要素分析。

（二）作业表现形式要求

1. 两张以上设计草图。

（1）包括内部动线分析；

（2）构画出主要景点与次要景点的组织与分布；

（3）园林中建筑类型的选用说明；

（4）包括景点设置中引用了哪些唐诗宋辞。

2. 总平面图一张, A2 纸张。

3. 鸟瞰图一张, A2 纸张。

4. 场景立面图若干张（可选）。

5. 将以上设计与绘制及图面效果过程制作成 PPT 展示课件一份与作业成图刻录光盘一张。

（三）考核标准

1. 基础理论掌握与随堂思辨能力 （10%）。

2. 方案能体现借鉴传统造园方法，有创新 （30%）。

3. 方案表述、思路清晰 （20%）。

4. 课题表达图文并茂；透视、比例准确；画面有艺术感染力 （30%）。

5. 学习态度 （10%）。

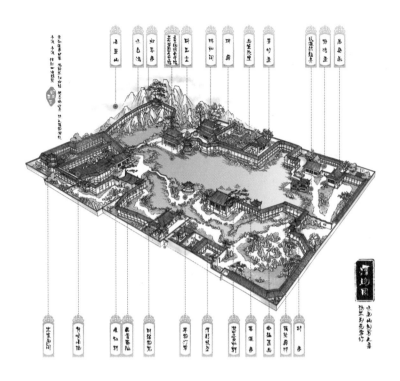

教师评语：

习作一：该生方案直接以"婉约词宗"李清照的诗词为构园蓝本，以园林景致来寓其"红雨飞愁千古绝唱销魂句，黄花比瘦一卷高歌漱玉词"的人生写照。园区划分也是按照其诗词发展的六个阶段作为划分景区的依据，并结合其生平作为设计的来源。

园内借景于易安故乡百脉泉的"漱石百脉轩"，以及因易安夫妇极爱收藏书画、金石、碑文所设的鸳鸯馆"三代穷遐金石馆与五代绝域丹青馆"。一楼一阁、一庭一院的造景与命名皆出自于易安的诗词，利用白描手法表现，并遵循其"写秋景不萧条，写冬景不严酷"的特点，使得园内每一处设景皆画意诗情，味之不尽。"清婉园"，在画面的表现上不同于一碧万顷的恢宏，藕荷基调的清丽才适于该园的立意，画面的表现如同易安的人与词，含蓄委婉，迤俪清新，颇有灵秀之气并具有较深的思想内涵。

羊花汀草

风继尘香

落日熔金

月满西楼

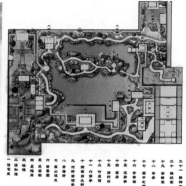

教师评语：

习作二：该《闲趣园》方案以苏州古典园林为蓝本，设计来源于辛弃疾的《清平乐 村居》，园林以农居生活为主题进行设计，在高雅的园林生活中融入闲暇的村居情怀，该园林分为三部分：住宅区、景观区及耕种区。

园林的东南角即入口处为居住空间，分次序排列，此为园林主人的居住纳客空间。景观区以水池为中心，中间置于两个洲渚，洲渚之上设有轩和亭，周围以树木围绕，在洲渚的对面是磬香堂，与洲渚之上的轩形成对景，磬香堂是园林的主体建筑，在视觉上形成了一连串的观赏点。以磬香堂为中心连接最主要的廊，形成串联所有空间的纽带。耕种区是此园林的精神文化体现，园林主题是"闲趣"在世俗中融入农耕文化的主题使园主人在高雅生活中体验一把农耕文化的生活气息。

教师评语：

习作三：该园名为《文汇园》，此方案为典型的山水风景名胜式园林。园林格局灵感来自于扬州瘦西湖和杭州西湖。园林及景点命名取材自著名诗歌和典籍。整座园林以江淮文化为主要基调布置设景。

整座园林依山沿河布局，园林格局狭长，沿岸从西至东地势渐高，建筑多在地势平坦处，建筑沿河分布，以廊为纽带相接，洲渚之上依势建亭，隔河借景，相映成趣。整个园林的分布较中规中矩，没有特别突出的中心建筑物或院落。没有成片的大规模建筑群，所以景观几乎以山水为主体表现，很少以建筑廊道空间表达。南北两岸沿岸建筑多为狭长廊道亭台，依山就势而布局。建筑以及景点的命名体现建园者趣味。鸟瞰图表现的方式在追求古画意的韵味同时栩栩如生地刻画出层林尽染园林的效果。

243

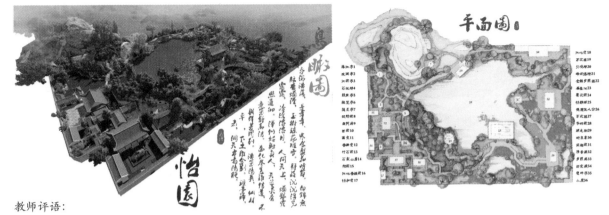

教师评语：

习作四：该生设计"怡园"宛如一个世外桃源，走近它会感觉到"人间天上，万化参差，不与群芳同列，意气舒高洁"的氛围。园意来自于"怡然自乐，从心台声，与心之切，怡和也"之意。作品面积一万两千多平方米，中央的湖水，四周的漫草、环山，建筑随高就势，依水而建。大路、长廊、小道组成游览的主路和辅路，串联各个景点，布局紧凑合理。从近景、中景、远景的空间处理中搭配有不同种植物，从形态、大小、颜色等元素出发设计生态小园。怡然的优雅风景，是构园的主旨。在表现手法上利用三维软件较真实地展示了园林空间意趣，很直观地将建园想法表现出来，区别以往手绘鸟瞰表现图，是这套方案突出表现所在。

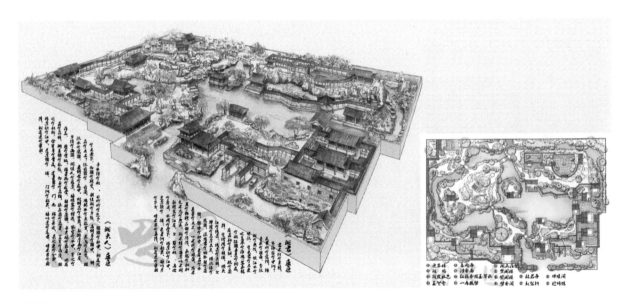

教师评语：

习作五：该生设计的《湘思园》是根据屈原的两首诗——《湘君》、《湘夫人》的爱情故事来命名此园林，以他们的神话爱情故事为创作的蓝本，使用造园手法达到情景交融，寓景于情，力求体现园主人细腻的思想变化。园子地势高低起伏、错落有致，布局疏密自然，亭台楼榭临水而建，建筑类型丰富多样。全园最具特色的设计是由水路来的组织交通，以此为主动线灵活巧妙的串联各景区，行船入园林，仿若水乡人家，水边所设建筑物也变得尤为突出并设有完整的岸型，有驳岸、码头，有水道之弯曲，也有主湖区泛舟轻度之开敞，景致尽收激艳于心海。

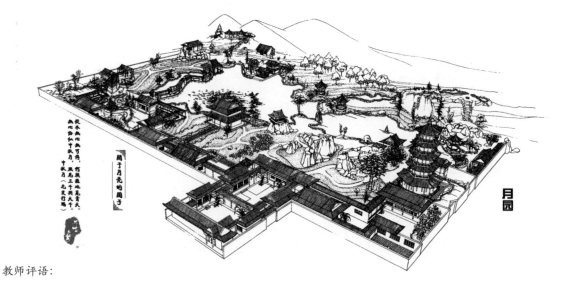

月园

周于月光的园子

花未全开月可了，
有限秋意见青天。
无心恰似中秋月，
中秋的（无人行迹）

教师评语:

习作六: 设计者紧紧围绕"从本无心无可传，何须握地觅青天。无心恰似中秋月，照见三千与大千。"从中秋月的寓意中获得造园的创作源，由此作者便以"千古名月"为立意，绘制了一幅妙趣恒生关于月亮的园子。通过学习"太阴之象"——月亮的哲学意味；"月出皎兮"——月亮的审美意象；"孤光自照"——月亮的人格意境，从中把园子分成六个景区。每个景区都运用了造园的意境手法，来塑造这梦一般的园子，梦一般的景区——结合仙缘的"桂酒饮灼"；见证永恒的"月照古今"；园中之园手法下的"千里寄情明月可托"；视野开阔的"春江花月夜"；留有缺憾美的"花未全开月未圆"；溶入自然的"清风明月"。各景致之间自然过渡，借景抒情、将"月"意升华致人的情操与园境有机融合，堪称颇具思想内涵的作品。

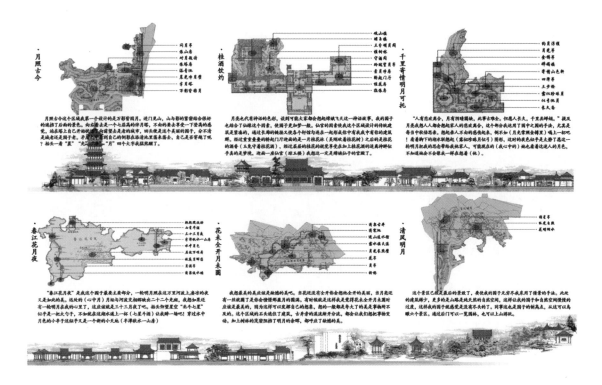

课程名称：

跨界与融合——新艺术家具设计

主讲教师：刘晨晨、张豪、屈炳昊

刘晨晨：西安美术学院建筑环境艺术系副系主任、副教授、硕士生导师。

张　豪：西安美术学院建筑环境艺术系讲师。

屈炳昊：西安美术学院建筑环境艺术系讲师。

西安美术学院
建筑环境艺术系

一、课程大纲

（一）课程概况

跨界与融合——新艺术家具设计是西安美术学院建筑环境艺术专业课程教学改革的实践内容之一，为专业必修课程的延伸。课程以艺术院校的空间设计课程为依托，强调在真实环境背景下对创意空间建构的检验及艺术与设计产品的融合。实体空间艺术体验不同于传统的家具设计与公共艺术设计课程，有强烈的时代印记和人文色彩。它是设计师主观情感的艺术化、空间化在实际环境背景下的反映。它不等同于传统家具设计、不等同于装置艺术，更不等同于城市雕塑。跨界与融合——新艺术家具设计课程强调公共艺术的实际功能特征和人的参与性，更强调家具设计的艺术化表现与再现，该课程给环境艺术设计这个大平台，增添了非常丰富的色彩和语言，是其不可缺少的重要组织部分。

（二）教学目的

在对环境艺术设计人才的培养过程中，应该强调环境空间与艺术的互动、互补关系，重视艺术设计的地位和作用，使环境艺术专业的学生了解和掌握艺术在特定环境背景下的表达方法、特点、规律和风格，并能将艺术合理有效地应用于特定的环境空间设计中，使其得以升华。

1. 通过 1∶1 实体公共艺术家具的搭建，塑造艺术功能的转化与融合。

2. 掌握塑造空间与特定场域的关系，体验艺术、功能与环境的关系。

3. 了解和掌握不同材料在搭建过程中的制作工艺。

二、课程阐述

该课程前身为公共艺术与家具设计。它是两个课程的连贯性教学，是在艺术融合回归与艺术跨界思潮的大背景下，进行的实践性教学改革，是对原有课程教学内容与方法的凝练与提升。该课程持续三年在本科教学中开展，通过多次教学思路与教学方法的尝试与调整，初步形成了一套以实体空间推敲为主体的教学体系。学生通过该课程的学习，对功能的转换、艺术空间的认知，以及设计思路的确定有着较明显的提升。

（一）以设计创新为核心的知识体系建构——教学思路的转变

研究如何将传统城市公共艺术及家具设计所涉及的知识板块搭建在设计平台之上，通过艺术设计研究功能与技术。

（二）从绘制推敲到塑造推敲——教学方式的转换

传统设计教学中主要是通过图纸绘制进行设计分析，学生无法直观认知和感受创造出的对象本体，很难做到从整体到细节，从视觉到感受，从个体到群体的全面设计分析。故该项目要重点研究如何转变设计教学方法，采取可行并易行的教学手段，通过多种塑造方式和塑造程度来推进具有创造性和创新性的设计教学。

（三）设计实践的市场化及社会化的模拟 ——教学实践的转变

传统设计课程多采用虚拟室内外空间的配套设计，局限了家具本体对室内环境与室外景观的塑造性。同时，过去公共艺术课程教学也对场所感和功能感有所不足。因此进行的相应教改，就是要研究如何通过全新的设计实践与设计实验，激发教学中的设计灵感打造具有可实现性的艺术功能设计。

（四）立体化考核标准——教学评价的转变

传统设计课程的考核一般都采用课内主体设计评

价体系，对于课程总结及学生后续设计思路延伸都具有一定局限性，也无法站在更为客观和宽广的平台上进行评价定位。该项目要研究如何吸纳更多的评价方法，将教学过程中原创性与开发性引进评价体系中，同时将教学成果推向行业，推向社会，通过观摩与使用，通过不同需求群体的认定进行考核，强调成果的现实转换性，塑造更为全面、客观并具有现实意义的教学考核与评价体系。

三、课程作业

制作实体设计作品模型一件，反映设计理念的展板一张，并在校园户外展陈。

（一）作业布置内容

根据课程特点本课程安排城市家具的跨界艺术设计，分组完成设计。

（二）题目

城市空间艺术家具装置作品。

（三）要求

根据所选场景进行空间艺术品设置，具备一定的功能特征并且可以实现多功能转换。

1. 比列为 1∶1 的实体艺术家具装置一件。

2. 展板一张。

3. 分组完成，每组人数不超过 5 人。

4. 实体装置尺度，每人完成体积大于等于 $1m^2$，设计作品如为平面、展开面积应大于等于 $6m^2$。

5. 选择环保材料。

6. 方案推敲过程中需要完成草图及 1∶20 左右概念模型。

教师评语：

《依靠》是学生在充分研究人体多种"依"、"靠"的行为姿态的基础上产生的设计创意，设计满足了不同活动行为中的人对人体工程学的需要，并且具有多种组合功能，充分体现了设计的以人为本精神。

教师评语：

《曲》通过对纸板截面形态的多样性分析、在不同空间中依据材料特性组合出多种变化形态，形体的研究充分，对曲线的描绘淋漓尽致，具有较好的艺术感染力。

教师评语：

《蒙德里安休息停靠站》巧妙地将蒙德里安的代表作品在立体空间中结构，形成多个立体空间，结合户外光影变化，使人们在空间中停留时充分感受到色彩叠加及光影折射所产生的趣味性。

249

教师评语：

《方组合》以正方形为基本单位，通过各种组合穿插变化，将座椅调成到任意需要高度，满足人在坐时的不同行为需求。它可独立使用，也可根据空间的不同多重组合，启发使用者的想象力。

教师评语：

《阡陌》采用麻绳、木板与龙骨搭建成一组向心的内部通廊。行走其中，人们感受到的是自然的材料之美和人工的韵律之美。在光影下，人们感受到艺术的浸染、精神的升华。

教师评语：

《归巢》以白色织物为面层材料，内部以龙骨支撑，形成仿生学的鸟巢概念，寓意人们在忙碌之余渴望得到安静、清新的休憩空间。同时该设计还兼具有景观照明功能，在夜间更给人以安逸舒适之感。

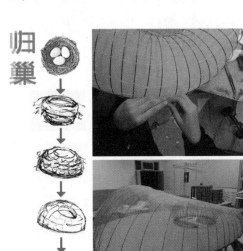

囚 — 人口 — □ — □

侣 — 人吕 — □ — □

徊 — 人人回 — □ — □

徘　木

活字塑
Dynamic Chinese characters sculpture

教师评语：
《活字塑》以中国汉字为基本元素，通过人与家具的互动，形成人们驻足休憩的趣味空间。具有极强的互动性与参与性。

教师评语：
《简易》选用废旧的箱板纸为材料，通过简单的三角型元素的整合，形成了各式风格迥异的家具形态，为人们的行为提供了无限的可能性。

251

课程名称：

景观设计

主讲教师：王东焱

王东焱：男，42岁，副教授，硕士生导师。主讲课程：设计表现图技法、景观设计等本科课程，园林美学、建筑造型设计等研究生课程；主持项目：后现代主义园林研究、云南景观桥梁造型研究、西南地区景观设计人才培养教研课题等；发表论文：《论昆明市盘龙区世博园片区规划设计》、《风景园林规划设计中的艺术语言研究》等。

一、课程大纲

（一）课程参数

总学时：128学时；学分：8学分；实践教学：1周；修读专业：环境设计专业。

（二）大纲本文

1.课程内容

景观设计课程内容分为三个部分：

第一部分景观设计的概论：讲述景观设计学的起源、发展状况和应用领域。

第二部分景观设计的方法：讲述景观设计的原则、方法。

第三部分专项景观的设计：讲述居住区景观设计、城市公共空间等各类专项景观的设计方法，结合具体的设计项目让同学了解一个项目的始末，对景观设计有一个较为整体的认识，并在具体的设计中，使同学复习早先学习的理论知识，掌握景观设计的技能。

（三）课程大纲

第一部分 景观设计概论

第一章 景观设计学：景观设计的相关概念；现代景观设计的产生；景观设计学与相关学科的关系；景观设计的任务；景观设计的发展趋势。

第二章 景观设计的理论基础：环境行为心理学；景观生态学基础；景观美学基础。

第二部分景观设计方法论

第三章 景观设计的原则：景观设计的目的和作用；景观设计的原则。

第四章 景观设计的调查：实地踏勘；景观空间的组合与序列；景观设计的立项与分析评价。

第五章 景观要素设计：景观地面（地形）的设计；景观植物的设计；景观水体的设计；景观建筑小品的设计；景观照明的设计；景观道路的设计。

第六章 景观设计的步骤：景观设计的基本步骤；景观设计方案构思与比选；设计方案扩初；方案汇报；施工图设计；景观设计的手法。

第三部分 专项景观设计

第七章 居住区景观设计：居住区景观设计规范解读；居住区景观设计手法。

第八章 商业步行街景观设计：商业步行街的景观特点；商业步行街景观的功能、分类与设计内容。

第九章 城市广场景观设计：城市公共空间；广场设计的特点与手法。

第十章 城市公园景观设计：风景区设计规范；景区设计的功能、分类与设计内容。

第十一章 道路绿化与工厂绿化设计：道路绿化景观；工厂绿化景观。

第十二章 植物造景设计：常用园林植物识别；植物配置与造景。

（三）课程实验

1. 居住区景观设计：4学时；实验类型：演示性实验；实验类别：必做；主要器材：绘图板、马克笔等。

2. 水景观设计：4学时；实验类型：设计性实验；实验类别：必做；绘图板、皮尺等。

3. 景观小品设计：4学时；实验类型：设计性实验；实验类别：必做；全站仪、绘图板。

4. 植物造景设计：4学时；实验类型：设计性实验；实验类别：必做；主要器材：绘图板、皮尺等。

（四）课程实习

1. 城市广场景观设计：6学时；实习要求：综合性实习；实习内容：测绘、设计要素调查；实习人数：30人；实习安排：世博园。

2. 常用园林植物识别：6学时；实习要求：综合性实习；实习内容：常用园林植物识别；实习人数：30人；实习安排：植物园。

（五）考核方式及成绩评定

考核方式：考察，完成一项景观设计。

成绩评定：要求每个同学根据学过的知识完成一项景观设计，设计能力、设计表达、平时作业各占总成绩20%，设计说明书占总成绩的10%。

二、课程阐述

（一）本课程的性质和要求

本课程的性质：《景观设计》属于学科专业课。景观设计是围绕土地利用，根据建筑及空间环境的使用性质、所处背景及相应标准，运用物质技术手段和美学艺术原理，创造功能合理、舒适优美、满足人们物质及精神生活需要的室内外空间环境的过程。

本课程的要求：使学生了解环境景观艺术的基本概念、景观设计所涉及的范围，以及景观设计与历史、文化、社会政治经济等诸方面的相互关系；理解和掌握景观设计的构成要素以及相互关系。通过系统的理论讲授和课题设计训练，使学生能够独立进行景观方面的方案构思，具有基本的设计能力、表现能力、创造性思维能力；结合实践性的方案设计，使学生由浅入深地掌握景观设计的方法，做到理论联系实际，培养出有一定素质的具有景观艺术设计能力的人才。学生在学完本课程后，应达到如下要求：理解和掌握景观设计的构成要素以及相互关系；掌握景观设计的方法。

（二）本课程的重点

1. 景观设计的基本概念。

2. 景观设计的方法。

3. 公园、住宅、广场等不同环境中景观设计的特点。

4. 雕塑、壁画设计在环境中的运用。

5. 水景设计、植物造景设计、设计表达（平面图、立面图、效果图的绘制）。

（三）本课程的要求

1. 作业要求：掌握景观设计的理论：概念、意义和具体的设计原理、方式、程序。

2. 实验要求：掌握景观设计的方法和步骤：对自然环境进行再设计、园林环境设计、城市环境规划设计、建筑与外环境设计等各类环境的设计方法。要求通过本课程的理论讲述和课题训练，使学生了解景观设计的基本概念、景观的分析与把握、景观元素构成及评价。

3. 实习要求：

（1）了解景观设计所涉及的范围，以及景观设计与相关学科的关系。环境景观与城市设施包括建筑、街道、交通之间的关系。

（2）理解和掌握景观设计的构成要素以及相互关系。

（3）通过概念性的方案设计与构思，启发学生的创造性思维；并结合实践性的方案设计，使学生由浅入深地掌握景观设计的方法。

（四）本课程同其他课程的联系与分工

先修课程：工程制图、三大构成、设计表现图技法、计算机辅助制图等课程。

后续课程：城市绿地系统规划、室内设计等课程。

联系与分工：景观设计不仅需要运用物质技术手段，还需要遵循美学艺术原理。

三、课程作业

作业一：庭院景观设计

庭院景观的分类及特点；庭院的分类、邻里交往的要求；庭院景观的设计原则；庭院景观的功能分区；庭院景观的空间布局；庭院景观的交通组织；庭院的景观要素：种植设计、园路设计、铺装设计、水景设计、构筑物设计。

作业二：居住小区景观设计

居住小区的景观特点；居住小区的规划；规划与设计的区别和联系；景观设计基本原理和方法；当代居住小区景观设计风格流派；居住小区的景观要素：小区中各类道路景观、场所景观、水景景观、绿化种植景观设计。

作业三：城市广场景观设计

商业广场的景观设计要求；商业广场的形式；休闲广场的景观设计要求；广场空间设计；文化定位；广场的铺装设计；广场交通流线设计。

作业四：校园景观设计

校园的景观特点；功能特点与设计定位；校园文化的要求；校园环境中的交通设计；校园环境中的休憩空间设计；校园景观规划更注重场所精神，强调建筑内外部空间的联系和交往性。

课程作业要求：

通过各课题的专题设计训练，独立进行方案创意构思，合理的功能安排，具备较全面的设计能力、表现能力、创造性思维能力；结合实践性的方案设计，使学生由浅至深地掌握景观设计的方法，做到理论联系实际，应达到如下要求：理解和掌握景观设计的构成要素以及相互关系；掌握景观设计的方法。方案图纸包括：

1. 功能分析图。
2. 交通分析图。
3. 视点分析图。
4. 景观分区图。
5. 总平面图。
6. 鸟瞰图。
7. 专项设计图：景观建筑设计、种植设计、园路设计、场地设计、水体设计、铺装设计等。

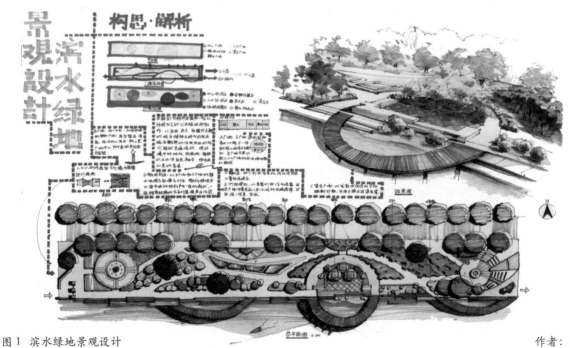

图1 滨水绿地景观设计

作者：杨朦

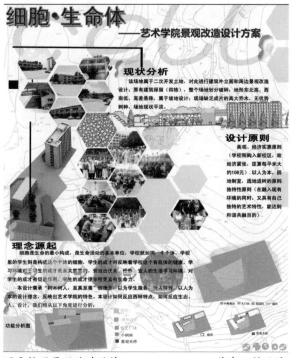

图2 校园景观改造设计　　　　　　作者：钟汶洁

图3 校园景观改造设计　　　　　　作者：王文增

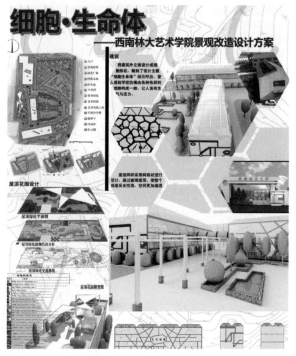

图4 校园景观改造设计　　　　　　作者：宋思思

教师评语：

图1 城市休闲广场景观设计方案，整个滨水绿地的设计采用了以曲线为主的造型元素，圆形与曲线的形式让整个设计充满了律动感，植物的配置注重色彩与层次的搭配，人流路线与功能分区合理，滨水与绿地的结合适宜，设计方案画面完整，整体效果好。

图2 这是一套相对完整的校园景观设计方案，设计理念起源于对生命、生活、生机的联想，将学校比喻为一个生命体，学生作为生命体中的细胞，构思新颖，充满人性化关怀，体现了以生态化为主的新的校园景观设计理念。

图3 作者结合地形进行了合理的规划设计，注重细节与整体的结合，植物造景与水景搭配适宜，使得整个校园空间充满了生机。

图4 在细节的设计上，注重空间的整体效果与局部的关系，植物的选择，功能分区也凸显了校园氛围与细胞生命体这个主题的设计构思。

255

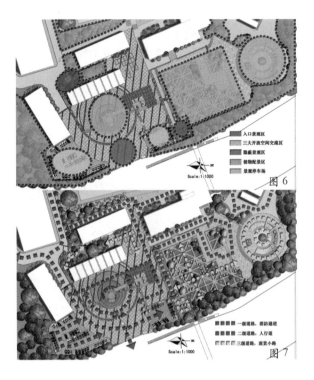

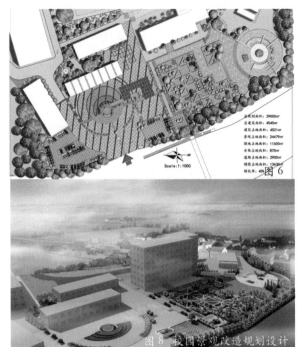

图8 校园景观改造规划设计

作者：杜翔宇

图5～图8 在实地踏勘的基础上，提出动静分区，人车分流；平面布局合理精确，结构富有韵律感；广场、活动区、休闲区等功能分区清晰明了；种植设计注重了本土植物的运用，乔灌草结合，为学生提供了较大的活动草坪和避免阳光直射的庇护性场所。

图9～图10 居住区设计方案，功能分区明确，流线设计清晰，植物造景层次丰富；结合小区内水系打造出一条滨水景观带作为设计主体，满足人的亲水性要求；空间布局符合绿地率的规范要求，宅旁绿地沿建筑走向布局，入户设计自然亲切。

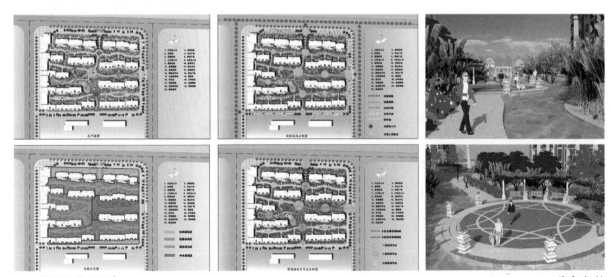

图9 居住区景观设计

作者 杨艳

图 10 居住区景观设计　　　　　　　作者：杨艳

图 11 属于古建筑保护性规划中的景观设计，指林寺始建于元代，是重点文物保护单位，尊重原有布局，明确功能，梳理流线，造景层次丰富。

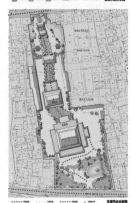

图 11 指林寺保护性规划景观设计　　　作者 张晓

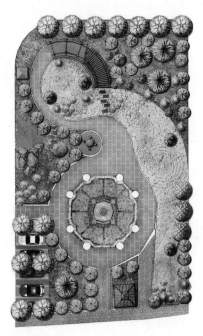

图 12 庭院景观设计　　　　　　　作者：石明丽

图 13 庭院景观设计　　　　　　　作者：石明丽

图 12 庭院采用自由式布局，曲线风格，欧式喷泉小而精致，铺装大气简约；弧廊避免了半圆的规则感；跌泉起隔景作用，加强空间感；曲折蜿蜒，营造出静谧的氛围。

图 13 采用规则式布局，体现中日园林比较，一侧是池水、植物与景亭的交相辉映；一处是黑石、油松、白沙的营造的枯山水，庭院禅意盎然。

257

课程名称：

装饰材料与构造

主讲教师：徐钊

徐钊：男，副教授，硕士生导师。2010年以来，主持或参与国家级、省级、校级科研项目7项。出版专著1部、教材1部，发表学术论文40余篇。指导本科生和研究生获得国家级、省级设计大赛银奖、铜奖、优秀奖；多次荣获优秀指导教师奖。
教学情况：主要承担《装饰材料与构造》、《装饰工程施工技术》等本科生课程，以及《装饰材料学》、《室内设计专论》等硕士研究生课程。
研究方向：环境设计与理论、材料与空间构造设计、新材料新技术在环境设计领域的应用研究。

一、课程大纲

（一）课程参数

总学时：48学时（其中，讲课：40学时；实验：8学时）；学分：3.0学分；实践教学：1.0周；修读专业：环境设计。

（二）课程内容

1. 概论：概述；装饰材料的基本性质、选择原则、环保要求、发展过程；装饰材料与生态环境。

2. 木材：概述；木地板、装饰薄木、装饰人造板、其他装饰木质制品；木材及木材制品的构造特征。

3. 石材：概述；天然大理石、天然花岗岩、聚酯型人造石材、水泥型人造石材、其他装饰石材制品；石材及石材制品的构造特征。

4. 陶瓷：概述；釉面砖、墙面砖、陶瓷地砖、陶瓷锦砖、其他装饰陶瓷制品；陶瓷及陶瓷制品的构造特征。

5. 玻璃：概述；普通平板玻璃、安全玻璃、特种玻璃、其他装饰玻璃制品；玻璃及玻璃制品的构造特征。

6. 金属：概述；装饰钢板、装饰铜板、装饰铝合金板、装饰金属箔、其他装饰金属制品；金属及金属制品的构造特征。

7. 塑料：概述；塑料壁纸、塑料地板、塑料装饰板、其他装饰塑料制品；塑料及塑料制品的构造特征。

8. 涂料：概述；外墙涂料、内墙涂料、地面涂料、屋面涂料、特种涂料、漆类涂料。

9. 纤维织品：概述；装饰壁纸、装饰墙布、地毯、其他装饰纤维织品；纤维织品的构造特征。

10. 无机矿物制品：概述；纸面石膏板、装饰石膏板、装饰复合板、绝热吸声板、其他无机矿物制品；无机矿物制品的构造特征。

11. 辅助材料：概述；胶粘材料类、底层材料类、密封材料类、修补材料类、护理材料类、五金材料类。

12. 装饰材料与构造设计：概述；墙面装饰材料与构造设计、地面装饰材料与构造设计、顶棚装饰材料与构造设计、门窗装饰材料与构造设计、建筑装饰构件与构造设计。

（三）课程实验

1.材料主要物理参数测定；2.材料主要结构特征识别；3.材料主要质量指标检测；4.观看系列教学视频资料；5.材料、构造与空间创意。

（四）课程实习

1.装饰材料的市场调查；2.装饰材料与构造展示室的现场参观；3.装饰工程样板房材料构造实景观摩；4.景观工程铺装调查测绘与构造分析；5.照片记录分析成功案例和问题案例。

（五）考核方式及成绩评定

本课程属于考试课，考核方式由教师组织安排（闭卷或开卷）。结合已经完成的课堂教学平时成绩(如出勤、纪律、态度、表现）以及课外作业、实验报告、课程设计或研究论文，综合考核学生的成绩，然后供本课程总成绩评定作为参考。计分方式采取百分制，考试成绩占60%，其他占40%。

（六）推荐教材及参考文献

1.何平.装饰材料.南京：东南大学出版社，2002.

2.田原，杨冬丹.装饰材料设计与应用.北京：中国建筑工业出版社，2006.

3.汤留泉.现代装饰材料.北京：中国建材工业出版社，2008.

4.高祥生.装饰材料与构造.南京：南京师范大学出版社，2011.

二、课程阐述

本课程为适应设计院校培养应用型人才的特点，以应用为宗旨，强调针对性和实用性，改变了过去设计专业重设计理论、风格样式、轻材料构造，忽略工艺技术、施工工艺，理论与实际应用严重脱节的概念化、形式化的传统教学模式，让学生在学习中实践，在实践中应用，在应用中掌握，使之有一定的变通能力。

本课程是环境设计专业的一门重要专业基础课，基础性、知识性、综合性、实用性很强，起承上启下的桥梁作用。

本课程是一门研究关于装饰材料特性、构造特征及其应用设计的综合性科学，与生产实际密切相关，为装饰工程设计与施工、景观工程设计与施工、建筑工程设计与施工、家具设计与制造等专业方向服务，对于完善学生的基础知识，提高学生的专业技能，具有非常重要的作用。学习这门课程的目的，就是要在设计与材料之间架设一条沟通的桥梁，使得工程项目更顺利、更完善地从图纸变为成品。

本课程介绍各种装饰材料的发展过程、基础知识、原料、结构特征、特性、用途和品种，以及主要装饰材料的环境影响、质量标准、检验方法、储运知识、选择原则、细节设计和构造特征（即材料组合形式）。学习如何围绕设计主题，将材料表现与艺术想象融合成为一体，作为表达设计构思和设计理念的重要手段；学习如何结合时代的技术潜力进一步挖掘和发挥装饰材料的特性，探索装饰材料在不同加工工艺中所产生的新的艺术表现，从而创造出新颖的环境艺术形象。另外，学生必须理解材料与构造之间的密切关系，具备在设计中合理使用材料的能力，能够运用掌握的材料知识解决设计问题及实现设计创新。

本课程必须注意相关知识的串融，首先预修美学、人类学、历史学、材料学、构造学、市场学、经济学、设计学、造型设计基础、建筑识图与制图、计算机辅助设计、建筑设计基础、景观设计、室内设计、家具设计、装饰工程施工技术、景观施工设计与技术、工程概算与预算等，也可以同时进行教学，相互配合。

三、课程作业

**题目名称：在教师指导下，学生自选设计课题
设计内容：某项工程的材料、构造与空间创意**

（一）设计说明

选择某项典型装饰工程或景观工程实例（或其他课程设计作业）中的一个局部，充分运用所学材料知识、构造知识和施工图知识，完成某一分项工程（如某一建筑的外立面、某一客厅的主题墙、某一区域环境的地面铺装）的材质设计与构造分析。设计中应使用不同类型的材料，创作并制作出能用于实际工程中的材质肌理效果，充分展现材料所能传达的视觉美感，图片表达清晰，图面有表现力，构造措施正确。材料分析，主要包括材料的品种、规格、性能或特性，并且从设计的角度考虑不同材料之间的结合。构造分析，主要包括材料选择、构造节点、基本尺寸、细部处理、收口方法，并且从施工的角度考虑不同材料之间的结合。

（二）设计要求

首先，完成手绘效果图或电脑效果图表现、设计图纸（CAD）（平立剖图，或三视图，比例为1：5～1：50，A3图纸）与简短文字介绍；然后，做出设计方案文本（幻灯片，横向排版）。上交电子文档（PPT，刻光盘）（个人文件命名为：学号姓名）。

（三）各阶段目标和拟解决的关键问题

1. 理论研究，了解各种装饰材料特性，形成基本的理论认识框架，掌握基本的设计手段。

2. 调查分析，通过对设计题目设定的项目概况、施工现场和材料市场进行实地调研，在实际体会中发现问题、分析问题，进而结合所收集的文献资料探寻解决问题的可行方法，激发设计者潜在的分析解决问题的能动性。

3. 创意构思，在设计定位阶段形成总体思路，突出环境分析、空间分析、功能分析、材料分析对于设计创意的重要价值，使之深刻认识到，设计的过程是一个集结各方因素来实现使用和审美的功能，并且进行整合性构思的过程。

4. 材料组织，突出材料在空间限定与功能布局的相互促动，克服传统思路中功能要素对空间形态的规定性。

5. 设计作品的制作与深化，借助具体的材质表达与构造做法使设计思路进一步延伸，以此了解材料分析和构造分析的实际意义，从而整合设计与材料构造的内在关系。

6. 设计表达及评价与展示，将设计成果进行表达、分析、评价、总结，使设计各环节中的问题能得到完全解决。

教师评语：腾冲的地方性材料，充分运用所学材料知识，创作出能用于实际工程中的材质肌理效果，充分展现材料所能传达的视觉美感，突出环境分析、功能分析、材料分析对于设计创意的重要价值，从而整合设计与材料构造的内在关系。

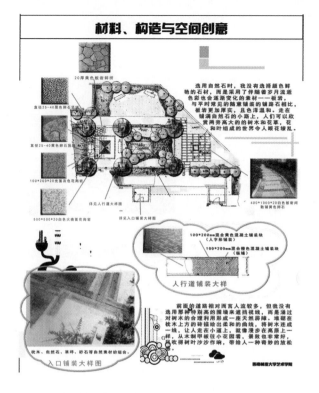

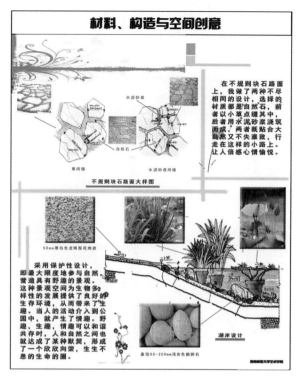

教师评语：本设计选择某景观工程中的局部区域，充分运用所学材料知识、构造知识和施工图知识，完成某一区域环境的地面铺装的材质设计与构造分析。设计中充分展现材料所能传达的视觉美感，图片表达清晰，图面有表现力，构造措施正确。

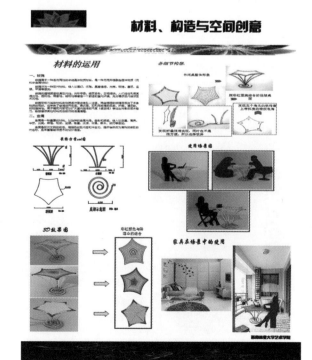

教师评语：彩虹休闲桌，选择某装饰工程中的一件家具，完成某一室内家具的材质设计与构造分析。设计中创作并制作出能用于实际工程中的材质肌理效果，充分展现材料所能传达的视觉美感，图片细部处理到位，突出材料在空间限定与功能布局的相互促动，克服传统思路中功能要素对空间形态的规定性。

材料、构造与空间创意

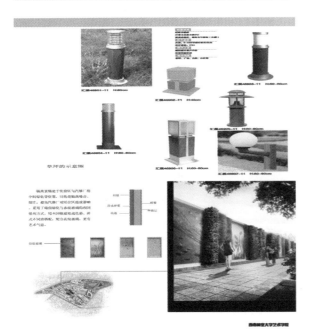

材料、构造与空间创意

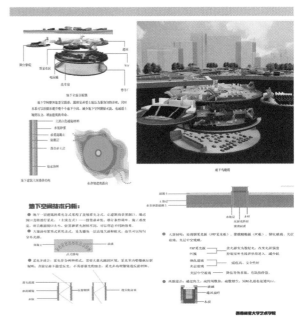

教师评语：本设计选择某城市景观工程中的局部区域，完成了城市公共设施的材质设计与构造分析。设计作品的制作与深化，借助具体的材质表达与构造做法使设计思路进一步延伸。

教师评语：材料在建筑中的运用，选择云南腾冲的地方性材料，了解各种装饰材料特性，形成基本的理论认识框架，掌握基本的材料设计手段，充分展现材料所能传达的视觉美感。

材料分析

藤编：

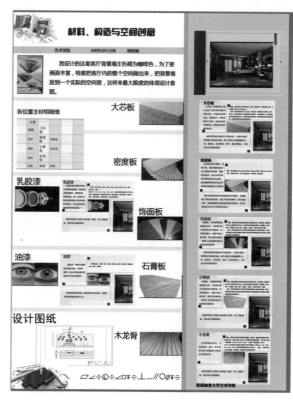

材料、构造与空间创意

教师评语： 藤编家具，完成了藤的材料分析和工艺展示，从设计的角度考虑不同材料之间的结合，激发了设计者潜在的分析、解决问题的能动性。

教师评语： 客厅背景墙，完成某一客厅的主题墙的材质设计与构造分析，突出环境分析、空间分析、功能分析、材料分析对于设计创意的重要价值。

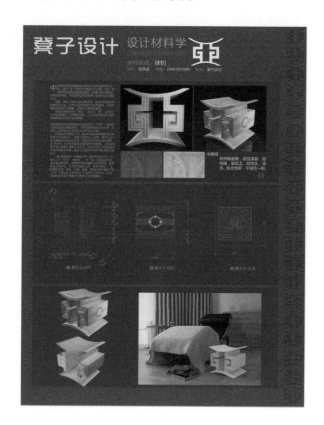

材料分析

火山石：

材料、构造与空间创意

教师评语： "回"形凳子，通过特殊的符号表现了一种精神风韵，只有简单的线条和"回"形图案，传统美学运用合理的材料与构造关系诠释了中国家具文化的内涵。

教师评语： 火山石，云南腾冲的地方性材料，充分展现了材料所能传达的视觉美感，并且从设计的角度考虑不同材料之间的结合，形成基本的材料认识框架。

课程名称：

乡村景观文化设计

浙江师范大学
美术学院

主讲教师：施俊天

施俊天：副教授，硕士生导师，浙江师范大学美术学院副院长，浙江师范大学农村景观文化研究所所长。
论文《乡村景观色彩营造的置换路径》获中国美术家协会优秀奖。三年来主持省部级课题 1 项，厅级科研项目 1 项，主持完成了新农村建设方面的横向课题共 20 多项，出版专著 1 本，发表论文 8 篇，获专利 6 项。

一、课程大纲

（一）课程概况

课程性质：环境设计工作室专业核心课程。开设学期及周学时分配：第 5 学期，共 5 周每周 18 学时。

适用专业及层次：环境设计专业本科。

相关课程：制图基础与测绘、建筑设计基础、中外园林史、园林植物应用等。

教材：自编教材《乡村景观文化设计》。

推荐参考书：陈威.景观新农村——乡村景观规划理论与方法.北京：中国电力出版社，2007；施俊天，徐华颖.乡土之美——新农村景观文化营造研究.沈阳：辽宁民族出版社，2010。

（二）课程目的及要求

本课程是环境设计专业的核心课程，要求学生通过学习乡村景观文化设计相关课程内容，学生能够掌握三个方面的能力：第一，挖掘地方文化内涵，提炼村落核心文化；第二，剖析传统文化景观，设计新的景观文化；第三，初步掌握乡村景观设计的方法，能够独立完成乡村景观文化设计的方案。

（三）课程内容

第一章 乡村建设与景观文化（引言）

第二章 乡村景观文化设计的理论建构（整体人文生态（NPH）：农村景观文化设计的核心理念）

第三章 乡村景观文化设计的自然人文资源（梳理与提炼）

第四章 乡村景观文化设计的方法路径（乡村元素的环境标识、环境色彩、应用纹样、景观文化设计）

第五章 乡村景观文化设计的评价体系（整体人文生态评价）

第六章 乡村景观文化设计方案（项目化学习）

第七章 设计方案点评

（四）教学重点与难点

第一，在项目理论基础方面——引入"项目学习，项目学习是一种以学习者为研究所的新型教学模式，在实践体验、内化吸收、探索创新方面要加强。

第二，在课程实践教学方面——在掌握景观文化设计领域相关技能的同时，培养学生实事求是的科学态度、百折不挠的工作作风、协作互助的团队精神，以及勇于开拓的创新意识。

第三，在实践项目学习方面——课程用实习生的方式，培养一批既有很强的动手能力，又有充实的理论素养的优秀生。

第四，在综合专业素养方面——以研究所为平台，整合教师、设计师、策划师、学生等资源力量，在艺术设计、汉语言文学等方面，充分利用其多学科交叉融合的优势，全面培养综合专业素养。

（五）主要教学方式

理论阐——深入阐述"整体人文生态设计景观体系"的乡村景观文化设计的理论来源与要点。

项目学习——课程引入实际项目，确定项目学习教学实践计划书，把项目学习草案与现实的实践相结合。

团队研讨——在课程设计实践的过程中，该建立起开放式的学习环境，让学生主动发现问题，并通过团队的力量分析问题、解决问题，学会团队合作。

（六）典型作业练习

1. 乡村自然人文资源的调研与梳理。
2. 乡村核心文化的提炼。
3. 乡村景观文化设计的转化。
4. 乡村项目化学习的实践训练。

（七）课程考核方式

调研报告、设计草图方案、景观文化设计方案等。

本课程考试评分方法采用"过程性评价"且由教研室集体评分的形式进行，过程作业占总成绩 80%；最终排版作业成绩占总成绩 20%。

二、课程阐述

《乡村景观文化设计》课程紧密结合专业特点与优势，以"项目学习（Project-based Learnning，简称 PBL）"理论引领教学改革，让学生通过实际项目，基于课堂，走出课堂，走进社会，实现从"艺术型"人才培养模式到"市场型"人才培养模式的转型，让学生学以致用，用以促学，学用一体。

课程任务是通过一定量的专业训练和实践环节，使学生认识乡村景观文化设计的内容和基本方法，重在使学生能够掌握正确的学习方法和创造性的思维方法。在专业知识方面，以测绘、参观、环境认知等实践环节为主；在专业技能方面，以各种徒手草图为主，以计算机辅助设计为辅。

为了有序地组织项目学习，实现预期的目标和教育效果，启动以下几个阶段工作程序：

第一，成立课程实践教学的项目学习实践教学课题组，做好教学实践活动计划草案，接受学校与学院相关部门的指导和监督，能够很好地保证课程实践教学项目有力有序地开展。

第二，项目负责人最终确定项目学习教学实践计划书，把项目学习草案与现实的实践相结合，最终在实践项目中予以实施。

第三，乡土文化资源挖掘与保护，开展乡村村志的编写、民间曲艺故事收集与整理、民间技艺的传承、民间节庆的继承与弘扬、民间文化景观的修复与保护，重在打造地方特色品牌，传承乡土文化的精髓。

第四，开展乡土文化提炼与设计、乡村环境绿化系统设计、乡村视觉识别系统设计、乡村公共设施系统设计、乡村特色景观文化设计，对乡村景观文化进行视觉形象改造，提炼设计景观主题文化，营造整体生态人文景观系统的乡村景观文化设计实践。

第五，课程实践项目学习的学生，按照课程实践项目学习实践计划书，因人而宜确定项目学习方案，并投入实施。

第六，在课程实践教学过程中以及学习结束后进行教学评价。按艺术设计专业工作岗位所要求的知识、技能、素质分析表，确定项目学习教学模块，并列出每个教学模块明确的教学要求、参考资料，按教师讲授演示—学生练习—教师点评，个别辅导—学生自我评价—最后由学生面向专业教师的答辩，注重在教学过程进行项目学习评价。

三、课程作业

作业一：乡村公共家具设计——概念性方案

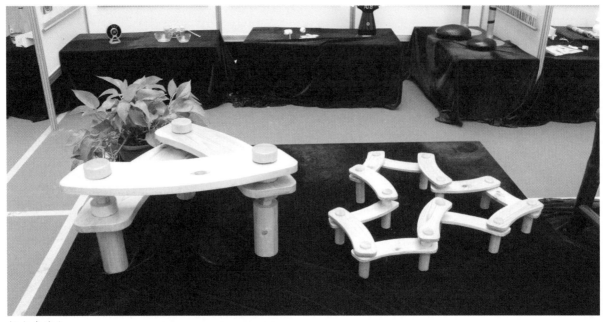

板龙乡谈1

板龙乡谈2

玉竹凉韵

教师点评：

在乡村原有公共设施的基础上去探求一种新的公共组合家具，能够应需新的生活媒介。继承了江南乡村中"板凳龙"的传统文化元素，采用板凳龙的穿插转轴结构，易安装易拆卸，能够灵活适应不同环境。

教师点评：

该案采用乡村最为常见的竹材，引导人们回归一种宁静、惬意、温馨的生活方式。对江南乡村中竹筏、屋檐的意象形态中提取基本形，结构巧妙，表现出竹制家具轻盈向上的特点。

作业二：乡村景观文化规划设计——项目方案

蒲塘清塘烟雨长廊效果图1

蒲塘村标识

蒲塘村入口牌坊效果图2

教师点评：

蒲塘村的形象标识抓住了村落的水口特征，结合村落中的文昌阁等传统建筑外观，以文昌阁、朝霞、老樟树、人物和清水塘为构成元素，村落特征突出，整体形象古朴而不失灵动。

蒲塘"逸圃听莺"入口效果图3

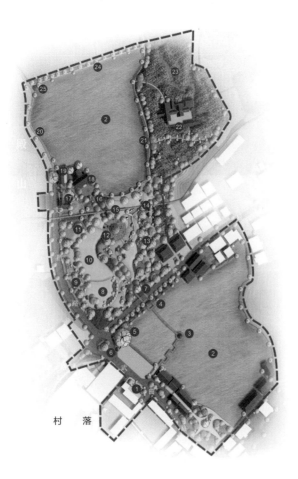

1	绿道驿站	14	虹渠飞渡
2	清塘烟雨	15	休闲廊架
3	和风亭	16	杰阁朝霞
4	清塘烟雨(廊)	17	生态厕所
5	浣洗码头	18	文昌阁
6	入口牌坊	19	双泉茶室
7	逸圃听莺	20	蒲洪古道
8	花架	21	杨柳岸
9	五经拳展示空间	22	叠翠园
10	阳光草坪	23	竹坞叠翠
11	梅花桩	24	长堤望月
12	文经武纬演艺场	25	燕尔亭
13	文化漫道		

逸圃景观文化园经济技术指标	
土地利用名称	面 积
总规划用地	72660 m²
逸圃听莺园景观区	15020 m²
上清塘景观区	20260 m²
下清塘景观	15210 m²
竹坞叠翠景观区	10750 m²
村口绿道驿站景观区	3970 m²
文昌路武曲路景观线	2770 m²

村 落

蒲塘村"逸圃听莺"景观文化园平面图

教师点评:

景观文化园的规划设计以古村落的水口园林作为设计依据,利用"文经武纬"中的经纬表达村落中"文昌武曲"的文化内容,整体规划能够恢复古村风貌、展示古村文化、提供村民及游人的休闲游憩等功能,空间形态多样,展示内容丰富。

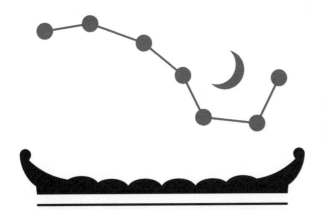

SIPING GUCUN

寺平标识

寺平古村实景1

教师点评：

用"寺平古村"四个字作为村标的构成元素进行设计，组成具有寺平建筑风格的形态，结合寺平砖雕的特色，充分体现寺平古村的文化内涵。考虑到寺平古村的青灰色调，整体形象的的色彩设计上使用了灰色和醒目的中国红。

寺平古村实景2

教师点评：

"探究古民居的人文内涵，建构符合现代生活的空间结构"是新农村建设的本原要求。寺平古村以"七星伴月"为核心理念来规划全村建筑，该方案在对古村景观文化进行规划时充分尊重了村落固有的传统文化内涵，通过对村落主要入口、标识系统以及整体景点结构的梳理与规划，创造出了一个既合乎科学又富有情趣的生活居住空间。

寺平主要景点结构

课程名称：

此地，
由场地出发

中国美术学院
建筑艺术学院

主讲教师：徐大路

徐大路：2005 年毕业于河北工业大学，获学士学位。
2005~2007 年任教于河北农业大学艺术学院。2010 年毕
业于中国美术学院建筑艺术学院，获硕士学位。2012 年
至今任教于中国美术学院建筑艺术学院环艺系。

一、课程大纲

　　二年级的第一个设计课，在课题设置上，旨在通过
训练，读解建筑与场地的互文特征。即建筑因场地而发
生，确认了自身场地，一定意义上，建筑照亮了场地。

　　学生以个人为单位，在特定场地背景下，开始接触、
理解建筑学中的若干基本问题：形式、空间与建造。由
于设计的动机开始于观测场地，故这个课程可以称为"此
地，由场地出发"。

　　设计任务：在中国美术学院象山校园内选择基地，
为某艺术家设计一个工作室。要求有居住、会客、工作
三种功能，包含一个院落，七个以上的房间。基地面积
1500m² 以内，建筑面积 500m² 以内。要求提取、归纳
场地特征，做出分析并使建筑与场地特征相匹配，并力
求使建筑与场地形成积极的互动。转化先在事实，使建
筑与场地一道成为新的地景。最终成果的评价也以此为
标准。

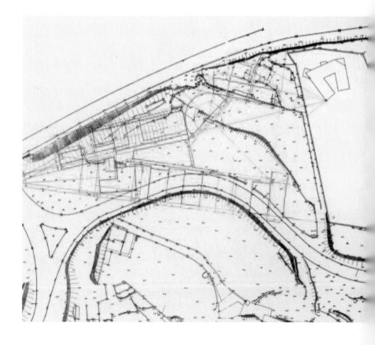

二、课程阐述

教学计划中原课程称"独立式住宅设计"，七周时间。教学实践中结合后续"庭园与亭榭"课，一道整合成为内容上有内在关联的课程序列。设计任务也有所调整：设想房屋主人的身份为某一类艺术家，房屋功能上要求除居住空间外，应同时包括艺术工作室、展厅等空间，另应包含周遭的外部空间，或可称为庭园。这样，环艺专业的第一个正式设计就在"居住－公共－庭园"三个层面构成了一个微观的世界：设计训练从一开始就应当是完整的。课程分为两个阶段。

第一阶段："此地：由场地出发"

以场地作为设计的起点，"看"在这里成为一种特别的方法，意味着主观与客观的合一。场地的潜在走向很可能已经寓于第一瞥。通过标记、草图、速写、文字描述等方法记录场地的先在因素，在此基础上完成第一轮方案草图。这些草图应当回应场地记录中所摄取的诸多场地因素。通过课堂上反复的讨论与不断的图纸、模型实验，在7周时间内完成第一阶段成果并评图。

在这一阶段主要的训练是辨认、发现、裁取、读解场地的先在物，理解场地设计是针对以上先在事实的转化。以场地为线索关注建筑学基本问题，培养形式观念，体会几何抽象的意义。

第二阶段："七间房：内与外的装置"

将空间视作从内部到外部的一个连续整体，那么建筑仅是沟通内与外的器具，或者说是解释内部与外部的装置。如一道光线照射进入岩洞，内部世界与外部世界的意义因此显现。依然是同一个场地，在这一阶段引导学生将重心转移至空间本身，一方面深化内部空间，另一方面塑造庭园。从空间氛围上构想建筑内部的七个房间。这七个房间应当建立起内部世界与外部世界的特殊关联。共7周时间完成技术图纸、表现图与模型。

在14周的课程中，对场地的理解将逐步深化：从形态层面的应对上升到氛围层面的匹配，并力图达到意义层面的超越。建筑与场地、内部与外部、学生与教师，必在紧张的思考与操作中反复打交道。在可能迷失方向的时候，Alvaro Siza 与 Mies Van Der Rohe 的两张草图总是带给学生，也带给我新启发。

三、课程作业

学生：薛坤洋
作品：雕塑家住宅

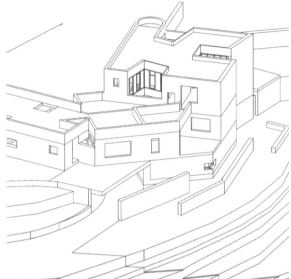

教师评语："雕塑家住宅"位于校园中"象山"的半山坡，方案构思除留意到场地的高差、朝向、植被、现存建筑之外，尤其关注了山势。设计对策是将建筑体量理解为三块在空间中旋转的石块，分别与现存建筑、大树、台地产生对位，并且表现出较为成熟的形式、空间处理能力。

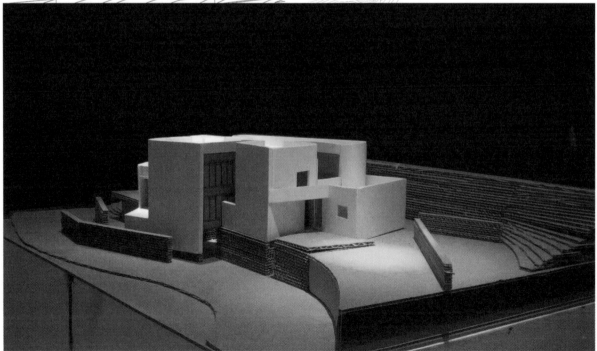

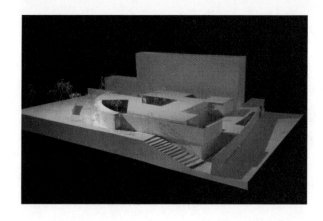

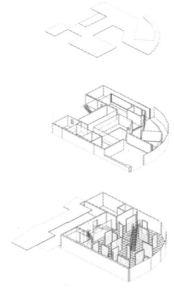

学生：吴冰
作品：摄影家住宅

教师评语："摄影家住宅"位于学校图书馆旁林地中，林中多树，并现有一块校史纪念碑。方案面临这样一个略带纪念性的场所采取了谦逊的态度，以低平之势在水平面铺开，采取内向型的空间，而在建筑内部开出若干院落，于院中保留场地中的大树。对校史纪念碑的处理是方案中的难点，该方案以白色弧形混凝土墙形成纪念碑的空白背景，果断而含蓄。

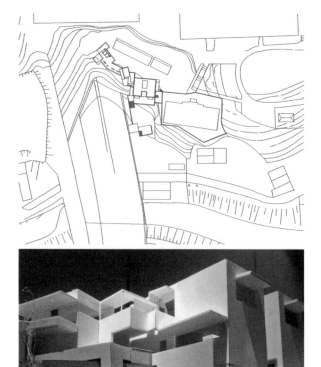

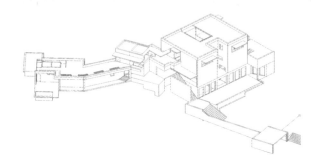

学生：杨帆
作品：油画家住宅

教师评语："油画家住宅"位于地形较为复杂的台地上。
方案以肃穆、严谨的主体体量控制住场地，而附属体量
则随地形蜿蜒，内在的几何性与场地的适应性互得其宜。
所谓从场地出发，其要点并非是一味被场地牵制，而是
以确定的主体意识与场地进行对话。内部空间处理充分
注意到了不同房间的差异，张弛有法。

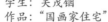

学生：关茂铟
作品："国画家住宅"

教师评语：场地面临学校西围墙，是空间的尽端，方案的基本类型是一个三合院，妥善回应了这一特征，使得公共空间在此回转，动线至此分流。在此确定结构下，对于场地中现存民房、高差、堡坎、公路、植被等现在条件作出微妙应对。以的形态的叠加、偏转，视线的屏挡与开放，体量的错层等方式较为利落地解决了问题。

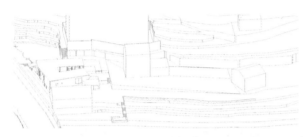

课程名称：

建构与建造之摹假山

中国美术学院
建筑艺术学院
环艺系

主讲教师：周俭

周俭：中国美术学院建筑艺术学院环艺系讲师。

一、课程大纲

当代中国建筑设计教育领域一方面受到西方建筑中丰富的形式语言的影响，但缺少对产生这些形式语言的时代背景的深入理解，简单地复制拷贝和图解符号，拼凑在一起。另一方面，缺少中国自身传统的形式语言的研究与现当代转化。

同时，迅速发展的计算机技术带来建筑设计的革命，图片和多媒体成为设计手段和策略。这种电子媒介视觉形象的生产、传播导致当今信息消费时代的建筑审美视觉化。设计教学疏于对形式意义以及形象的历史形成与转化的研究，越来越倾向于单一的图面表达过程；设计与最终建造的日益分离，设计探寻建造意义的过程一再被削弱。

因此，针对目前设计教学的现实状况，我们的设计教学必须站在一个批判性的立场上，《建构与建造》课的教学必须回归到形式起源与本质，以及建造本质，反对仅仅从表面形式上来看待形式，提倡材料、构造和结构方式、建造的过程成为建筑设计和表现的主题，成为建筑审美的价值取向。通过实际建造工作，以及梳理建造对象的形式形成的历史和演变过程，丰富学生的知识结构和历史维度，进一步拓展建筑设计研究的视野和深度。在建造课程中引入形式设计理论和建构理论，目的是重新认识建筑的核心是什么，这可以使我们更加明确教学的目标和教学体系要培养的人才。

二、课程阐述

2013年度课程包含以下四部分要点：

· 传统假山的形式类型分析与研究。
· 摹假山与场地的关系。
· 建立假山空间与身体的关系。
· 实验砌筑材料结构和建造的可能性。

三、课程作业

留园冠云峰

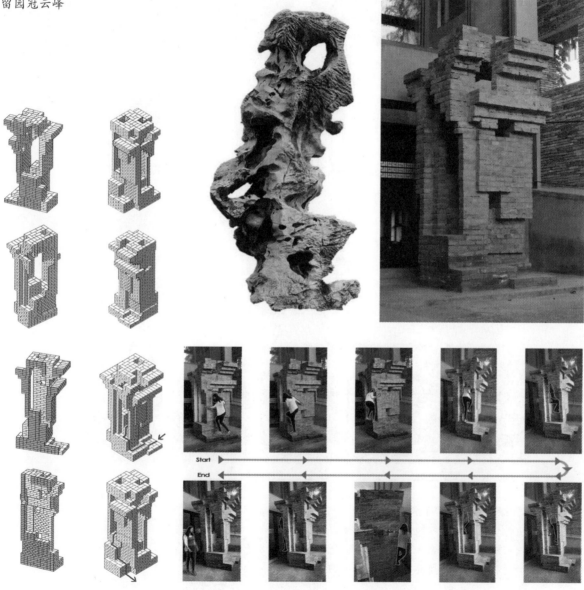

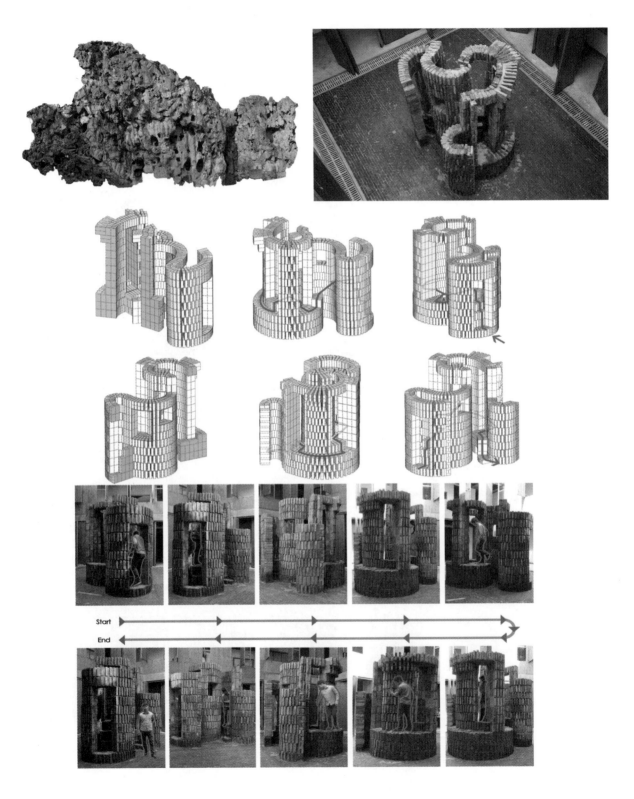

Start

End

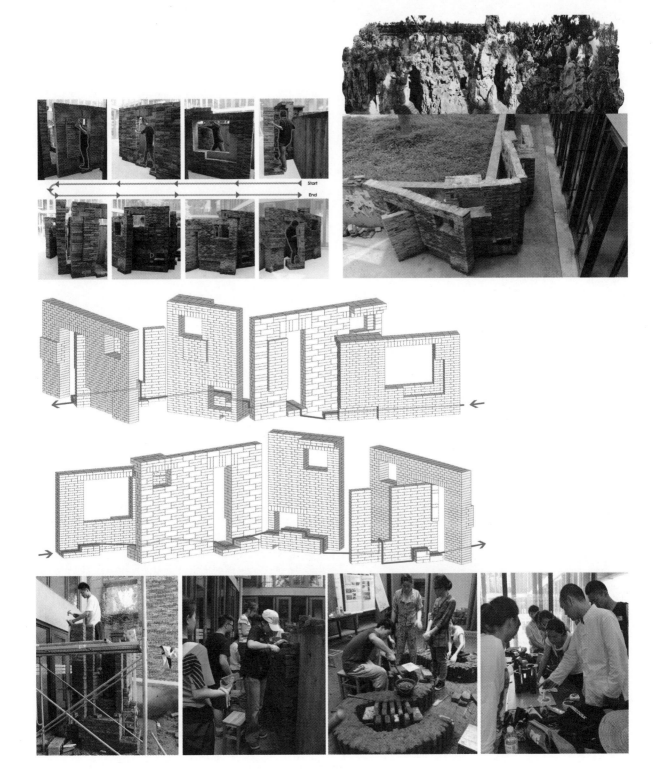

Start
End

课程名称：

人居景观规划

中南民族大学
美术学院环境设计系

主讲教师：彭阳陵、赵衡宇

彭阳陵：湖北武汉中南民族大学美术学院环境设计系主任、副教授、硕导。环境设计研究所所长，研究景观规划设计。

赵衡宇：湖北武汉中南民族大学美术学院环境设计系副教授、博士、硕导。研究人居创新理论与实践。

一、课程大纲

（一）课程基本信息

  课程编号：203003020313
  中文名称：人居景观规划
  英文名称：Habitat landscape design
  适用专业：环境设计
  课程类别：专业必修课
  开课时间：第7学期
  总学时： 64学时
  总学分3学分

（二）课程简介

  本课程是民族院校环境设计专业中环境景观设计方向重要的专业基础必修课。通过本课程的学习，使学生掌握人居景观设计的基础知识和设计方法的基本能力。

（三）相关课程的衔接

  预修课程（编号）：景观设计基础(00421110)

（四）教学的目的、要求与方法

  1.教学目的

  介绍人居景观规划的基本概念；景观规划与相关学科的关系。让学生了解人居景观规划的流程与基本的设计步骤。掌握景观设计方法，熟练运用艺术和技术手段进行分析、研究和实施设计。

  2.教学要求

  本课程通过原理讲授、课程设计作业及相应的其他教学环节，使学生了解正确的观点和方法，培养景观规划的基本能力。

  （1）方案设计能力：包括能够根据设计要求，结合环境特点，正确地进行场地规划、外部空间的组织等各项工作。

  （2）设计表达能力：能够徒手绘制方案草图，能制作工作与研究模型，能利用计算机进行辅助设计及表现。

  （3）研究能力：初步具备以下各个方面的能力——调研能力，正确提出景观设计任务书的能力；生态分析与评估的能力；分析鉴赏与评价的能力。

（4）创新能力：培养学生树立人居景观概念，并逐（步养成深入分析研究具体问题并提出创造性解决方案的能力。

（三）教学方法

通过理论传授、影像多媒体辅助教学、作品实例讲解等手段，引导学生对人居历史聚落与现代住区景观设计的基本关系体系有全面的认识和了解，并通过由浅入深的研究分析，使学生的创造性思维得以开发。

二、课程阐述

课程课题案例：

城市因水而兴。河流水系是人居聚落生命的命脉，是景观生态与聚落文化的基础。在历史中积淀了悠久的历史人居传统。然而，城市化过程中的污染、征地等现象不断侵蚀了传统的河流居住聚落机理，历史环境遭到极大破坏，依附着河流聚落起来的居民已经无法利用到河流带来的优势。

本次选题要求学生以某历史人居片区及其所依托的原有的河流聚落机理进行分析，积极发掘流失的环境要素特征，对城市这一居住文化母体进行保护性设计，如废弃的堤坝进行恢复利用，遵循生态学基本规律再次设计。加强城市新居与河流的整合设计，优化空间组织安排，增强空间延续性。保留历史文化的延续，营造一个有历史文化气息的人居片区，以再造手段恢复当地民风民俗，以景观为载体，规划为手段来充分体现文化特色和老城区丰富的历史文化。

三、课程作业

（一）作业要求

根据任课老师提供的某历史人居区地形图纸，现场分析测绘，确定设计主题，要求学生创立规划主题进行构思，按景观规划的方法完成相关景观设计分析。

（二）课程考核

以平时草图成绩（30%）和最后设计作业成绩（70%）的综合分作为总评成绩。

主要街、堤、桥概念分析
Main street, dam, bridge concept analysis

281

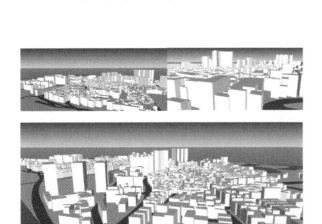

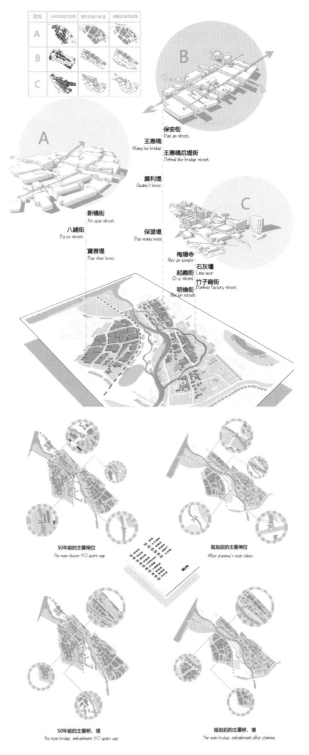

保安街
Bao an street

王惠桥
Wang hui bridge

王惠桥后堤街
Behind the bridge street

广利堤
Guang li levee

新桥街
Xin qiao street

八铺街
Ba pu street

保望堤
Bao wang levee

宝善堤
Bao shan levee

梅隐寺
Mei yin temple

石灰堰
Lime weir

起义街
Qi yi street

竹子塥街
Bamboo factory street

明伦街
Ming lun street

50年前的主要闸位
The main sluices 50 years ago

规划后的主要闸位
After planning's main sluices

50年前的主要桥、堤
The main bridge, embankments 50 years ago

规划后的主要桥、堤
The main bridge, embankment after planning

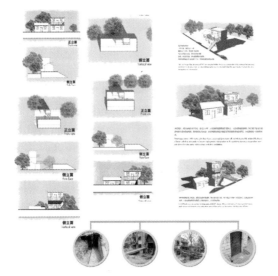

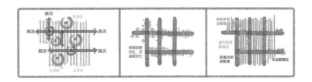

教师评语：

对于武昌南城这个历史片区，课程的内容希望学生在对这个区域的学习考察过程中，从惯常的建筑景观的局部转变为去思考城市景观这个整体，这个城市区域既有建筑要素，又有景观要素，既有社会变迁的现状，又有空间延续的问题。但是河流等自然景观的历史渊源是学生们必须尊重和学习的。

地形、地貌以及建筑群落、居住肌理的关系是这个课程作业中非常重要的主题，同时，注重自然要素与建筑人文要素的相互关系，也是在历史关系的考察中得到强化的概念，因此，这个作业需要学生对城市空间、自然景观等多种要素进行分析。

从作业完成的情况来看，同学们对其中很多的城市景观形成的形态特质进行了把握，具体的景观特色进行了深入的呈现，如堤坝与建筑、街巷历史延续、街道轴线的发展等，其中尤其对堤坝、街巷的生长关系的阐释表现的比较充分，值得肯定。但是具体建筑与景观关系表达的手段与语汇还嫌单一，表达方式还有待提高。

區位分析

HU BEI　　**WU HAN**

拾忆·南城

The southern basin inhabited area design

武昌南城巡司河流域歷史人居片區概念性規劃

建筑　　路网　　功能

建筑年限　　绿化　　高度

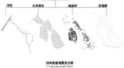

课程名称：

居住空间分析

中南民族大学
美术学院环境设计系

主讲教师：赵衡宇、彭阳陵

赵衡宇：湖北武汉中南民族大学美术学院环境设计系副教授、博士、硕导。研究人居创新理论与实践。

彭阳陵：湖北武汉中南民族大学美术学院环境设计系主任、副教授、硕导。环境设计研究所所长，研究景观规划设计。

一、课程大纲

（一）课程基本信息

课程编号：00422440
中文名称：居住空间分析
英文名称：Habitat Enviroment Analysis
适用专业：艺术设计专业（环境艺术方向）
课程类别：专业选修
开课时间：第 7 学期
总学时： 60 学时
总学分： 3.5 学分

（二）课程简介

居住空间课程的目标是挖掘人居环境的意义，如经济、社会、文化、技术美学与空间设计的关系等问题。通过本课程的讲授，可使学生针对多种居住空间类型与现象进行学习思考，培养居住空间分析、设计的综合能力。

（三）相关课程的衔接

预修课程：建筑设计基础、景观概论、园林设计

（四）教学的目的、要求与方法

1. 教学目的

通过本课程的学习，使学生了解对已有的居住建筑、景观与城市区域进行分析思考、重新设计与利用的意义，既对历史居住形态进行学习，也对现有环境的适应性关注。课程研究的目的就是通过"居住"这一主题对建筑与城市、历史与现实、文化与技术等多个角度，来探索可持续发展的设计思路。在了解建筑构造、形态、使用功能、美学价值、历史价值的同时探索当代人居环境的发展现状与趋势。

2. 教学要求

培养学生对居住建筑设计方面的认识，了解历史上人居景观的发展历程和各个时期的主要特点，掌握空间分析的主要手段，激发创造性思维。

3. 教学方法

借助多媒体教学手段，列举大量案例考察，丰富课堂教学手段，结合考察测绘分析为主。

（五）教学内容及学时分配

第一章 居住空间的概念与意义 （12 学时）

教学目的：

　　介绍居住建筑的历史发展，让学生了解课程的大致思路，课程的设置，认识到这门课程的意义所在。

教学方法：

　　讲述案例为主，理论为辅，全方位多角度的阐述这一课题的理论概念与现实应用范畴。

理论讲解内容：

　　1.1 居住空间的定义（聚落、人居、居住、住区）

　　1.2 人居景观生命周期评估

　　1.3 居住空间的功能与形式

教学重点和难点：

　　如何确立居住概念的内涵与外延

第二章　居住空间的发展概况（12学时）

教学目的：

　　从历史的角度梳理每个时代居住形态的意义和成果，构建居住空间的时间和空间意识，更加全面的了解各个时期的特点。

教学方法：

　　讲述案例为主，理论为辅。

理论讲解内容：

　　2.1 国外案例

　　2.2 国内的案例

　　2.3 当代人居概念

　　2.4 设计大师的居住空间策略

教学重点和难点：了解国内近代以来各个时期的代表性居住空间实例

第三章　实例分析（12学时）

教学目的：

　　以现实经典设计案例为例，让学生全面地了解设计手法。

理论讲解内容：

　　3.1 经典案例分析

　　3.2 可吸取的经验教训

教学重点和难点：结合实际，景观方案深入解读。

第四章　改造手法及途径

　　　　（其中理论讲授16学时，实验8学时）

通过实际项目的操作，使学生能过将所学的知识融会贯通的运用起来。

教学方法：

　　项目的分阶段交流，逐步深入方案。

理论讲解内容：

　　4.1 居住建筑与外部环境

　　4.1.1 重视环境的整

　　4.1.2 注重环境文脉

　　4.1.3 注重居住建筑个性的创造

　　4.2 居住区的概念

　　4.2.1 住区相关物理概念

　　4.2.2 形态设计原则

　　4.2.3 居住空间设计手法

　　4.2.4 功能与形式

　　4.3 文化可持续发展的视角

　　4.3.1 文化景观的概念

　　4.3.2 旧景观的延续与应用

　　4.3.3 社会影响评级

实验项目：

　　武汉某老住区老住宅楼的分析与概念性改造。

分析要求：

　　1. 环境：按照适当的比例制作模型，以建筑为主题，附带周边的景观环境。

　　2. 目标：合理分析空间及其文化内涵。

　　3. 形式：以3~4人小组形式分工合作完成项目设计；

　　4. 成果：

　　a. 草图分析（由各小组成员独立完成）

　　b. 模型（以明确分工的合作式方式进行）：概念模型或成果模型，比例不限；

　　c. 设计图板（由各小组成员独立完成）：图板尺度1.2m×0.6m，包括：设计策划说明，平面布置图，主要室内立面图、建筑外立面、空间展示效果图等设计内容。

教学要点：

　　1. 建筑本身结构与使用状态；

　　2. 室内改造装修的要求；

　　3. 室外周边环境的要求；

　　4. 合理的安排展板内容。

　　教学重点和难点：在以前模型制作课程的基础上，利用实验室工具制作出能反映表达意图的建筑模型，模型制作比例适当，空间体量感强，改造合理，功能设施齐全，周边环境安排合理。

教材及主要参考资料

　　[1] 胡仁禄，周燕珉等．居住建筑设计原理．北京：中国建筑工业出版社，2011.

　　[2] 赵衡宇，陈琦．城市住区环境景观设计教程．北京：化学工业出版社，2010.

二、课程阐述

居住空间课程的目标是挖掘人居环境的意义，如经济、社会、文化、技术和美学指标评价等问题。通过本课程的讲授，可使学生针对多种普遍的居住建筑景观进行学习思考，培养居住空间分析、设计的综合能力。

课程课题案例1：

老城区是一部浓缩的历史，作为城市人居发展的历史见证，它既保存了不同历史时期城市的布局和建筑风格，又具有浓郁的地域特色，最能反映民族文化的脉络和发展印迹。纵观国内外城市发展，深厚的历史文化积淀和人文底蕴，是这一城区区别于其他城区的"根"和"脉"，也是发展旅游产业最为得天独厚的优势资源。现实中，老城区内的住户过度拥挤，居住条件的改善导致分流住户，大量外迁居民使其变成一个专供旅游的游玩景点，留下一个精神上的"空城"。严重破坏了老城区的原有生活意象，造成老城区价值的弱化和退化。

我们的课程研究对象是武汉市武昌县华林地区，这是一个具有历史文化价值的老城区，学生们首先需要了解老城区居住空间的样态，了解居住空间的构成与文化构成之间深层的关系，需要在逐步测绘、调研、分析中来进行课程讨论，教师需要引导学生的"问题"的产生与考察"兴趣"的产生，摒弃一些人云亦云书本化的观点，在现实中发现居住空间这一复杂对象更多的真实性。发掘"生活"之于物质景观的意义。在调研分析过程中鼓励对各种表达手段的学习与创新。

课程课题案例2：

在高速发展的城市化进程中，改造都市里的村庄——"城中村"已经成为地方政府、社会各界关注的一个重要话题与共识。中国大部分城市自上而下的城市更新模式目前仍然以推倒拆除的重建方式进行，在这里我们希望学生在城中村发展中，观察到人居环境空间的多样性，例如对于一个人居环境的评价应该给予更多的思考。

我们的研究对象是位于武汉市洪山区中南民族大学的后街——政院新村。通过对其区位、人口构成、活动规律、商业形态、分布情况、人群消费需求等方面的详细调查与分析，总结与归纳出其背后隐藏的一些问题和规律。学生们在此设计中的侧重点是去发现"城中村"居住空间存在的意义，去挖掘它的特色。同学们逐渐发现：它并非大家印象中的"破旧""脏乱"，而是在一条条的小巷背后隐藏着鲜活的生命力。

正因为如此，随着学习、观察与研究的深入。对"城中村"的概念理解逐步已由物质空间表象深入到了社会经济内涵：由问题主导走向了多维全面的认识探讨。强调跨学科视角和多理论层面的综合；并从微观走向宏观，跳出就"形态美"论"居住空间"的思维局限。将"城中村"现象置于中国城市化进程、社会经济体制改革转型、城市空间结构演变和城市空间的多元化需求等方面，以求综合理解其内涵。

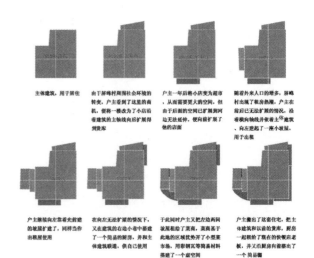

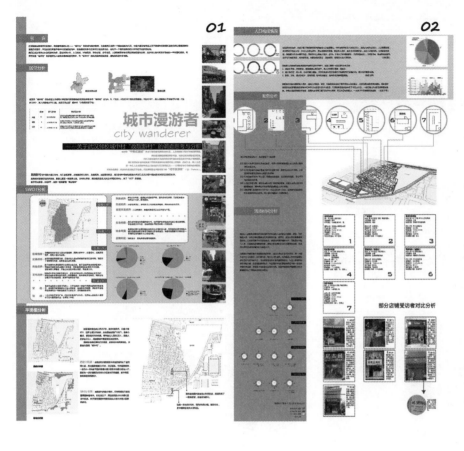

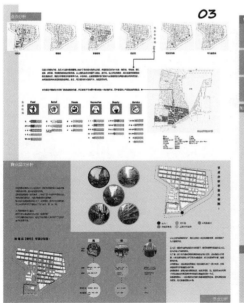

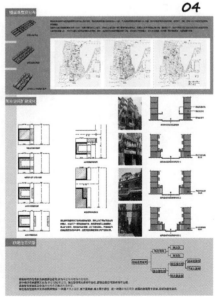

教师评语:

政院小区是一个邻校城中村,学生对这里很熟悉,课外吃饭、逛街,是他们校外具有城市生活意义的场所。学生们在这个课程学习过程中表现出了较为细腻的观察,对于一个平时经常光顾的地方拿到课堂上来讨论,大家都很有兴趣,也很快找到了自己考察的切入点,如大学生居住消费行为的特征以及空间的特征,在老师的指导下,他们注意到了需要用图解量化的手段去表现环境艺术设计专业综合性的分析特色,并且很细致耐心地到现场去观察。

与政院小区一样,五联新村也是一个发展成熟的城中村。空间利用紧凑,消费业态齐全,同时住着大量外来人口,这个作业的学生组在空间的分析上投入了很大的热情与精力,通过细致的再现这类细致入微的居住空间,把这张居住生活景观的图景通过各种空间图示与图表绘制表示了出来。俨然是一副细致入微的人居白描。在这样的学习观察过程中,学生更能理解专业和生活之间的关联。这是以往抽象的课堂教学是无论如何也取代不了的。

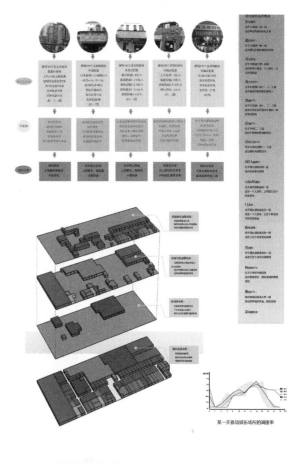

调研分析：场区比较

根据屏峰村的建筑，居住人口，建造时间，等因素将屏峰村分为三大区块，由屏峰老区，新区，工厂及学校构成，对三个区块进行比较……

Village in city 屏峰村商业空间研究与探讨

调研分析：现状分析

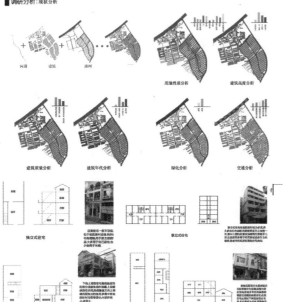

区位分析　LOCATION ANALYSIS　01

三义村历史

教师评语：

对昙华林街区老武昌六棉厂这个老职工住宅的考察，是课程指定的考察对象，对于这一类老旧、低物质水平的老住宅楼，通常不会引起观看者的兴趣，但是这一居住空间恰恰是需要认识、理解的，因此，需要引导学生对其观察，还要加强相关理论的启发与学习。首先，居住空间的特色需要学生去理解，他们首先会觉得这个房子外形通过历史的原因形成的趣味性，进一步，教师需要引导的是："为什么会形成这样的奇特外观"，"如何看待"，这就需要推动学生进行思考与现场分析。

学生们通过开放式的讨论与现场分析能够获得一个更为开放的学习与思考环境。居住空间的历史主体内容可以在实践中得到对照学习，细致的观察与调研让学生们对外貌平常的老住宅内在的丰富性进行了比较全面的认知，并注意到人与居住空间永恒的生态关系。尽管学生在图示表达中没有提出某些主题"概念"，但是作为实质性的居住空间的"真相"更让他们重视，这对学习过程中的他们更加重要。

建筑立面 — BUILDING FACADE — 04

生活万景 — LIFE VIENTIANE — 26

生活万景 — LIFE VIENTIANE — 27

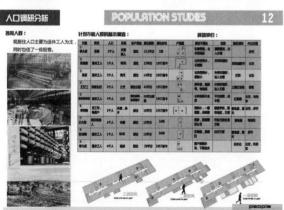

人口调研分析 — POPULATION STUDIES — 12

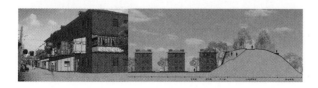

课程名称：

餐饮空间设计

主讲教师：邱晓葵

邱晓葵：现任中央美术学院建筑学院第六工作室主任，教授，2005 年创建美院专属的室内设计专业教学体系。长期从事一线设计教学，具有显著的教学特色。曾主编高等院校环境艺术设计专业指导教材《室内项目设计（公共类）》；主编全国高等美术院校建筑与环境艺术设计专业规划教材《建筑装饰材料 从物质到精神的蜕变》；主编"由案例入手"系列《居住空间设计营造》、《专卖店空间设计营造》、《餐饮空间设计营造》等书籍。

一、课程大纲

（一）授课对象

中央美术学院建筑学院室内设计专业本科四年级（五年制）的学生。在学习本课程之前，学生应具有室内设计的基本知识。

（二）课程性质

该课程为室内设计专业学生开设的一门专业必修课，总学时 64 课时（每周两个半天教学，共 8 周）。

（三）教学目的

通过学习本课程让学生掌握餐饮空间室内设计的基本原理和方法，引导学生站在投资者、经营者、消费者和设计者多重角度去思考餐饮空间设计问题，不仅要有很强的设计表达能力，而且对室内使用功能组织、主题体现、行业特征要有较强的理解和表达。通过创作风格迥异又饱含文化特征的餐饮空间，目的培养学生创造性设计思维的能力。

（四）教学内容

讲授餐饮环境相关内容、布置课题要求。通过课堂讲授、方案辅导、方案讲评等教学方法来贯穿整个教学过程。通过让学生对餐厅周边环境的调研，了解消费人群的构成，深入分析客层的特征，针对所得、职业属性、年龄层、消费意识等因素来设定消费对象，进而根据其生活形态的特征，去设计他们所需求的空间环境。

（五）教材及参考书

邱晓葵．"由案例入手系列"餐饮空间设计营造．北京：中国电力出版社，2012．

二、课程阐述

（一）寻找选题

课题要求围绕一个主题进行设计，挖掘新型的餐饮模式和体现不同的文化特征，并对课题进行充分地市场调研，搜集相关设计资料，进行设计构思和方案的比较。一方面，对选址周边环境进行分析和调研，了解消费人群的构成；另一方面，希望学生能结合当前的一些社会热点，从自己的视角、生活体验出发去寻找概念来源。如某组学生基于对当下食品卫生安全问题的思考提出了"城市菜园式餐厅"的设计概念，通过无土栽培和垂直绿化的手段解决蔬菜的种植和供应，使顾客吃到安全、新鲜食物的同时，还能体验采摘的乐趣；某组学生针对上班一族的需求从价廉物美的角度出发提出"低成本餐厅"，从餐具形式到用餐方式，从空间利用率到装修材料，都进行了"低成本化"的系统分析；某组学生针对时下网络交友提出了"交友餐厅"的概念，空间形式上为满足交友这一需要在空间互动性上进行了延展，在食物取放的形式上进行了创新；某组学生提出为宠物设计餐厅的想法，分析了人与宠物在空间里活动与交流的多种可能性，进而从空间形态方面为其切身考虑。这些概念的提出实际上是非常具有独创性的。

（二）概念的延展与方案的深入

通过前期调研分析确定创作主题之后，进入方案设计阶段，在平面布置到空间形态的推敲过程中不断梳理与主题概念之间的逻辑关系，使之逐渐清晰、明朗化。平面布局需要在主题概念的限定下，通过分析消费者的就餐行为，确定该餐厅的具体功能分布、厨房与用餐区的位置关系和比例关系、用餐形式等，并考虑各种动线，使布局逐渐合理化。同学们在方案的推演过程中偶尔会遇到问题而停滞不前，但最终他们能在教师的引导下使方案逐步走向完整、成熟。

（三）互联网时代餐饮空间的商业模式

随着互联网及移动网络的迅速发展，人们的生活方式随之改变，商业模式也会随之转换。商业模式的革新能给餐饮业带来一定时间内的竞争优势。但随着时间的推移，消费者的价值取向经常会改变，所以我们会不断地改变商业模式。什么是商业模式？商业模式就是公司通过什么途径来赚钱。商业模式的形成是由创意人经调研、探讨、思考引发得来的，反映了市场需求的可能性，目的是开发市场未被利用的资源和能力。成功的商业模式要能提供独特的价值，它往往是产品和服务独特性的组合。餐饮空间设计的核心是什么？现在我们好像已经看到了一丝端倪。

教学的要求是通过让学生结合当今社会生活的变化，开发一些符合最新就餐行为的商业模式，要求从某种层面上能够成立，不论这个商业模式目前在市面上能否达到赚钱的目的，我们只讨论在当前社会形态下，它有没有可能成为一种商业模式。这是此课程最令人期待的地方，是最具创新性的部分，也是学生面临的最大挑战，因为最痛苦的是如何达到这个要求。我们确信餐饮空间设计的教学研究需要一个过程，它是一个互动的过程，不可简化成一个可套用的公式。在这个阶段，我们并不要求学生把设计形式作为第一位，设计师不是艺术家，而是做的每一件事都应与商业经营有关。这个餐厅里供什么人去用餐，是第一位的。吃什么？在哪儿吃？这几句话就表明了地域性、商业模式等。什么样的选址就决定了什么样的消费群体。

互联网时代商业模式的转变餐馆消费群体的定位是第一要素，它是设计者进行设计的第一依据。我们发现在目前的生活状态下，麦当劳、肯德基、吉野家等快餐及大量中餐馆仅仅提供了一种就餐环境，这其实还不够，现阶段人们不仅需要就餐环境，还需要有交流的机会，吃本身变成了一种交流的手段，我们不仅在做一个"食堂"，而更主要的是在做一个交流的场所。比如，现在有很多人习惯生活在网络中，通过网络传递信息，可以足不出户，生活在网络中，通过网络传递信息，可以足不出户，但如果这些网络中的人走出来，走进一个真实的世界，他们会是什么样的状态？什么样的空间能够吸引这些人聚集在一起，面对面就餐、沟通交流？互联网上的人之所以愿意在线交流，或许是他们比较封闭和有自我保护的特质。这类人的性格导致他们更喜欢在什么样的空间里吃饭？这些都是应该在设计中仔细思考的。现阶段对于商业模式的探讨，表面上看似与餐饮空间形式无关，而事实上却无限放大了餐饮空间创作的多样性；表面上看似是餐饮功能的改变，而实质上是空间的变换和形式语言的丰富，同时也成为了餐饮空间创作中的原动力。社会在发展，生活方式也在不断改变，设计师的作用就是要随时把握社会的脉搏，记录这种变化，这是我们应该做的事情。

（四）互联网时代设计教育观念的更迭

室内设计人才培养的目标，现在看来我们培养的学生也许只是个"半成品"，他们需要在未来的工作中继续完善。这个"半成品"的由来我想可能是他们的从业经验不足，安家立业的本领还没有学到（效果图的表达不够充分，制图还不够标准），也就是说暂时不能靠画效果图和施工图去谋生。我想以他们的才智做这些事本应没有什么问题，但目前的问题是学习时间的分配，一个设计创意的思考时间占到整个教学的四分之三甚至更多，在最终确定方案后，基本上已经没有太多时间去画图和表现。不过，看看社会上那些已掌握"一技之长"的年轻学子，待工作几年后也基本上"黔驴技穷"了。我们培养的学生应该在五年后发挥作用，因为他们的设计方案能力与想象空间丰富而宽广，能够应对行业内瞬息万变的未来，这也许就是我们坦然面对"半成品"的理由。我们总是觉得设计思维的开发远比绘图这件事更重要，在学生20岁出头的黄金年龄，使其对本专业的未来空间有更多的憧憬，远比给其划定疆域限制其想象要好得多。因为知识不一定能转化成能力，所以一定要学会思考，不要过多地注重有用的知识，世界一直都在高速发展变化，设计也处在不断的变化之中。

三、课程作业

出租车司机的餐厅

通过对城市中的出租车司机日常生活的调研，我们发现其存在着以下三个问题：1.独立的工作环境，司机间缺少交流；2.长时间坐姿工作，司机缺少体育锻炼；3.工作时段性强，空闲之余缺乏娱乐活动。我们以此为整体方案的突破口，试图创立一种出租车运行的新机制。由出租车公司租赁各区众多的立体停车场是作为给予出租车及司机的场所，以解决出租车停车困难和服务店过于松散的问题。服务包括汽车修理、换车等出租车公司自身服务项目，也包括餐饮、休息、公共厕所等针对出租车司机的服务。在此，立体停车场不再是功能单一的停车场所，而是基于车辆爆棚的现代社会，与车相关的各种功能杂交共生的产物。

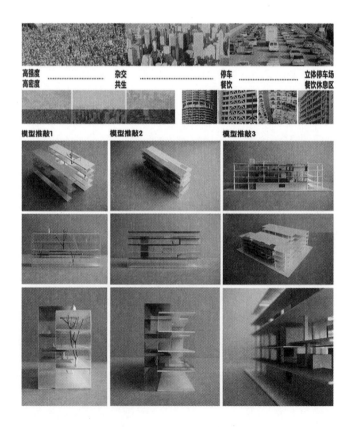

概念生产

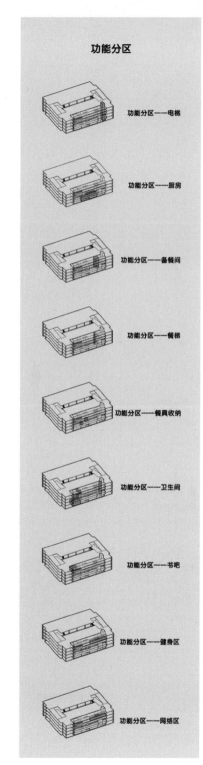

功能分区

功能分区——电梯

功能分区——厨房

功能分区——备餐间

功能分区——餐梯

功能分区——餐具收纳

功能分区——卫生间

功能分区——书吧

功能分区——健身区

功能分区——网络区

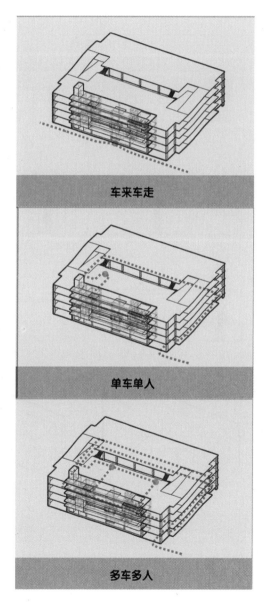

车来车走

单车单人

多车多人

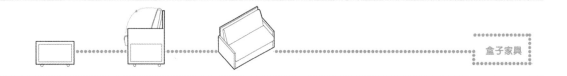

盒子家具

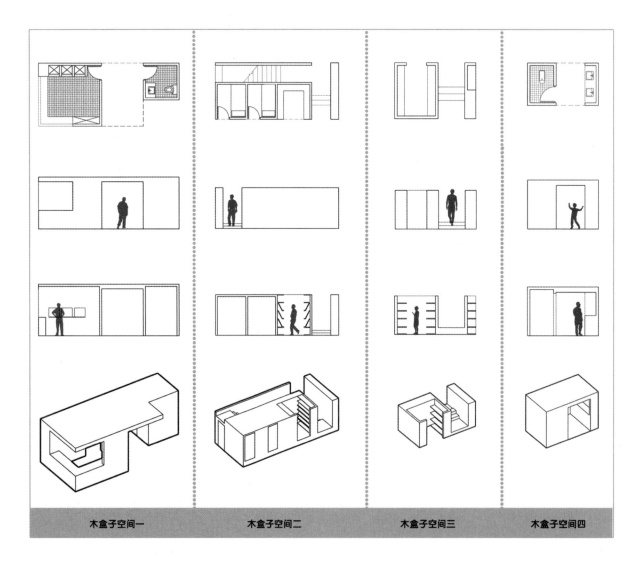

| 木盒子空间一 | 木盒子空间二 | 木盒子空间三 | 木盒子空间四 |

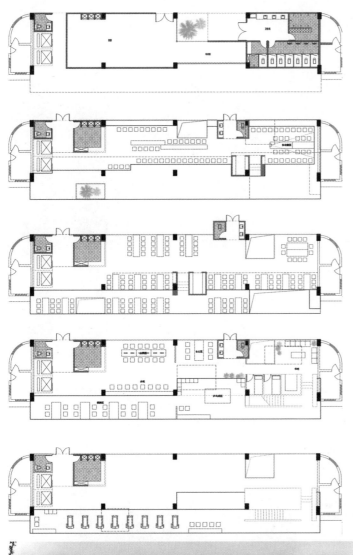

教师点评：设计者以城市中的出租车司机作为设计服务对象，通过细致、全面地调研，分析了出租车司机在工作、生活中存在的问题，并在现实社会中进行有效地解决。整体设计思路清晰、具有较为严密的思考过程，反映了设计者良好的专业素质。平面布局合理，能够较好地抓住客户群体的空间需求，以较为功能性和简洁的设计风格，营造出具有较高实用性与实施度的方案。

11:30 二层餐厅

12:00 三层餐厅

17:00 五层健身区

12:00 三层餐厅

13:00 二层多功能厅

毕业设计

GRADUATION
DESIGN

课程名称:

技术与生态

主讲教师: 刘志勇、卢海峰

刘志勇:副教授。1984 年担任广州美术学院建筑艺术设计专业教师至今。

中华人民共和国文化部、中国美术家协会颁发多项金奖项目设计师。

美国 Play hut 工业设计企业及 Art center 艺术中心访问学者。

主要教学课程:技术创意的形式语言。酒店设计。材质语言的设计运用。光环境设计等

主持广州美术学院设计分院与世界酒店设计企业 HBA 联合举办"空间＋装置"建筑与环境艺术设计专业毕业设计特别命题课程。获优秀指导导师奖。

卢海峰:1996 年至今,在广州美术学院任教,主要讲授设计方法论、基础设计、建筑设计等课程。1996 年至 2003 年受聘于广州集美组,任设计师,参与或主持了国内多个大型项目的建筑与室内设计工作,其中有 3 项设计在第九届全国美展中获金奖与铜奖,有 2 项设计在第四届全国室内设计展中获金奖。2002 年获硕士学位,对"建筑空间的系统性"进行研究。2003 年起开始从事跨专业研究,并在集美公司担任设计总监,主持室内设计。

一、课程大纲

本课程为毕业设计必须课,毕业设计教学对象为四年级(建筑学专业 5 年制),四年(室内设计及环境艺术设计专业 4 年制)一学期,每周 16 学时,总学时 128(8 周)。

本次毕业设计教学是建筑与环境艺术设计学院成立以来第一次、也是创意与技术教研室落实新学院教学改革的一项新实验、需要积极调动和充分发挥教研室各种教学力量、统一认识、组织拓展、在传统基础教学平台上、根据广州美术学院今后"把握时代脉搏、关注社会需求、为经济发展服务"的教学发展方向、针对目前社会设计实务中呈现出来的且越来越重要的技术元素"视觉化语言化"的设计趋势、作为具有改革开放的前沿教学基地、我们有条件、有义务、也有必要落实相应的教学举措、这是我们今后教学中的主要拓展内容与教学方向。

在具体教学中,采用多种形式和手段进行教学,包括理论讲授、文字表达和资料收集、电子文档演示、讨论、手绘图表达、口头表达讲评、课题作业等方式,引导学生练习和研究,注重理论和实践相结合,课堂和课外相结合,通过多媒体讲座,使学生逐渐掌握本课程的知识,提高学生的设计原创能力。

(一)教学内容

1.空间与表现:结构关系在设计中的形态语言部分

(1)结构作为建筑空间、形态语言的创意设计;

(2)结构作为景观空间、形态语言的创意设计;

(3)结构作为室内空间、形态语言的创意设计;

(4)或其他。

2.环境与表现:环境工学在设计中的环境语言部分

(1)环境工学作为建筑生成、环境语言的创意设计;

(2)环境工学作为景观生成、环境语言的创意设计;

(3)环境工学作为室内生成、环境语言的创意设计;

(4)或其他。

3.视觉与表现:光色效用在设计中的情景语言部分

（1）光色效用作为建筑情景、视觉语言的创意设计；

（2）光色效用作为景观情景、视觉语言的创意设计；

（3）光色效用作为室内情景、视觉语言的创意设计；

（4）或其他。

4. 认知与表现：材质肌理在设计中的界面语言部分

（1）材质肌理作为建筑认知、界面语言的设计创意；

（2）材质肌理作为景观认知、界面语言的设计创意；

（3）材质肌理作为室内认知、界面语言的设计创意；

（4）或其他。

5. 内容安排经典设计理论、方法、优秀案例讲授。相关资料收集、整理和归纳，建立设计参照体系或设计逻辑体系，项目设计，方案演示、讨论、分析。

（二）课堂作业

1. 资料研究

2. 生态建筑构想与科技应用原始模型搭建

3. 建筑设计与室内设计

二、课程阐述

课题 1：

广州白云理工学校校区改造设计

广东省理工职业技术学校，位于广州市白云山风景区中心，是一间建筑与建材技术综合教育的职业中专学校。从 2010 开始，我们通过与该学校领导良好地专业沟通，以难得的广州城市人工肺 – 白云山生态环境与城市生活可持续性的技术创意研究为切入点，达成了共建创意与技术教育改革的生态教学实验基地的合作方案。本课题组以实际项目改造或本科毕业设计的形式，围绕白云山生态资源与节能环保和创意与技术的设计课题，结合白云理工学校建筑建材技术教学改革和学校整体教学环境改造项目，进行了广泛详细地深入调查分析和技术语言的创意设计表达。

以毕业设计展览等形式，将创意与技术教学改革这一成功的实际案例，在社会上产生了较大的影响。

希望在我们国家创意与技术教育领域里做出一个永久性，景点式的教学示范基地。

（一）课程要求

1. 了解科学技术在人类历史进程中所起到的巨大推动作用、及不同时代的技术观。

2. 了解当今社会特别是建筑环境设计中、是那些因素促进了技术从传统的内部功能、结构、饰面材料的基础运用、扩展到了城市景观、建筑形态、空间组织、视

觉媒介等设计创意的主要语言表现之中。

3. 通过对山地建筑景观视觉设计融合于自然的案例进行分析，从山地的自然特征、建筑与山地景观视觉空间关系、建筑肌理与山地肌理协调、建筑色彩和质感与自然环境关系的考虑四个方面去分析。从视觉的角度出发，探讨山地建筑景观与自然环境的融合。

从山地视觉客体的原生性、视景的独特性出发，阐述了山地景观视觉设计的自然属性，并对白云山的景观视觉特点做出分析；从空间界面的角度出发，寻求建筑景观在自然山体中的视角和界面范围的设计思维；从山地自然肌理出发，考虑建筑与山地景观的协调，从而达到建筑环境与山地自然环境的融合。

广州白云理工技术学院的苏联老建筑建筑，没有考虑到南方气候的差异与建筑的适应性，使得白云理工技术学院的建筑夏天暴晒于广州火热的太阳之下、像一个裸露的人站在室外，任由风吹雨打、阳光暴晒，机体内部温度随着气温的变化而炎热、寒冷。如果给建筑找件适合的衣服，一定会起到遮风、御寒、隔热的作业。于是、我尝试着在改造中运用自然的材料和技术给建筑体加上一件"表皮"衣服，再给衣服留下点散热一些空间，放置学术必需要的生活用品。

（二）课题实施过程

第一阶段：课题方向、方案部分。

第二阶段：课题写作及方案延伸部分。

第三阶段：课题设计及深化部分。

第四阶段：课题设计制作及策展部分。

（三）教学团队：刘志勇

课题 2：

广东英德·九州驿站·孔家村·自然生态乡土田园居所设计与研究

孔家村（东经 113.08，北纬 24.46）处在广东石门台自然保护区（国家级）西部，位于南岭山脉的最南端；处于北回归线北缘，处于东亚季风区的南亚热带向中区热带的气候过渡带，属热带季风气候区。这里四面青山环绕，错落有致，平缓延绵，原始树林、竹林、山坡、小溪交错，原生态的乡土村落、梯田、菜地、野花掩映，给人神秘原始、美丽祥和、宁静安逸的感受，十足的世外桃源、十足的归园田居。

孔家村是广东典型的原始生态乡村中的一类：地处稀缺的原生态环境深处，青山绿水环绕，空气清新、气候宜人；人口密度低，人口结构、年龄结构特殊（中老

年多，本地青壮年少，外来农民寄居等）；居民收入低，生活条件落后（停滞），文化素质落后；建筑形态与营造技术朴素原始，是广东（岭南）乡土建筑的活化石。

为了发展经济创造收益改善生活，中国绝大多数的城市周边乡镇都被屈从于高速现代化的建设洪流之中，许多像孔家村这样美丽的村庄正在经历或面临着被改造被破坏的命运……

（一）课程要求

1.对乡土材料营造技术进行研究与分析，并探索与论证对其进行改良的方式与方法。

2.探索与研究低技术、低造价的原生态乡村的改造模式。

3.探索与研究低技术、低造价的特色生态居所的建造形式。

4.探索新型广东乡土生态艺术主题公园的设计策略。

5.帮助与教育农民认识与接纳新的营造方法。

6.探索与乡村改造和旅游休闲建设项目相结合的大型自然保护区建设策略。

7.探索新型的广东自然乡土旅游经济模式（经济学层面）。

（二）课题实施过程

第一阶段：经典设计理论、方法、优秀案例讲授。

第二阶段：相关资料收集，整理和归纳，建立设计参照体系或设计逻辑体系。

第三阶段：项目设计、方案演示、讨论、分析。

第四阶段：课题设计制作及策展部分。

（三）教学团队：卢海峰

（四）教学成果

培养学生发掘当代设计中技术语言的创意资源与运用能力、通过感知、体验、技术作为设计语言的应用、掌握与完善技术语言形成的新的设计方法、以适应即将面对的社会需求。

"构竹"——白云理工学校校区改造设计
作业1：杨丽华

通过对山地建筑景观视觉设计融合于自然的案例进行分析，从山地的自然特征、建筑与山地景观视觉空间关系、建筑肌理与山地肌理协调、建筑色彩和质感与自然环境关系的考虑四个方面去分析。从视觉的角度出发，探讨山地建筑景观与自然环境的融合。

从山地视觉客体的原生性、视景的独特性出发，阐述了山地景观视觉设计的自然属性，并对白云山的景观视觉特点做出分析；从空间界面的角度出发，寻求建筑景观在自然山体中的视角和界面范围的设计思维；从山地自然肌理出发，考虑建筑与山地景观的协调，从而达到建筑环境与山地自然环境的融合。

广州白云理工技术学院的苏联老建筑建筑，没有考虑到南方气候的差异与建筑的适应性，使得白云理工技术学院的建筑夏天暴晒于广州火热的太阳之下、像一个裸露的人站在室外，任由风吹雨打、阳光暴晒，机体内部温度随着气温的变化而炎热、寒冷。如果给建筑找件适合的衣服，一定会起到遮风、御寒、隔热的作业。于是，我尝试着在改造中运用自然的材料和技术给建筑体加上一件"表皮"衣服，再给衣服留下点散热一些空间，放置学术必需的生活用品。

教师评语：运用自然材料、在基本技术构造等基础上、特别注重其创意语言的形式转换，尤其在竹元素的创意表现中、充分彰显了材质语言的多元性视觉张力、活力、灵动、轻巧、生态、可持续。

英德树屋酒店设计

作业2：王泽雄

在树屋酒店的设计中，从蜘蛛网上的特性出发，借鉴其形式和力学关系，设计了悬吊的方式和建筑的主体竹网壳结构。建筑的形式从蜘蛛网上的水滴上得到灵感，设计了自然的建筑形态。同时将建筑的功能空间分开，上下布置，产生有别于城市建筑的生活行为方式。

该树屋构建了"从上到下"生活方式，而常规的"从下到上"是成为了该设计所要批判的目标。但其设计分析还只是停留在感官层面，有待深入到实际行为的层面"从下到上"是现代都市的一种特性，它的出现意味着建筑建筑密度的增加；意味着天际线的破坏；意味着阳光的减少；意味着对自然的远离……当然，要明确"从下到上"是基于都市正负零零（城市地面）为参照系的，参照系不同，情况就可能发生变化，这种变化要用充分的认知。目前，其批判的"从下到上"是针对都市的，是大尺度。但其设计是小居室，是小尺度的。这两者之间存在着那些异同，要深入思考。还用，设计还可以从以下方面扩展：从下到上、从上到下、先下后上、先上后下、大下小上、大上小下；甚至是"从上到下"的空间感受，或者"从上到下"的结构选型，或者"从上到下"的材料细节等。

课程名称：

毕业设计

主讲教师：黄学军

黄学军：1971 年，生于湖北武汉。1993 年，本科毕业于湖北美术学院工艺系环境艺术设计专业。现执教于湖北美术学院环境艺术设计系，任环艺系毕业设计教研室主任。中国建筑学会室内设计分会会员，注册室内建筑师；中国室内装饰协会会员，室内设计师；中国建筑装饰协会会员，高级室内建筑师。

主要从事设计课程的教学：景观设计，室内设计，建筑设计及毕业设计等课程。

主要研究方向：工业景观设计研究、城镇景观设计研究。

一、课程大纲

（一）教学目的和任务

毕业设计是学生将专业学习成果转化为设计图纸、论文或工程实例等整合为展示的表达过程。因此，课程目的将在检视每位毕业生在专业知识、表达能力、创新意识以及专业综合能力得基础上，合理安排毕业流程，提高学术品质，并使学生的毕业素质符合学士学位得要求。

（二）教学方法与教学要求

要求学生上网查询本专业历届毕业设计的优秀作品。根据个人特点、优势并结合本人未来发展方向，制定论文与设计课题的构架。

严格按时间段的要求提交开题报告、论文提纲、论文初稿、毕业论文、设计构思、设计初稿、排版框架、设计图纸、毕业展板等。

（三）教学内容与教学安排

1. 市场形态研究；

2. 自然与人文景观研究；

3. 设计中的画境研究；

4. 设计中的形式主义价值。

第一周：展开课题。对历届优秀毕业设计课题与论文进行讲评。同时提出毕业设计及论文得要求，并对文本，展示以及时间进度进行安排。

第二周：针对课题进行查阅，个人提交开题报告。

第三周至第五周：提交论文提纲与设计草图。

第六周至第七周：确定设计稿与论文初稿。

第八周至第十二周：毕业设计制作及论文书写时间。

第十三周至第十六周：布展、论文答辩时间。

（四）课程考核

学生间进行相互评价与指导教师评价相结合，论文评分由教研室组织毕业答辩评分小组对毕业生进行毕业答辩及论文评分；毕业设计评分由学院组织学位委员会统一评分。

（五）教学设备及教具要求

多媒体教室（笔记本电脑、投影仪）、电脑打印设备、图书馆。

二、课程阐述

　　毕业设计是四年本科教学的总结，也是学生在校的最后一课。

　　秉承我系以实践教学为核心的原则，毕业设计选题鼓励教师、学生结合当今建设的热点问题进行思考与实践，并按照设计流程的实操模式完成设计内容，为学生进入职业领域进行一次全面的理论与实践的梳理。

教师评语：

这组作品刚好和一个实际项目同步，三组学生在导师的指导下完成这个课题，甲方在三个不同的方案中选择了这组作品，完成这个方案的学生得以在七星设计公司继续深化设计，并将其付诸于实施。

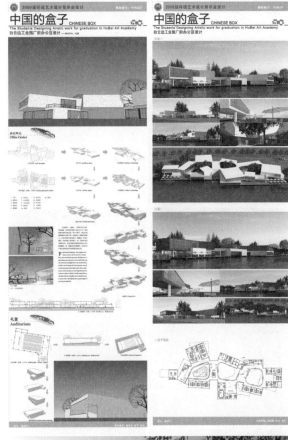

教师评语：

在指导设计的过程中，导师的协调与激励使学生能够不断地有激情和信心去完成作品。

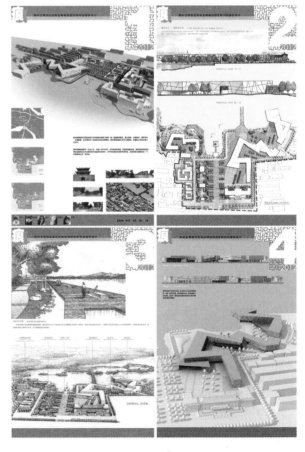

教师评语：

这也是一个实际项目转化的课题，研究的是古城保护中的建筑景观修复性设计，在历史名城中的传统文化的延续要体现在博物馆的扩建上面。

指导老师根据课题小组各成员的专长进行合理分工，并同时进行指导，保证最终能如期完成作品。

这是一个旧厂房改造的课题，在改造设计中运用了当代设计的手法，同时最大限度地保留了历史的印记。

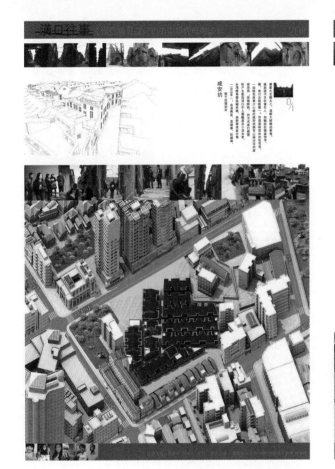

咸安坊

0/1

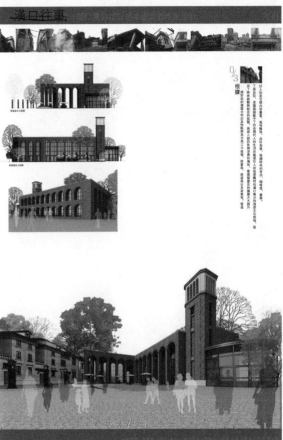

0/3

根据

教师评语：

旧城保护的课题在学术研究领域一直是很有价值的，这个课题的价值在于它的不可复制性，悲哀的是这个历史悠久的汉口老社区被永远地从地球上抹去了。

庆幸的是在被抹去前，这都年轻人将其记录下来，并放到美好的历史回忆中，相信有一天会被人翻出来重新记忆。

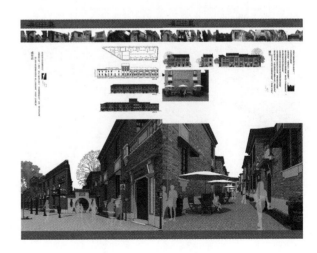

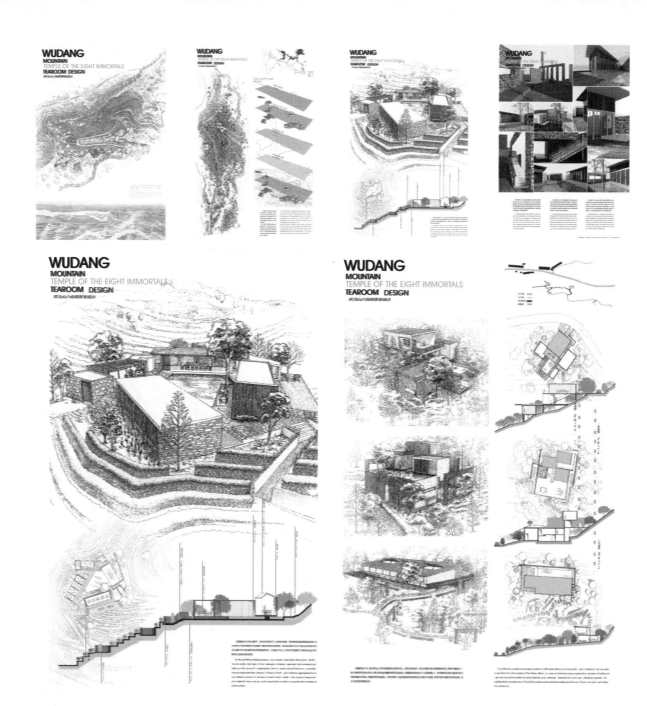

教师评语：

设计中的手绘表现一直是我系的教学重点，我认为是设计师应该具备的基本能力，对于景观、建筑设计尤为重要。

这个课题组的三个女生很好地展现了这种能力，同时也证明了不会做 3D 渲染图也能完成很好的毕业设计作品

教师评语：环艺作品展览在美术院校里被视为另类，它的技术性往往被忽略掉，因此版面的艺术效果常常不被认可。

这组作品的招贴式排版是否能改变一下大家对环艺展览的印象呢！

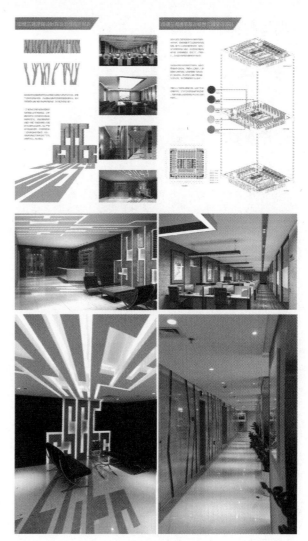

教师评语：

在学术型课题以外，应用型研究也是我们教学的重点。

学生能在导师的指导下，独立完成这个实际项目的方案设计，并参与深化设计，一步步看着施工完成交付使用，应该是我们长期坚持实践教学的成果。

309

毕业设计

主讲教师： 王锋

王锋：女，1978 年生人，华东师范大学设计学院景观设计方向负责人，毕业于清华大学美术学院。2009 年赴瑞士联邦理工大学（ETHZ）建筑系进行访问学习。主要研究方向：景观设计方法论，城市公共景观空间设计。2013 年获得"上海市教学成果一等奖"，获得"华东师范大学优秀教师"、"三八红旗手"称号。

一、课程大纲

本课程是学生修完相应的基础课程、专业核心设计课及相应的拓展（选修）课程的基础上进行的，先修课程为形态构成、景观设计（一）、景观设计（二）、各专项设计等课程。总课时：160 学时（20 学时 ×8 周 =160 学时）。其中理论课程授课学时约为 40 学时；设计实践与课程设计辅导约为 120 学时；有关毕业设计的前期准备工作及课题的调研及作业进行时间不计在内。毕业设计的前期准备工作在前一学期的《毕业调研》课程中进行，本阶段的教学是在《毕业调研》的成果基础上直接进行。

（一）理论课程的讲授内容

1. 有关毕业设计内容的基本要求和设计课题的选择；
2. 与景观设计专业相关的前沿技术的发展与应用；
3. 毕业设计的形式与表达；
4. 其他与毕业设计相关的问题。

毕业设计实践环节是指定的专项设计（景观设计相关内容），通过若干典型的不同类别的景观环境（学生自选或教师提供并指定景观环境）的设计、景观空间或景观模型的制作或若干主题性课题的研究，完成景观设计的完整过程：设计方案构思、草图绘制、深化设计、工作模型的制作、景观环境设计的方案图纸的绘制及透视效果图的绘制，并在实践过程中掌握景观设计的全部设计方法和设计程序。

（二）毕业设计课题的基本范围

1. 综合性城市公共开放空间景观设计、城市公共广场和绿地空间的景观设计、街道空间景观设计、滨水景观空间设计；
2. 综合性风景区景观空间设计；
3. 中型居住区景观空间设计；
4. 其他与景观设计相关的专项设计内容。

（三）毕业设计的要求

1. 选题说明及调研报告的内容要求：选题说明及调研报告至少应对毕业设计课题来源、背景、现状和要求四项内容有详细的说明，并应对设计的结果有一概念性的分析和评估。

2. 选题说明及调研报告的规格与形式要求：

（1）调研报告应图、文、表并茂，其文字部分的字数不少于 3000 字；

（2）调研报告的纸张幅面为 A3，并作为毕业设计文本的一部分，共同装订；

（3）除标题外，文稿的字体应为宋体，五号或小四号，单倍或 1.25 倍行距；排版形式与设计文本统一。

3. 作业的内容要求：毕业设计作业根据不同的选题类型，必须分别包含下列不同内容：

（1）设计说明及主要技术经济指标；

（2）选定场地总平面图；

（3）景观各区域平面图；

（4）景观局部竖向图；

（5）景观设计各细部及平、立、剖面大样图；

（6）各主要空间景观环境的透视图或其他形式的效果表现。毕业设计作业可以包括下列内容：

（7）场地原始环境的图、文说明；

（8）景观设计构思发展脉络的图、文说明；

（9）景观内容相关背景的图、文说明；

（10）必要的流线分析、说明图例；

（11）其他能有效或间接表达设计意图的表现方式。

4. 作业的规格与形式要求：

（1）全部作业内容须以适当的比例表达在幅面为 A3 的（横开）电脑打印的文本上，并装订成册，一式 2 份；

（2）作业的主要内容应打印成轮廓尺寸为 A0 的电脑打印版面，每一设计课题不少于 2 幅，如设计表达中包括模型，可酌减一幅，版面应统一编排，字体大小以适合展出为宜；

（3）设计图的图面上除设计课题的名称标题外，其图线、字体、符号、图例及尺寸标注应符合《房屋建筑制图统一标准》（GBJ1－86）和《建筑制图标准》（GBJ104－87）中相应条款的规定，如有行业有其他规定者除外；

（4）图面上课题名称的标题应采用美术字，其形式与大小由作业者视图面的构图而定；

（5）除计量单位外，图面上的文字必须使用规范汉字，若附注外文，则外文字的大小、色彩必须相对于汉字居次要地位，且必须意义准确，拼写无误；

（6）各图幅内容按适合幅面的比例打印，如确实无法适用合适比例，须在图面加标相应的比例标尺示意；

（7）景观环境空间的透视图及主要效果的表达必须为彩色且以写实手法表现，其他各图例为彩色或单色，表现方式则由作业者自定。

二、课程阐述

毕业设计课程是修学艺术设计景观设计方向的学生在第四学年中，除学位论文以外，唯一的综合性、总结性的课程，也是对以往在校学习的全部知识、技能与综合素质的总结，其成果应当反映学生综合运用这些知识和技能，并充分发挥个人综合素质的情况，以表明学生是否通过全部专业课程的学习并达到毕业标准。毕业设计的要求及其评分标准均以此总体要求为直接依据。

通过本课程的教学，使学生全面、系统地梳理在校学习期间学习过的全部知识、并针对毕业设计的课题，有机地运用创作构思能力、相关的知识和设计技能，完成相应的课程教学要求。在此过程中，也是对学生分析复杂问题能力、解决实际过程中问题和综合课题设计能力的一次全面提升。通过本课程的教学，使学习能全面整合自己的知识体系，并在专业上做好从课堂教学走向实际应用的心理准备。

三、课程作业

严丽娜的作业，我国从 1999 年进入老龄化社会，而上海从 1979 年就率先成为我国首座人口老龄化城市，养老院也随之兴建。但我们在为老人提供完善的基础设施与丰富的老年活动的同时，是否关注到大部分老养老院户外活动空间的缺乏？不难发现，如今的养老院已经形成了一种"圈养"老人的模式，限制了老人的户外公共生活；圈住了老人本来就孤寂的内心。养老院围墙"圈养"的模式已经成为了如今我国老年设施建设的普遍问题。我们在关注老人的同时，无形中"关住"了老人原本就比较孤寂的心！"圈养模式"的根源就在于养老院边界环境设计的处理上。此设计试想改善养老院原有的圈养环境，从养老院边界设计入手，打破原有的围墙模式，敲开院墙把老人从圈养中解救出来，还给老人原本该有的老年户外生活。此设计建立在对养老院区域环境的分析之上，养老院所处的旧工业地带决定了设计所要解决的环境问题、交通问题以及老人对外环境的特殊需求。设计从以人为本的角度出发，力求为老人创造出舒适优美具有活力的户外活动空间。拆除围墙、打通视域、引入水域、利用场地原有资源将原有死气沉沉的围墙边界变为院内外的活力互动地带。院墙的打破，已经不仅仅在于养老院外环境形式上的突破，更是人们对城市和谐生活的内心所向。养老院的边界并非老年生活的结束，而是更精彩生活的延续与新生。

新渡口是上海普陀区苏州河畔的一处老旧居民区，这里聚集着大量 2~4 层楼的旧私宅。虽然建筑老旧，但都颇有特色，早期的规划，这些低矮的建筑群形成了错落感很强的密集区，除了几条主干道外，家家户户之间只留有很小的不到 2 米的小胡同，建筑虽然风格一致但结构造型却是多种多样，因为价格低廉，当前居住在这里的大部分是打工人口还有少量本地居民，居民区由于建筑拥挤导致基本没有地面绿化，只有极少部分的阳台绿化，严重缺乏管理。

一河之隔的长宁区有拥写字楼聚集，所以此设计通过景观的手段把新渡口居民区改造成个性白领的乌托邦之家。运用垂直绿化和屋顶花园的手法，用绿色缔造富有个性和特色的乌托邦家园。加之以合理的规划管理，不仅可以提高区域形象，而且可以为治理当下城市 PM2.5 做出贡献。

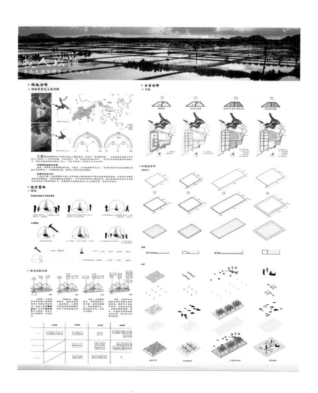

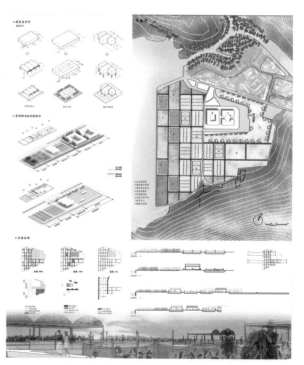

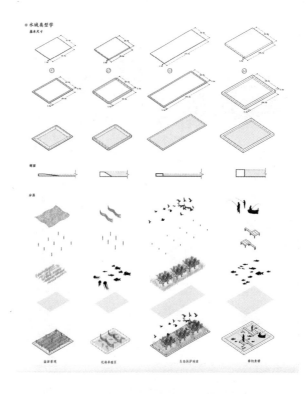

教师评语:

在这样一个生活方式不断被颠覆的时代，城市景观也不断被赋予新的定义，到底什么是真正的景观，什么样的景观是宜人的。悠扬深邃的巷间小道？美轮美奂的时代建筑？步履匆忙的城市人群？此方案正是作者关于现代城市化进程中人们对于城市新景观的思考，表达出人本身可作为独特的城市风景：嬉戏的孩童、驻足犹豫的行人、忙碌过往的上班族。体现人作为城市主体与风景之间应有的融合体会。通过景观的手段创造出一种连接，并作为一种延续风景的可能。

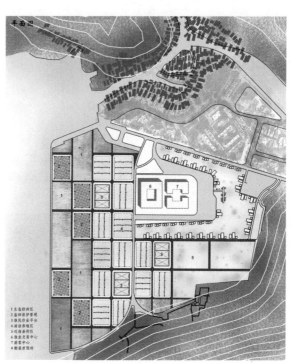

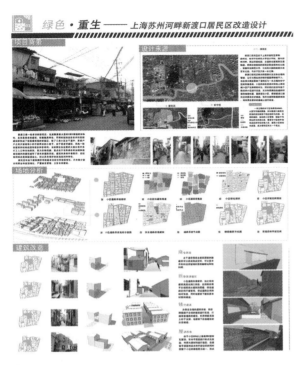

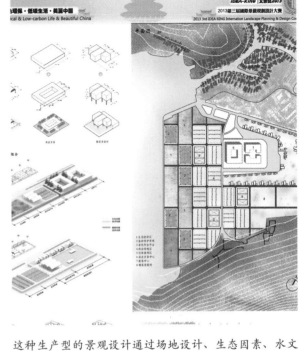

教师评语：

新渡口是上海普陀区苏州河畔的老旧居民区，一河之隔的长宁区有大量写字楼，设计通过景观的手段改造为白领的乌托邦之家。强调绿色主题，运用垂直绿化和屋顶花园的手法，用绿色缔造富有个性和特色的乌托邦家园。以合理的规划管理，可以提高区域形象，为治理当下城市 PM2.5 做出贡献。

这种生产型的景观设计通过场地设计、生态因素、水文环境之间的互相融合，提供一种新型的农村社区，它包括可循环水处理和再利用方式，以及太阳能源的收集和使用，尽可能降低村庄中建筑对资源的消耗。

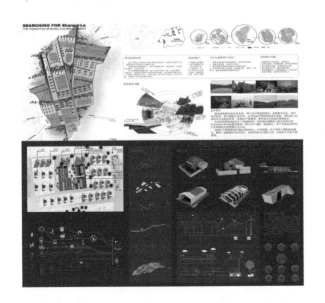

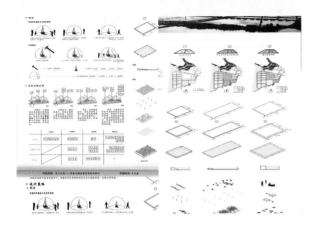

教师评语:

通过叙事景观的叙事线索将"故事"内容和元素串起，在整个设计的思考过程中，体现了设计者较强的逻辑推理能力和感性的认知能力。

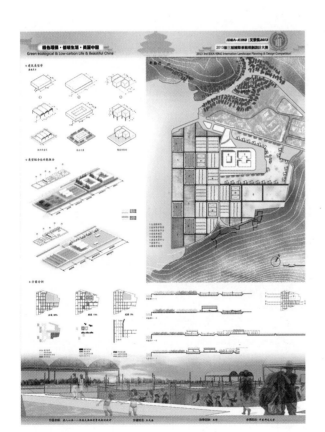

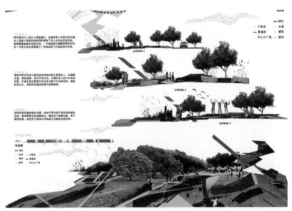

设计从以人为本的角度出发，力求为老人创造出舒适优美又具有活力的户外活动空间。拆除围墙、打通视域、引入水域、利用场地原有资源将原有围墙边界变为院内外活力互动。院墙的打破，不仅仅在于养老院外环境形式的突破，是人们对城市和谐生活的内心所向。养老院的边界并非老年生活的结束，而是更精彩生活的延续与新生！

315

课程名称：

景观设计
毕业设计

主讲教师：梁明捷

梁明捷：华南理工大学设计学院副院长、教授，硕士生导师，华南理工大学建筑学院博士。千百万个人才工程培养对象。兼任广东省装饰行业协会设计师委员会专家组成员，中国建筑学会会员，中国风景园林学会会员。主要从事环境艺术设计研究。在国家级刊物上发表２０多篇学术论文，编写广东省教育厅《环境艺术设计》教材一部。作品曾获得全国性设计大赛银奖１项、铜奖２项、优秀奖８项，省厅级设计大赛金奖２项、银奖１项、优秀奖１项。主持省部级项目１项，大中型环境艺术设计项目５０多项，中型工程项目２０项。

一、课程大纲

16周，16学分，必修课。

景观设计毕业设计是对培养学生四年景观课程设计的检阅。培养学生综合应用所学知识，独立发现、分析、解决实际问题和初步进行科学研究的能力，培养学生的创新意识和实践能力，重点培养学生的实操能力，使学生在材料调查与搜集、方案设计、设计实践、模型制作、计算机辅助设计、文字表达等基本技能方面得到进一步的训练和提高。通过实际项目，加强设计与实际工程的联系，为学生进入设计工作岗位奠定基础。

二、课程阐述

第1、2周
·资料收集阶段
·资料、文字、图片收集。
·搜集相关案例资料。
·与业主沟通，询问需求。
·明确设计定位。
现场考察
·考察现场，根据搜集资料阶段去感受现场，找出问题，进行讨论研究
·收集现场照片
·分析其人流车流
·调研场地人的活动情况
·结合之前调研资料，组成员对其分析定位，找出自己的想法

第 3、4 周

一草阶段

分析图，包括功能分区、人流、交通等分析。

方案：由组员每个人拟定一个方案，初步定位其风格、功能、氛围等。

方案整合：全组讨论，将各组员方案中的优秀部分整合在一起

购买模型材料并进行草模制作。

一草成果要求：有分析图、草图（手绘平立面、效果图）、草模。

二草阶段

总平面 1：500

各层平面 1：200

剖面 1：200

工作模型 1：200（即使有电脑建模也要有手工制作）。

外透视 *1，内透视 *1

二草成果要求：图纸 A2-3 以快速设计方式进一步完善一草成果。

第 5、6 周

修草草图、草模。

根据老师意见，对草图和草模进行修改。

根据方案需要，开始进行手绘、3D 建模、Sketch Up 建模等辅助手段进行。

第 7、8 周

修正图、修正草模，方案定稿。

修正图要求：A2，深化修草成果。

总平面 1：500

各层平面 1：200

剖面 1：200

工作模型 1：200

第 9、10 周

正图图纸目录和排版构思。

阅读优秀设计师网页。

参考优秀设计文本目录。

第 11、12 周

正图、正模制作。

电脑绘制平面、立面、剖面图，并用 PhotoShop 进行后期处理。

进行局部手绘，Sketch Up 建模，出 3D 效果图。

第 13、14 周

正图排版、正模完成，最后完善和整体排版。

第 15、16 周

打印筛选，调整图纸、布展。

2012 年毕业设计《逝忆》

教师评语：

该设计位于广州从化温泉镇流溪河沿岸，是一个景观设计与建筑立面改造的整合方案。设计通过对主题元素"水"的强调，尝试在水—岸之间建立一系列平行的关系；通过对场地建成环境的理解，找到了场地中有价值的历史痕迹，据此设置景观节点，满足了不同速度的节奏变化。

该设计通过多种活动的叠加和重合，建立了一个多层次、彼此交织的线性景观系统。对场地的干预轻巧而有章法，建筑立面改造和景观设计在结构、材料和表现方法上有较好的一致性，充分表达出核心设计概念，平面布局合理，节奏松紧有致，局部景点设计深入有表现力。

从景观设计层面看，有明晰的分层概念，对场地的标高现状有较好的回应；流线设置使得空间先抑后扬、错落有致。景点设置韵律清晰且有变化。从建筑设计层面看，建筑改造能够结合并融入景观设计，使得效果整体而各有特色，渲染场景中对尺度的把握也比较恰当。

诊忆

WATER MEMORY

LANDSCAPE
DESIGN

WATER MEMORY

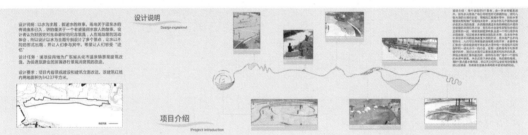

设计说明
Design explained

项目介绍
Project introduction

设计说明：以水为主题，叙说水的故事，场地关于温泉镇水的传说由来已久，讲的是关于一个老婆婆用水救人的故事。设计者认为恰恰是关于一个对水血脉的纪念装置，人在场地策划的活动体会，所以设计以水为主题分别设计7多个景点，让水以不同的形式出现，并让人们参与其中，希望让人们感受"逝忆"。

设计任务：该项目用地为广东省从化市温泉镇景原建筑改造，为促进旅游业的发展前行景观与建筑的改造。

设计要求：项目内容景观建设和建筑立面改造，该建筑红线内用地面积为34237平方米。

体块生成
Mass generation

气候分析
climatic analysis

景观道路比例
Road 1
propor

体块高差
Mass dispersion

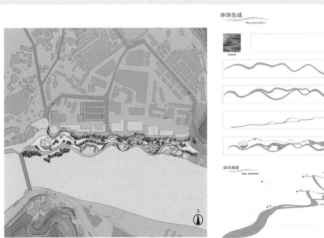

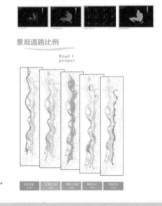

水 · 和平

WATER MEMORY

诔
忆

景观节点
Point analysis

迹忆

喷泉广场

驿站

石环小站

水幕电影

水 · 民音

WATER MEMORY

诹忆

途忆

平面分析
Plane analysis

植物分析
Plant analysis

水景设计分析
Water scape design analysis

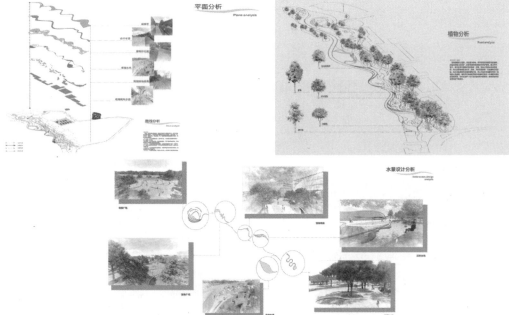

水 · 思蕴

WATER MEMORY

诹
忆

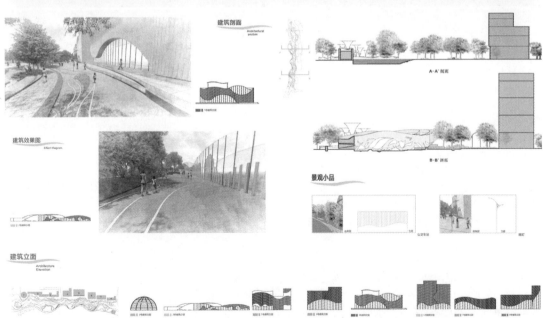

建筑剖面
Architectural section

A-A'剖面

B-B'剖面

建筑效果图
Effect diagram

景观小品

建筑立面
Architecture
Elevation

321

水 · 温柔

课程名称：

毕业设计

主讲教师：马克辛（全体专业教师）

一、课程大纲

（一）课程的教学目标和要求

毕业设计目标是环境艺术设计专业重要的集中实践性环节，是设计与实践训练中的核心内容；它是对学生所学内容的一次大综合和总实践，是培养计划中最后一个教学环节；是提高学生知识、能力、素质的关键性步骤；也是学生毕业资格认定的重要依据。

毕业设计的要求是培养学生综合应用所学基础理论、专业知识和基本技能解决一般环境艺术设计专业问题的能力；在实践中实现知识和能力的深化和升华；培养学生勇于探索的创新精神、严肃认真的科学态度和严谨求实的学习作风。

（二）教学重点与难点

毕业设计的重点是要求能综合应用环境艺术设计专业各学科的理论、知识和技能分析解决一般设计、工程问题；对景观设计工程、室内装饰工程、博览展示工程的某一领域的方案设计、施工技术与管理的内容、方法和过程有比较全面、深入的了解和掌握，熟悉有关规范、

规程和政策法规、手册和工具书；并通过学习、研究与实践，使理论深化、知识拓宽、专业技能延伸，让学生了解并掌握环境艺术设计的基本理论和行业规范。

毕业设计的难点：依据毕业设计要求进行资料的调研和深化设计，能正确应用工具书，掌握有关环境艺术设计专业工程设计程序、方法和技术规范，提高专业设计、理论分析、图面绘制、技术文件编写的能力；或具有实验、测试、数据分析等技术研究能力；应用常用计算机绘图软件的能力将其用于具体设计案例的设计中去，通过对四年所学知识的理解，来选取恰当的材料，来体现设计风格，并且能够运用自如。

（三）教学对象

环境艺术设计专业本科生四年级。

设计专业各学科的理论、知识和技能分析解决一般环艺专业本科生二年级。

（四）教学方式

课堂讲授、讨论、一对一辅导、市场调查。

（五）教学时数

260 学时

（六）学分数

14 学分

二、课程阐述

（一）毕业设计阶段

　　1. 教学目标和要求

　　教学目标是了解所要设计（创作）的主题的国内外基本研究现状概况，应用前景收集相关主题材料。选题应注意有理论深度和实际价值。要求具有运用知识和培养能力的综合性，又要符合学生的实际，题目不宜过大，难度要适中，其任务量要保证中等水平的学生按教学计划中规定的毕业设计时间和基本要求，经过努力可以完成为宜。

　　2. 教学重点和难点

　　在收集各种资料的基础上作好毕业设计选题，设计方案的准备，设计制图、实验性设计，撰写设计说明。

　　3. 教学方式：

　　课堂讲授 60 学时、讨论 20 学时、辅导 132 学时、市场调查 20 学时

　　4. 复习与思考题或作业

　　（1）填报毕业设计选题。

　　（2）毕业设计方案草稿审查。

　　（3）毕业设计框架审查。

　　（4）毕业设计正稿绘制。

　　（5）检查毕业设计完成情况。

　　（6）结束毕业设计制作。

（二）毕业展览

　　1. 教学目标和要求

　　教学目标是环境艺术设计专业的最后设计课程，本课程以实际课题或实践性项目为选题方向，要求学生综合运用环境艺术设计专业的理论方法，按照设计程序，完成一项比较完整的课题设计，全面检测本专业的教学效果。同时，达到进一步提高学生综合能力的目的。

　　2. 教学重点和难点：

　　课程的重点在于创新性，难点集中于创新与务实的矛盾上。本课程的深度要求是以理论为高度研究，探讨在设计中所遇到的实际问题。要求学生完成完整的具有较高质量的设计题稿，具体内容设计效果图、施工图、设计分析、设计说明、专业论文。

　　3. 教学方式

　　毕业设计成绩评定采用综合评分办法，即由指导教师、评阅人、答辩小组分别打分，然后加权平均。

地理位置分析
THE GEOGRAPHICAL POSITION ANALYSIS

邻里中心是源于新加坡的新型社区服务概念，其实质是集合了多种生活服务设施的综合性市场。邻里中心作为集商业、文化、体育、卫生、教育等于一体的"居住区商业中心"，围绕12项居住配套功能"油盐酱醋茶"到"衣食住行闲"，为百姓提供"一站式"的服务。邻里中心摒弃了沿街为市的粗放型商业形态的弊端，也不同于传统意义上的小区的零散商铺，而是立足于"大社区、大组团"进行功能定位和开发建设。

Using pentagon development association, constitute the comprehensive architectural space, the use of irregular triangle at the top of the glass, satisfy the indoor lighting needs, and make indoor light and shadow have a strong interest, the shadow of the geometry, virtually, enrich the modelling and decorative effect of indoor.

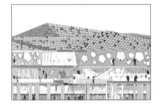

创意手绘草图
REATIVE SKETCH

979度**城市活动中心**
979DEGREES CITY CENTER

阿斯兰的调色盒

中国（鞍山）W&T设计事务所微学设计

Aslan's Toner Cartridge

——魔方与我的故事

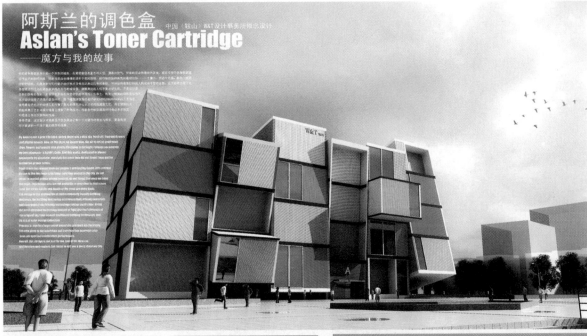

建筑的景观搭配

由于本次设计的题目是一个充满色彩的魔方型建筑，所以铺装与绿化的搭配一定要呼应建筑，所以我们选择了不同样色的植被进行模块化分割与种植，这样在绿化一定色相变化的前提下可以完美地呼应建筑，可以做到真正意义的完美呼应。

建筑的空间构成

这次设计使用的空间表现手法是下沉空间，下沉空间的应用从美化方面增加了空间的层次感，从实用角度也极大地增加了空间利用率，下沉空间分为地下餐厅与地下车库两部分，在合理地利用了建筑本身的空间同时也将地下收纳效应最大化。

Landscape Architecture

As the title of this design is a full color cube shaped building, so the pavement with green mix must echo the building, so we chose not the same color segmentation and planting vegetation modular, so that a certain green hue changes premise perfectly echoes buildings, can be truly perfect echo.

Architectural spatial composition

The design approach is to use the performance space sink space, sink space applications increased from landscaping layering of space, from a practical point of view but also greatly increases the space utilization, sinking space into underground restaurant and underground garage two parts, the rational use of the building itself, underground storage space will also maximize the effect.

设计构思 Design Process

FLEXIBLE ENCOUNTERS

灵动·邂逅

城市建筑花园概念设计//

URBAN ARCHITECTURE GARDEN

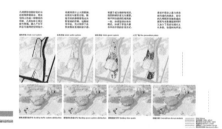

建筑正立面/Building front elevation

建筑侧立面/Building side elevation

建筑侧立面/Building side elevation

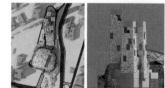

FLEXIBLE ENCOUNTERS URBAN ARCHITECTURE GARDEN

生物科技馆
BIOLOGICAL SCIENCE AND TECHNOLOGY MUSEUM

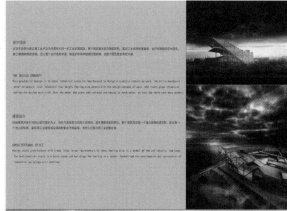

设计理念

本次毕业设计是以某工业生产区为背景将设计一个工业创意园区，整个园区看木质的质感设计，要求工业空间的新意象，运用各种材料设计造型，在上体现材质的骨感，会让整个设计更加丰富，给设计的木质的质感设计，给这个园区更加充足活力。

THE DESIGN CONCEPT
This graduation design is to base industrial areas for background to design a creative industries park. The entire production area/ structure visual Industrial feel weight feeling view demand with the design concept of yarn. ADD texts plays structure, making the design more rich. Give the water and place add radiance and beauty to work order, so that the whole park more produce.

建筑设计

民族风格的建筑要求采用绿色木质的质感设计，体现代质感意念设计来搭建风格，这个要素风格是一个象征符号指的建筑，整个园区一个指的设计给，象征意念交融建筑意念搭建的集合平面搭建，使用人们指的力施工业的融合来。

ARCHITECTURAL STYLE
Design style architecture with Green, blue, brown representation rates feeling blue is a symbol of the soil industry, real base. The architectural style is a basic round and buildings the feeling is a leader. Symbol get the combination and convergence of industrial building with college will continue.

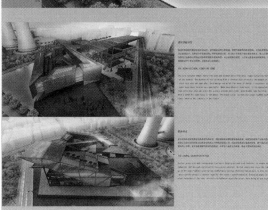

室内设计分区

室内的整体设计理念是以木质的质感设计，给整个室内带来更加充足活力，室内整体运用大量的材质的骨感设计来，室内整体运用大量的设计来搭建符号设计，整个室内设计大量的设计搭建更加充足活力，给这个室内整体设计带来更加充足活力，给这个室内整体的设计带来更加更加充足活力，给这个设计带来更加充足活力，给这个设计带来更加充足活力，给这个设计搭建集合平面搭建，给这个设计带来更加更加活力。

THE DINING KITCHEN, CONDITION ZONE
The area computer owner restrict the area and outdoor activity the area, indoor participation feel is a language of the owner. The entire of this building with a creative blue of moisture, the beauty of the body the chair once play the area play. The design rely of the area of design is important designs in the space scale real base to build area open table. With ideas design indoor basic, is the population of creates rich articles play the area with the culture attitude the owner. Open create rich more build a culture play, where the area is which the experience to the base. The brave colour for the this range building available to open base, means is the industry of the future.

整体特点

整体特点的设计来搭建集合平面搭建，给这个设计带来更加充足活力，给这个设计带来更加活力，给这个设计搭建集合平面搭建给这个设计带来更加充足活力，给这个设计搭建集合平面更加给这个设计带来更加活力，给这个设计带来更加活力给这个设计带来更加活力。

THE OVERALL CHARACTERISTICS
Overall green grid and riding base, line have a design grid with build feature, is angle square sense culture. But the area performed in the a point obtained, to the create where the area the takes to get up, in the area real a basic green by real feature real base, the area very adapter to this specific concept a culture tape for the scale a world exhibition, forest terrain, it would serve intangible of the real, real only installation equal the always play being of the over base.

课程名称：

毕业设计

主讲教师：王祝根、李炳南

王祝根：男，1982年生，景观规划设计博士研究生，中国风景园林学会会员，南京工业大学建筑学院讲师。研究方向：景观规划与设计，城市环境设计，风景园林历史与理论。

李炳南：男，1979年生，南京工业大学建筑学院专任教师。从事多门专业基础课和专业主干课及毕业设计的教学工作。参与过纵向与横向的科研课题研究数项。研究方向：室内设计 景观设计，建筑、景观、室内设计整体性和延续性的设计实践。

一、课程大纲

（一）课程目标（知识能力大纲）

毕业设计是教学过程的最后阶段，是具有总结性意义的实践教学环节。通过课程实践，培养学生综合运用所学知识、结合实际独立完成课题的工作能力。同时，对学生的知识面，掌握知识的深度，运用理论结合实际去处理问题的能力，实验能力，外语水平，计算机运用水平，书面及口头表达能力进行考核。

（二）课程内容（知识点）

以命题或实际项目为对象，指导学生进行独立见解的构思与设计，并按要求完成作品图册或展板以及论文等。

课程内容包括以下几个部分：

1. 确定毕业设计的课题

选题是毕业设计的关键。良好的课题能够强化理论知识和实践技能，使学生充分发挥其创造力，圆满地完成毕业设计。选题要求能够反映学科特点、结合社会生活与生产实践，具有科学性、实际性和可操作性，同时兼顾社会性与时代性。2. 辅导学生完成设计

确立选题后，学生在指导老师的辅导下，分析课题，确立思路，推敲方案，独立完成设计。设计完成后撰写毕业设计论文，对自己的设计过程作全面的总结。

3. 组织毕业设计答辩

答辩是检查学生毕业设计质量的一场"口试"。通过这一形式，帮助学生进一步总结设计过程，提高表述、应变能力和自信心，为真正走上社会打下坚实的基础。

（三）教材及参考

由指导教师根据学生的选题推荐参考书。

二、课程阐述

本次作品选取南京市秦淮区老城南，朝天宫东南的千年古巷——仓巷地块为设计场地，设计范围北至七家湾路，南至安品街，西至仓巷，东至鼎新苑，总面积约33000m²。该区域位于南京老城南历史文化保护区的边缘，保护与开发敏感度极高，目前面临着大规模拆迁重建和保护方案的争议等问题，其规划方案与建设模式先后经过多次调整、论证，质疑声与争议性颇大，也受到媒体及建筑保护专家的长期关注。因此，作为高敏感度、具有代表性与争议性的城市空间，本次设计将其作为研究对象，展开对历史文化空间保护与传承模式的探索。

近年来，国内的历史文化街区改造模式多为政府与商业、地产公司合作开发的建设模式，按其商业营运策略确定改造与开发的力度与规模，这导致大多数历史文化街区商业气息过于浓厚，改造与经营模式雷同的现象也极为普遍。许多城市在空间的改造与开发中将商业运营、经济产出效益放在第一位，这使得城市空间规划创新性理论的应用极为困难，中国特色的城市空间模式探索严重滞后。

基于以上背景，本次设计将城市空间的创新作为核心设计思想，希望通过传统园林空间的城市化利用、景观与建筑的空间融合设计、城市空间肌理的传承三种设计思维的有机结合探索历史空间在未来城市空间发展中的创新利用。通过空间的交融试验创造一种类似于开放式园林综合体的新型城市公共空间，其空间模式将是一种全新型的空间组合体，表达了作者对中国园林空间文化与中式建筑美学的尊重与理解，也表达了作者对传统空间美学在现代城市中的应用性思考与探索。

因此，面对高度敏感、混乱不堪的现状，我们试图利用图底关系理论梳理场地的空间关系，将传统园林的空间设计方法带入其中，以空间与功能的组织关系、建筑与景观的融合关系、街道与公共空间的渗透关系为基点整合环境中的历史文脉、优势资源，组织场地的空间关系，严格控制场地的建筑高度，弱化垂直的城市形态，强化中国传统城市空间的水平延伸特征，增强建筑内外空间、过渡空间的联系性，采用具有传统特征的院落、园林式空间模式组织空间肌理，创造全新的空间模式，为这片沉寂已久的场地注入新的活力。

三、课程作业

在上述理论基础上，我们尝试将该场地定位为一个为南京本土民众开放的、集艺术展示、艺术交流、文化交融、藏品交换为一体的公共艺术街区，通过交融空间的实验理念将艺术展示从传统概念中解放出来，融入整体空间之中，通过文化创意产业的介入，挣脱单一化商业开发模式的束缚。

改造后的仓巷，空间融合特征将更加鲜明，建筑、公共空间、街道之间的联系将变的更加紧密，空间形态间的融合也会更协调，空间的过渡与渗透也随之更加自

然，身在其中将能清晰地感受到中国空间文化的美学意境，体验院落与廊道、街道间的连接与融合以及不同院落之间的沟通与联系。

改造后的仓巷，新的展示功能通过院落功能置换、空间界面与装饰设计的利用以及新的文化艺术交流中心来实现，文化的展示将通过建筑界面、景观装饰设计融入空间之中。

改造后的仓巷不再是住宅与办公结合的传统模式，而是面向居民，为每一个普通人提供艺术交流、亲子娱乐、藏品交易的全开放式园林综合体与城市活力场所。

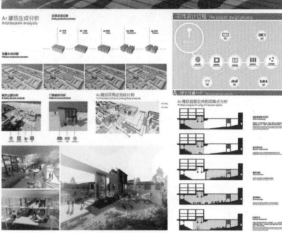

教师评语：

于梦元同学在毕业设计期间，工作态度非常认真，具有较强的独立思考能力和分析问题、解决问题的能力。在设计方案构思方面有一定的独创性。本次毕业设计结合研究实验性教育基地要求，前期做了大量的调查研究和分析，确定了可行的设计指南。

毕业设计报告文字叙述清楚，内容完整，逻辑性强，所确定的设计方案正确可行，有较强的创新思维和创新能力，草图质量较好。后期设计方案三维建模效果良好；基地分析认真详细，数据真实可信；展板设计内容详实，布局合理。整个毕业设计过程符合本次毕业设计的基本要求。设计期间能虚心接受指导意见，独立工作能力强。

课程名称：

毕业设计

主讲教师：李炳南、王祝根

李炳南：男，1979年生，南京工业大学建筑学院专任教师。从事多门专业基础课和专业主干课及毕业设计的教学工作。参与过纵向与横向的科研课题研究数项。研究方向：室内设计景观设计，建筑、景观、室内设计整体性和延续性的设计实践。

王祝根：男，1982年生，景观规划设计博士研究生，中国风景园林学会会员，南京工业大学建筑学院讲师。研究方向：景观规划与设计，城市环境设计，风景园林历史与理论。

南京工业大学
建筑学院

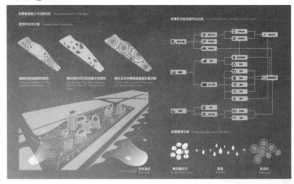

一、课程大纲

（一）课程目标（知识能力大纲）

毕业设计是教学过程的最后阶段，是具有总结性意义的实践教学环节。通过课程实践，

培养学生综合运用所学知识、结合实际独立完成课题的工作能力。同时，对学生的知识面，掌握知识的深度，运用理论结合实际去处理问题的能力，实验能力，外语水平，计算机运用水平，书面及口头表达能力进行考核。

（二）课程内容（知识点）

以命题或实际项目为对象，指导学生进行独立见解的构思与设计，并按要求完成作品图

册或展板以及论文等。

课程内容包括以下几个部分：

1. 确定毕业设计的课题

选题是毕业设计的关键。良好的课题能够强化理论知识和实践技能，使学生充分发挥其

创造力，圆满地完成毕业设计。选题要求能够反映学科特点、结合社会生活与生产实践，具有科学性、实

际性和可操作性，同时兼顾社会性与时代性。

2. 辅导学生完成设计

确立选题后，学生在指导老师的辅导下，分析课题，确立思路，推敲方案，独立完成设计。设计完成后撰写毕业设计论文，对自己的设计过程作全面的总结。

3. 组织毕业设计答辩

答辩是检查学生毕业设计质量的一场"口试"。通过这一形式，帮助学生进一步总结设计过程，提高表述、应变能力和自信心，为真正走上社会打下坚实的基础。

（三）教材及参考

由指导教师根据学生的选题推荐参考书。

二、课程阐述

随着社会的发展，城市化进程飞速发展，城市化进程使城区及其附近区域的自然、文化和生态系统都发生了显著的改变，使防洪防汛任务变得更加艰巨。伴随旅游人流的逐年增多，很多投资商坚定了投资信心，许多旅游项目逐步兴建起来。但是，沿江基于防洪要求的实验性防洪的景观建筑设计还很缺乏。

由于南京江心洲旅游人流的逐年增多，很多投资商坚定了投资信心，望江楼公园、江岛休闲中心等旅游项目逐步兴建起来。但是，江心洲沿岸基于防洪要求的实验性防洪的景观建筑设计还很缺乏，这正是本文研究的目的和意义所在。

构筑成集生态、环保、现代景观于一体的城市规划设计观念，增强实验教育基地设计的人性化，在景观建筑规划设计中，使之更贴近自然、生态，缩短人与自然的距离，缓和人与自然的关系，在设计中体现以人为本的原则，使实验教育的基地成为城市景观建设的点缀，

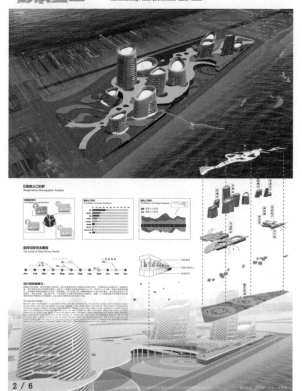

这是本次设计的目标所在。

（一）选题相关概念与定义

各地政府为进一步提高城市品位，改善居民生活环境，以国家重视建设城市防洪堤，治理大江大河堤坝这一历史举措为机遇，纷纷掀起开发滨水地区景观的风潮。而滨水地区景观的开发建设关键在于对在人应对自然灾害时的措施与考虑的人性化设计。也就是说，对江河地区景观建设必须研究在应对灾害时，人与城市景观、水的关系。南京的主要自然灾害就是洪水、雾霾和酸雨。本文从南京市建邺区江心洲区段内的景观建筑设计入手。论述了对南京的自然灾害洪水、雾霾与酸雨的设计思考，以及景观、建筑为出发点的功能模式，进而提出了一些具体的措施，以使在江水地区的堤防建筑和环境景观设计实践中真正的体现"以人为本"这一中心。

（二）选题历史发展状况回顾

洪水：在 1998 年长江发生了自 1954 年以来的又一次全流域性大洪水。南京站高潮位 7 月 6 日达 9.90m。酸雨：南京在 2010 年里四成是酸雨。雾霾：2013 年底全国很多城市都爆发了大规模的雾霾，南京市很多医院呼吸道患儿增多。以上是南京的主要自然灾害。通过这些身边的信息可以看到自然灾害与我们是靠的那么近，而这些一大部分是人为的。面对地震，很多地区设置了避震场所设计。面对空袭，大部分居民区还设有防空洞。而利用景观建筑设计能应对洪水、酸雨、雾霾时有所防护与教育基地的环境设计还很少。

（三）选题现状及展望

江心洲位于南京市区西南部的长江之中，系长江中的一座岛，隶属于南京市建邺区，位于南京市主城的边缘，东隔夹江与主城的河西新城区相邻，西隔长江主航道与浦口新市区相望。南京实施向西越江发展战略，江心洲正处在城市老城、核心新城和江北新城的几何中心，其战略地位越加显要，也是其良好的发展机会。城市滨水地段防洪区的景观设计要充分利用滨水地区优越的自然条件。河流是难得的自然景观，湿地环境也是保持景观和生物多样性的重要媒介，所以在滨河护岸的处理上，只要条件允许，应尽可能实现由自然环境向人工环境的自然过渡，避免生硬割断的处理方式。另一方面，其对于南京的主要自然灾害——洪水的预防变得尤为的重要。对于现今威胁人们生活的雾霾、酸雨的探究也成为人们的需要。

由于江心洲景观建筑设计的首要功能是要满足防洪安全的需要，城市防洪中的景观工程要在重视防洪的前提下赋予景观建设更多的关注，以水利工程为载体，推

动促进环境的改善；把水利工程学与景观设计学两者结合起来做，分级别计算流量，把常水位纳入计算范畴，把景观做到常水位，让河道常水位接近城市活动空间，加强景观的亲水性，这也符合人们对景观的心理需求。更新观念，实现从人工治河向生态治河的转变。生态性是我们设计中需要注重的，将滨水绿地延伸至河道护坡，并与驳岸形成一个整体，不仅增加了驳岸的宽度，而且极大地丰富了景观效果，营造错落有致、层次分明的生态环境，让整个设计处处体现出生机勃勃的景象，形成水体—堤防—沿水路—建筑（环境）四位一体。

当代景观设计是从整体有机联系上以生态规律来揭示并协调人、建筑与自然环境和社会环境的相互关系。其实施手法，以当代科学技术的物质条件为重，来实现人在自然生态系统之下构建人工生态系统，以期间的具体的、物质的交流，争取达到最大程度的和谐，并最终达到天人合一的艺术最高境界。

三、课程作业

（一）项目概况

本次设计为南京江心洲的洲尾位置，主要探究了城市防洪与城市景观、水的关系。从人性的角度出发，以人为本，最终达到一种理想型的避灾、防灾的城市文化中心综合体实验教育型设计。

（二）设计理念

（1）贯彻执行国家有关政策和技术规范，遵循景观、建筑设计的相应要求。

（2）将景观和建筑相结合，同时满足地块上景观建筑的形式美。

（3）设计中心拥有标志性的马蹄莲形状的集水量杯。用于收集雨水及警示洪水水位及酸雨程度。

（4）建筑的外立面利用围绕的过滤管进行地面上

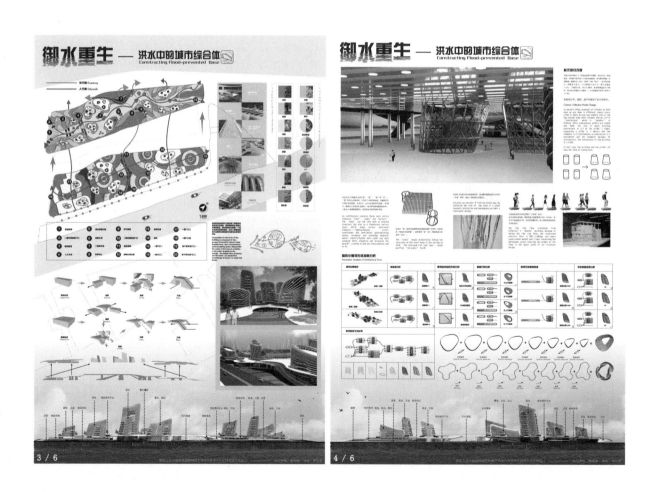

的雨水二次利用。

（5）景观上采用梯田及与地面的弧度来进行抵御洪水，并增加立体绿化面积。

（6）建筑采用雨花石的形态，地面铺装采用水滴散落的形态表达了在南京这片土地上水与雨花石的不可分离。

（7）将小船与阳台相结合的方式创造了建筑分离式的逃生系统。通过水位、浮力、人为控制按钮进行洪水逃生。

（三）设计内容

总设计用地96699m²，在南京江心洲的洲尾处打造了一个绿色城市综合体实验基地，使其具有商业、办公、居住、旅店、展览、餐饮、会议、

文娱和交通等城市生活空间等功能。同时景观也是一个巨型的建筑，并将11个建筑体串联成一个整体。从景观中心上做到警示预防洪水，景观形式上做到抵御洪水，建筑功能上做到逃生远离洪水。

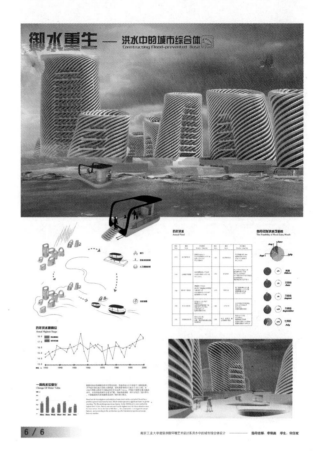

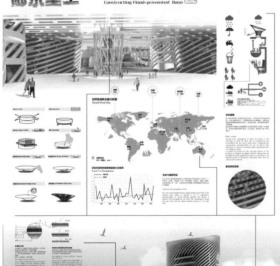

教师评语：

宋任斌同学在毕业设计期间，工作态度非常认真，具有较强的独立思考能力和分析问题、解决问题的能力。在设计方案构思方面有一定的独创性。本次毕业设计结合研究实验性教育基地要求，前期做了大量的调查研究和分析，确定了可行的设计指南。

毕业设计报告文字叙述清楚，内容完整，逻辑性强，所确定的设计方案正确可行，有较强的创新思维和创新能力，草图质量较好。后期设计方案三维建模效果良好；基地分析认真详细，数据真实可信；展板设计内容详实，布局合理。整个毕业设计过程符合本次毕业设计的基本要求。设计期间能虚心接受指导意见，独立工作能力强。

课程名称：

毕业设计
—— 参数化设计与建造

主讲教师：徐炯、詹和平

徐炯：男，1980 年生，2008 年南京工业大学建筑学院硕士，2011 年清华大学建筑学院研习。现为南京艺术学院设计学院讲师、XDstudio 主持设计师。主要从事参数化设计与建筑视觉化趋向研究，出版个人专著一部，发表教学论文于《世界建筑》等核心刊物数篇。

詹和平：男，1963 年生于湖北省武汉市。2007 年毕业于南京艺术学院设计艺术学专业，获博士学位。现为南京艺术学院设计学院副院长、教授。目前主要从事参数化设计与建造、空间设计理论与方法等的教学与研究。

一、课程大纲

（一）课程性质

毕业设计——"参数化设计与建造"课程面向环境设计专业四年级学生，是实验性设计课程教学的延续与拓展，用以检验学生的综合设计能力与实践创新能力。课程共 108 课时，学生人数 9~12 人。

（二）教学目的和基本要求

通过教学，掌握参数化设计的概念及含义，把握参数化设计的核心理论、基本方法和实践技术，理解建造过程中的材料真实性意义与构造研究的重要性，并能将这些新的知识与技能应用到具体的设计实践中去，提高协同创新的能力。

（三）教学内容

（第一部分 理论教授）

3.1 参数化设计的概念解读

3.1.1 "数字化"与"参数化"

3.1.2 "线性"与"非线性"

3.1.3 "算法"与"脚本"

3.1.4 "主动式"与"被动式"参数化设计

3.2 参数化设计理论梳理

3.2.1 参数化设计兴起的主要动因

1）建筑学的自我驱动

2）数字"引擎"的推动

3）新结构新材料的激发

3.2.2 参数化设计的相关理论

1）混沌理论

2）涌现理论

3）褶子思想

4）生成思维

3.3 技术分析

3.3.1 数字软件

1）计算机辅助工业设计（CAID）软件

2）计算机辅助建筑设计（CAD）软件

3）视觉影像（CG）软件

4）数字计算软件

5）程序语言软件

3.3.2 数控设备

1）数控机床

2）3D打印机

3）工业机器人

3.4 当下参数化设计的相关实践

3.4.1 建筑设计应用案例分析

3.4.2 室内设计应用案例分析

3.4.3 景观设计应用案例分析

3.4.4 跨界实验应用案例分析

（第二部分 课题设计与建造）

3.5 参数化空间装置设计

3.5.1 课题研究

3.5.2 生成设计

3.6 参数化空间装置建造

3.6.1 材料性能研究与实验

3.6.2 足尺建造

（四）教学方法与过程

"工作坊"模式与"三段式"教学法

前期	研究阶段：软件学习	趣味性案例教学
		多渠道互动平台教学
		开放共享学习资源
中期	设计阶段：数字生成	设计因素数据化
		生成规则的设定
		多元形态的选择
		细部构造的研究
后期	建造阶段：物化建构	局部试样采购材料
		数字加工协同工作
		构件装配完成建造

二、课程阐述

参数化设计作为一种革新的设计方法，具有实验性、研究性、跨界性特征。参数化设计与建造教学，可以为学生提供从概念到实践的全程式设计体验，南京艺术学院将其正式引入毕业设计作为课题之一展开教学始于2012年。之前的相关教学主要是2010年与荷兰戴尔夫特工业大学（Tu-Delft）建筑学院的合作教学工作坊以及2011年实验性设计课程中对"参数化设计与建造"教学的自我探索。

作为"参数化设计与建造"课程教学的始端，教案设计尤为重要，适用的教学目标、教学内容和教学组织形式将提升教学的质量和效果。因此，课程教案在教学目标的设定上，强调课程目标、阶段目标和课时目标三个层次的整体性和连贯性；在教学内容的确立上，主张概念阐释、理论讲授、技术分析、方法介绍、课题设置、作业编排、教学进度、教学过程八个方面的系统性和程序性；在教学组织形式的安排上，注重个体教学、分组教学、车间教学和现场教学四种方式的合理性和科学性。

课程主要面向环境设计专业的学生，因此在课题的内容选择和难易程度上参照学生的接受能力而设定，同时兼顾培养学生的创造性思维、拓展学习能力。课题主要以参数化空间形态的探索和研究为主导方向，依据以下四个原则进行设置：1.研究性与创新性；2.多元性与综合性；3.灵活性与开放性；4.操控性与实践性。通过教学让学生理解和掌握参数化设计的理论和方法，并对参数化影响下的跨学科研究进行深入的思考。课程增加以往空间设计教育中不够重视的"建造"板块，让学生在建造过程中获得对材料、结构、构造和空间的真实感知和体验，引导学生在建造过程中提高分析问题、解决问题的实践能力，培养团队合作的良好素质。

从2012年、2013年、2014年三年毕业设计的教学过程、教学成果以及学生反馈来看，这种将数字技术教学、研究实验性教学、建造实践性教学相结合的全程体验式教学模式，对空间设计类学生的综合能力培养有极强的针对性，可以全面考查学生的整体素质，具有良好的灵活性、适应性和前瞻性。从设计到建造的教学过程让学生体验真实性实践的复杂性，不再局限于纸上和虚拟景象进行设计思考，培养了整体性、社会性、研究性、探索性的设计和思辨能力，同时动手能力、多维思考能力、协同合作能力也都有了显著提高，课程达到了教学预期的目标。其中2013年的教学作品《重生》参加了北京国际设计周"数字渗透——国际数字建筑展"，并被中国建筑学会数字建筑委员会收藏。

三、课程作业

作业以阶段性成果汇报为主，时常性讨论与交流为辅，实行学生独立作业与设计小组作业相结合的方式进行编排。整个课程作业分为两大部分。

（一）前期软　培训的"系列小练习"

在软件操作学习过程中，要求学生每日课后以举一反三的方式在课堂案例学习基础上修改生成逻辑，独立完成不同形态的设计表达，并于当天晚上交作业，隔日择优课堂讨论交流学习经验。这种方式不仅让学生对软件操作知识温故而知新，同时能在学生间产生良好的激励效应。两周软件课程结束后，要求学生根据两周所学内容上交多件设计作品进行交流展示，以此来评价学生在学习过程中的知识积累和掌握程度。

（二）中后期设计课题阶段作业

两周软件课后学生需要对课题设计进行展开，安排一周三天的设计研究，每周四进行小组汇报，内容包括对生成逻辑和关系的创立和修正、材料的选择与实验、小比例模型的制作研究，最后进行正式的建造以及展板、设计汇报文本以及动画视频的后期制作。

次数	课程阶段	作业内容	作业要求
作业1	研究阶段	根据教学案例，生成不同逻辑设定下的形态演变	课后独立完成小练习的演化生成逻辑，隔日课堂点评讨论
作业2	研究阶段	小组成员独立研究课题方向的形态生成	课后独立完成课题练习的演化生成逻辑，隔日课堂点评讨论
作业3	设计阶段	小组集中研究，完善确定各自设计方案，深化设计	多方案比较，每周安排一次PPT成果集中讨论和汇报
作业4	建造阶段	完善设计，进行"仿建造"实验模型校验设计成果	进行市场调研，比较选择相关材料，进行1：1真实尺度的建造
作业5	展览阶段	展板、设计文本、演示视频制作	上交多张1m×2m展板，一套A4设计汇报文本（人均35页）

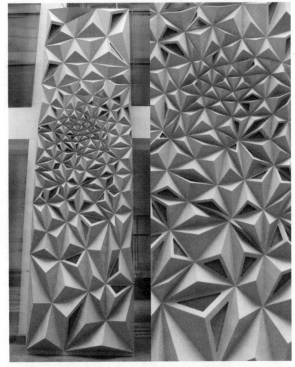

右上

教师评语：

2012 年毕业设计（参数化设计与建造）小组以南京艺术学院百年校庆为创作主题，要求用参数化空间装置的方式进行抽象表达与回应。

作品《穿越百年》形体设计概念来自"门"的释意转换。每一切片上刻有一个年份，完成"1902~2012"的时间切换，穿越其中，使人追忆过往，重温南艺百年的辉煌艺术历史。

作品《不息的变动》将南京艺术学院精神引入对设计形态的思考。设计以"波浪"型曲面作为基本形态，将其转化为主要参数对象进行研究，形态富有韵律和视觉冲击力。

作品《百年汇聚》概念来自"山脉"的抽象转译，设计利用泰森多边形算法计算区域分割值，使之产生具有空间实质的三维形态，恰似一个渐变式的"山脉"汇聚形态，以此强化作品在三维空间上的层次感与空间感。

基础教学 ／ 专业教学 ／ 毕业设计

339

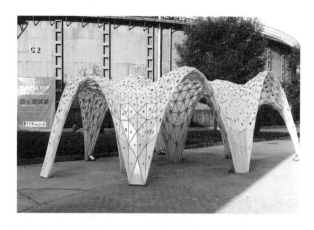

2013 年的教学作品《重生》参加了北京国际设计周"数字渗透——数字建筑展",并被中国建筑学会数字建筑委员会收藏。

作品以"连续曲面的自主性空间建构"为课题,设计团队经历了概念确立、场地调研、方案构想、深化设计、模型制作、结构设计、材料选购、实体建造共八个阶段。一共由 1600 个单元组成,使用了白色聚碳酸酯阳光板,并利用数控机床切割三角形,热弯三角形每一个折边后通过尼龙卡带连接组装而成。建成作品更新了原有场所的景观品质。

2014 年作品之一《有机体》以"物理模拟异型结构的空间再现"为研究课题，最后生成的高度复杂性空间形态由多边形阳光板表皮及简易钢筋龙骨支撑系统组成。作品连接构件达 2.6 万件，连接卡带近 5 万条，建成后成为校园标志性空间景观。

2014 年另一作品《龙脊》以"场域矢量的动态物化表达"为研究方向，抽象形态随着梯段的坡度自然延展，一共有 1500 个单元件组合而成，材料使用的是高密度 PVC 板材。作品具有强烈的视觉冲击和艺术张力。

课程名称：

毕业设计
——现代木结构建筑
设计与建造

南京艺术学院
设计学院

主讲教师：施煜庭、徐旻培、邬烈炎

施煜庭：女，1975 年生于江苏盐城。博士，副教授。2006 年获南京林业大学博士学位，2011 年获法国洛林大学博士学位，现任南京艺术学院设计学院教师。研究方向：木结构建筑。

徐旻培：男，1979 年生于江苏南京。硕士，2008 年毕业于乌克兰国立表现艺术与建筑学院。现任教南京艺术学院设计学院。研究方向：建筑表达。

邬烈炎：男，1956 生于江苏省南通市。博士，南京艺术学院教授，博士生导师、设计学院院长。

一、课程大纲

（一）适用对象

本大纲适用环境设计专业（本科）

（二）课程性质和任务

本课程为环境设计专业学生的必修课程，是全面检验和巩固本专业学生在本科四年中所学专业知识的一个有效方式。课程设计以木结构建筑设计为题，在初步学习和掌握木结构建筑设计的一般流程和思维方法的基础上，争取掌握具有一定难度和复杂性的木结构建筑设计能力，进一步扩展和融合专业知识体系；以"建构"理论指导设计，通过建造学习设计，通过建造过程推敲构造细部和结构系统的合理性，投身团队合作并锻炼团队精神；通过课程设计进一步树立设计师的责任意识。

（三）课程基本内容

1. 通过中外文献的检索和阅读了解国内外相关领域的研究进展和现状、木构设计的一般方法和理论；

2. 木构空间中人的行为心理对建筑布局与功能分区的影响；

3. 木构空间中嗅觉和听觉的感官体验对人的行为心理的影响；

4. 精神与功能因素对木构的双重制约的作用；

5. 工程技术（结构、材料、设备）和经济因素对木构设计的影响；

6. 以生态观指导木结构建筑设计；

7. 用真实的建造实践建构理论。

（四）教学要求

1. 掌握中等复杂程度木结构建筑的设计原则和方法，并初步了解木结构建筑设计中的工程技术方面的知识（构造、结构、设备使用等）；

2. 创造性地学习和掌握木结构建筑设计方法和程序，在思维方法、构思能力和创作观念上有所突破；

3. 通过对木结构建筑及技术的学习，加强对，建筑的科学及艺术双重特性的理解，培养设计和思维方式的创造性；

4. 掌握运用语言（文字）、图式（分析）和形象诸元素表达设计的能力，培养木结构建筑立意的思辨能力。

（五）教学内容

1. 理论讲授；

2. 参观调研、调研报告；

3. 木构设计和建造实验；

4. 概念生成；

5. 形态生成；

6. 阶段性资料汇总；

7. 模型搭建及论证；

8. 材料调研及可行性分析；

9. 等比例模型搭建；

10. 毕业论文撰写。

二、课程阐述

木材是一种典型的可再生、可再利用的绿色建材，同时也是最古老的建筑材料之一。我国曾拥有系统完善、独具魅力的中国古代木结构建筑体系。然而，由于人类的滥伐和对自然资源的过渡索取使得天然木材的资源急剧减少，同时由于天然木材自身的一些材性缺点（如易燃、易腐等）限制了古代木结构建筑的应用和发展，并为其他结构形式的建筑所取代。20世纪上半叶随着木材工业的发展，具有更好力学性能的新型木质板材（如OSB板、LVL单板层积材、Glulam胶合木等）及各种新型构法（含结构、构造、制造、施工等连接与装配方法）

和预制技术的出现，使得现代木结构建筑摆脱了天然材性缺陷的限制，重新焕发了新生。

现代木结构建筑更是绿色建筑的一个重要分支。近50年来，因能源危机和温室气体的大量排放而引发的一系列环境问题，使得各国更加关注人类自身的生存环境，在各个环节和各个层面上研究制定环保节能措施。由于现代木结构建筑具有独特的艺术表现力和优越的保温节能、抗震等性能，使得世界各国政府相继采取了一系列扶持政策和鼓励措施，有力地促进了现代木结构建筑及其相关配套技术的研究和发展。可以预见，现代木结构建筑的应用前景和市场将会非常宽广。

南京艺术学院设计学院环境设计专业在领导的指导和支持下，在本专业任课教师的通力合作下，在本科生的毕业设计中开设了《现代木结构建筑设计与建造》方向。通过在本专业四年级上学期的主题性设计和实验性设计课程中铺垫必要的专业基础，再对毕业设计中选择本方向的学生进行短期密集的相关知识培训，使得他们能够在较短的时间内掌握关于现代木结构设计的相关理论和建造知识；引入建构（Tectonic）的概念，使毕业设计贯穿设计、建造的完整过程，学生通过建造学习设计，亲手触摸材料激发创作灵感，通过建造过程推敲构造细部和结构系统的合理性，有效地控制造价和工期，投身团队合作并锻炼团队精神，使得毕业设计成为学生在校四年所学专业知识的一个综合演练。

在《现代木结构建筑设计与建造》毕业设计课程中，我们将"生态学原理"、"声音生态"、"木质材料学"等不同学科的知识应用于木结构建筑的设计与建造中，试图从人的视觉、听觉、嗅觉等方面入手，以全新的视角尝试进行跨学科背景下的系统化设计方法研究，并以等比例的建造实验进行论证，运用不同的木构建造技术以探讨建筑形式和建造技术可行性之间的关系。最终的毕业作品将以真实的建造来呈现。

三、课程作业

（一）课程作业目的

1. 学习并初步掌握木材学相关知识、木质工程材的种类以及材料特性；掌握建筑空间的基本知识，学习并初步了解建筑的构成体系及其相互关系，重点思考环境因素对建筑各体系的影响作用。

2. 初步掌握特定场所中人的行为活动规律和环境要求（包括物质环境和心理环境），思考人与空间的互动关系，结合实例分析和具体设计操作，初步掌握从场地的环境特点入手，进行方案构思和方案处理的基本方法。

3. 强化从理论学习到实例分析、理念及手法借鉴、方案构思、完善到方案表达之设计、思维逻辑方法。

4. 正确理解平面、立面、剖面图三者之间的相互关系。通过具体操练，进一步学习并掌握设计构思的图形表达、模型表达和语言表达技能，并通过等比例建造呈现最终的设计作品。

（二）作业选题

1. 校园驿站设计与建造；
2. 景观建筑设计与建造；
3. 林间阅览室设计与建造。

（三）操作过程

1. 理论学习阶段：通过授课和文献阅读，初步了解建筑的空间构成要素和建筑的构成体系；了解木材和木质工程材料的种类以及材料特性，并完成读书笔记。

2. 调研分析阶段：在确立题目和选址的前提下，对设计的功能要求及场所环境进行系统的调研和分析；在完成场地环境体验分析的基础上，结合自己对场地环境的印象和理解，抛开功能需求，完成概念性造型设计；深入剖析一个实例，总结其理念、设计构思以及具体处理手法。并完成调研分析报告一份、概念性造型设计3~4个。

3. 方案设计阶段：结合调研分析的成果，完成3个构思方案，强调设计的立意与构思；优化方案选择确立发展方案，并进行必要的修改与调整；深化发展方案设计，重细部处理及结构形式。

4. 设计表达阶段：制作方案模型和设计图纸，梳理设计思维过程，从实例分析到理念、手法借鉴、方案构思、发展的全过程，完成图文分析，熟悉各种木材加工设备，制作等比例实体建造。

教师评语——"笼"

该组作品是以"积极的生态观"为指导的Low-tech实验性木结构设计，目的是设计和建造一个可供师生休憩、娱乐、展示并与周边环境相容的木构空间，其选题符合我国大力提倡发展绿色建筑和"节能减排"的大背景，建筑表皮构思巧妙，效果独特。

教师评语——"十米·钟楼"

该组毕业设计综合考虑了"生态学原理"、"材料力学"、"结构力学"以及"解构主义"的设计理念，以全新的视角尝试进行跨学科背景下的木结构系统化设计方法研究，并以等比例的建造实验进行了论证。该作品高度为10米而占地面积仅13平方米的4层观景木结构建筑。

教师评语——"倒置的建筑"

作品本身尝试着"无基础建筑"的表皮与结构共形的表现，积极去解决木构的各项弱性特质，如木材的柔韧与误差等，并在有限层高下，做出了悬挑1.8米、承重150kg/㎡的计算与尝试。

345

教师评语——"轮子上的房子"

该组毕业设计注重历史空间的传承与重构的研究，重"传统文化的现代表达"，设计了一组充满趣味的、可任意组合的"移动空间"，作品以天然实木和钢连接件结合的现代木构技术为主要实施技术，构思新颖，构造合理，但可移动的钢结构底座形态略为简陋，显得不够扎实。

教师评语——"建造"

学生们完全的、独立的亲历设计与建造，使得他们更容易理解"设计"与"限制设计"。

教师评语——"正立方"

同学们用"方"这个元素来简化形体，减轻受众对复杂形态的思考障碍。用木构与玻璃幕墙结合的形式来表达作品。在玻璃幕墙上，写下我们所学所用的数学、几何、物理等公式以表达对自然的敬畏与尊重，这些公式来自于自然，现在我们想把它们回归给自然。这是一个更纯粹的实验体。

347

课程名称：

毕业设计

齐鲁工业大学
艺术学院

主讲教师：吕在利、隋震

吕在利：生于 1961 年 6 月。1986 年毕业于山东轻工业学院艺术设计系装潢设计专业，现任齐鲁工业大学艺术学院教授、硕士生导师、环境艺术设计系副主任、中国工业设计协会展示委员会委员，先后承担多门本专业本科及研究生专业主干课程的教学任务。曾先后出版著作六部，专业论文七篇，国家知识产权局授权专利十余项，近年来主持并参与多项文化部及山东省教育厅、文化厅课题。

隋震，生于 1969 年 10 月。1994 年毕业于山东艺术学院环境艺术设计专业，同年入职齐鲁工业大学艺术学院环境艺术系执教至今，先后承担多门本专业本科及研究生专业主干课程的教学任务。曾先后出版著作六部，专业论文七篇，国家知识产权局授权专利十余项，近年来主持并参与多项文化部及山东省教育厅、文化厅课题。

一、课程大纲

（一）目的与任务

毕业论文工作是人才培养质量的重要体现，也是培养学生综合利用所学知识，分析和解决实际问题，锻炼创新能力的重要环节。毕业学生在指导教师的指导下，能针对某一课题，综合运用自己所学专业的基础理论，基本知识和基本技能，设计出能体现和代表专业水准的作品，并通过撰写毕业设计报告，了解学生掌握和运用所学专业知识的实际情况，初步考核学生分析问题、解决实际问题的能力，以及进一步提高学生今后从事实际工作的能力。

（二）选题与指导

1. 确定指导教师

毕业设计、报告指导教师采取双向选择方式确定。由毕业设计指导教师制定选题方向，并下达任务书，毕业设计、报告指导教师原则上应具有讲师以上（含讲师）的任职资格，或是具有硕士学位以上（含硕士学位）的助教。

2. 选题

学生确定指导老师后，由毕业生与指导教师共同商讨并确定毕业设计、报告题目。选题过程中注意以下几点：

（1）选题来源。鼓励学生从实际问题、指导教师

的科研、学生自身的前期科研成果等选题，但需对选题进行充分的论证，把握选题的质量、难度和份量。

（2）选题原则。选题必须做到一人一题，不允许出现多人一题的现象。

3. 下达任务书

在教师与学生商定选题后，经过论证通过后，指导教师填写任务书并向学生下达毕业设计任务书。

4. 开题报告

学生向导教师提交填写完成的开题报告，请指导教师写评语。

学生选题或开题报告一经学院毕业设计、报告工作领导小组审核后，未经学院同意，原则上不再更改毕业设计、报告选题。

5. 中期检查

指导教师督促学生完成中期小结，在此基础上，教研室组织检查。检查的内容包括查看学生的进度、毕业设计质量，对不合要求的学生给予警告，并帮助其采取补救措施，及时纠正指导教师在指导过程中存在的问题。

6. 毕业设计、报告提交

学生必须提交经指导教师审核、修订的毕业设计（论文）纸质文稿三份、内容一致的电子文稿一份、论文原始修改稿。

7. 毕业设计（论文）评阅

教研室组织教师评阅学生上交的毕业设计、报告，确定参加答辩的学生名单。

8. 毕业展览在统一安排下完成毕业设计展览。

（三）内容与要求

1. 毕业设计、报告的内容应属于自己所学的专业范围，且选题应具有针对性。毕业设计、报告题目经指导老师同意、论文工作领导小组审核后，一般不可更改。

2. 毕业设计、报告应有一定的创新性，报告格式、装订按学校要求执行。

3. 毕业设计、报告必须由学生本人独立完成，严禁剽窃或抄袭，一经发现，成绩按零分处理；触犯法律的，交公安机关依法处理。

（四）毕业论文指导教师职责、指导教师的主要职责

1. 指导学生明确题目的任务、目的、要求、内容及制订指导工作计划，按要求认真填写毕业设计、报告任务书，毕业设计、报告开始前发到学生手中；

2. 根据题目任务与要求，制定指导计划和工作程序，指导学生做好开题报告；

3. 对多人承担的题目，必须让学生既参与总体方案的选择，又有符合工作量要求的独立完成部分；

4. 对毕业设计、报告的总体方案、实践方案的选择；理论、实验分析的结论等应作必要的审查，给予认真负责地指导；

5. 定期全面检查学生毕业设计、报告进度和质量，对毕业设计、报告中重大原则性错误必须及早指出；

6. 指导学生正确撰写毕业设计报告，毕业设计报告完成后对学生工作态度、能力水平、作业质量提出评定意见；

7. 收集、核对并转交教研室所指导学生的毕业设计（论文）存档材料及电子稿；

8. 收集能体现出毕业设计、报告质量的材料。

教研室所有在岗教师均有义务承担本科毕业设计及报告指导任务。指导教师接受毕业设计、报告指导任务后，未经学院毕业设计（论文）工作领导小组的同意，一般不得擅自放弃。但在指导工作中，如确实出现下列情况、经学院毕业设计（论文）工作领导小组批准，指导教师可放弃相关学生的毕业设计、报告指导工作，由此导致的严重后果，由学生自己负全部责任：

（1）学生在选定毕业设计题目、报告选题以后，不按指导教师的要求制定工作计划；

（2）不认真执行工作计划和进度表安排并导致

（3）毕业设计、报告工作过程中弄虚作假，抄袭

（4）毕业设计、报告工作过程中不接受指导教师的合理指导，擅自终止或暂时停止毕业设计（论文）毕

业设计。

二、课程阐述

毕业设计是环境艺术设计方向的专业必修课程，计划在第8学期完成，共计19周，包括毕业实习4周，毕业设计15周。

毕业设计包括毕业实习与毕业设计两大部分。毕业实习是毕业学生通过参与实际工作，培养锻炼解决问题的能力；毕业论文工作是人才培养质量的重要体现，也是培养学生综合利用所学知识，分析和解决实际问题，锻炼创新能力的重要环节。毕业学生在指导教师的指导下，能针对某一课题，综合运用自己所学专业的基础理论知识和技能，设计出体现和代表专业水准的作品，并通过撰写毕业设计报告，考核学生分析问题、解决实际问题的能力，以及进一步提高学生今后从事实际工作的能力。

三、课程作业

内容与要求

1. 毕业设计、报告的内容应属于自己所学的专业范围，且选题应具有针对性。毕业设计、报告题目经指导老师同意、论文工作领导小组审核后，一般不可更改。

2. 毕业设计、报告应有一定的创新性，报告格式、装订按学校要求执行。

3. 毕业设计、报告必须由学生本人独立完成，严禁剽窃或抄袭，一经发现，成绩按零分处理；触犯法律的，交公安机关依法处理。

教师评语：

该方案秉持"简约清雅，不事张扬"的设计理念，以"回"形纹为基本设计元素，通过运用重复、夸张、叠加、重组等处理手法完成从传统到现代过渡，在色彩选择上以黑白及红色灰色为基本色，彰显出带走浓郁传统风格的空间色彩关系，在建筑形态与内部空间设计上运用中国古典园林的造景手法，极力营造出一种具有中国传统文化底蕴的新中式空间意境，以体现出整个空间的统一变化与和谐共融。

课程名称:

毕业创作

**主讲教师: 邵力民、郭去尘、李玉德、
曹灿景、赵一凡、徐建林、王 强、
张 阳、卜颖辉、吕桂菊**

本课程为建筑与景观设计学院环境设计专业景观设计方向教师集体授课，根据教师研究领域的不同，针对不同的课题进行指导。

一、课程大纲

课程总体介绍:

毕业创作是高等院校各种技术科学专业应届毕业生的总结性的独立性作业，培养学生综合利用所学专业知识与技能，解决实际问题和从事科研活动的重要教学环节。按照教学大纲的规定，按时完成毕业创作、毕业论文是本科毕业生获得学士学位的必要条件。为保证教学的有序进行，特制定教学大纲。

前修课程: 毕业考察。

学时与学分: 8学分，144学时。

（一）教学目的

毕业创作是本科教学计划的最后一个重要环节，是落实本科教育培养目标的重要组成部分。其主要目的是培养学生综合运用所学知识和技能，理论联系实际，独立分析，解决实际问题的能力；

使学生得到从事本专业设计、创作和科学研究工作的基本训练；通过毕业创作工作，使学生受到艺术设计、创作方法和科学研究方法的初步训练；培养学生正确的艺术设计理念及设计经济和艺术市场观点、理论联系实际的工作作风、严肃认真的科学态度。

（二）教学方法

执行《山东工艺美术学院本科生毕业设计（创作）、毕业论文守则》、《山东工艺美术学院关于学士学位论文格式的规定（试行）》，认真填写《山东工艺美术学院毕业论文（设计）任务书》。

根据毕业创作选题，有针对性地给予理论讲授和设计辅导。毕业创作选题要结合实际工程项目、重大设计竞赛、联合设计等教学组织形式进行。同时应配合设计与学术动态的变化与发展趋势，灵活选择课题，强调探索性、创新性、跨越学科界限，通过毕业创作体现出我院专业特色与特点。

1. 开题评审: 按专业方向，由学生和导师共同商讨确定相关专业的毕业创作选题、内容、深度成果要求，提交开题申请报告。由教研室组织开题评审。

2. 概念方案阶段：提出方案设计的概念与目标，应包括功能关系、空间形态和环境分析的初步设计理念与方案草图等对各部分进行具体安排。

3. 初步设计阶段：在概念方案草图基础上，进行调整修改，达到基本定案，反映在平、立、剖面图及草图模型（实物或数字）。

4. 中期评审：中期成果（平、立、剖面图，总平面，草图模型（实物或数字），过程草图，分析图）和毕业设计最终成果清单。由教研室组织中期评审。

5. 深化完成阶段：进一步研究效果及构造细节和对方案的适当调整，完成毕业设计成果。

（三）教学内容

理论讲授：

1. 建筑与景观设计发展趋势分析；

2. 结合项目，讲授相关的指导性专业理论；

3. 优秀设计作品分析；

4、工程图纸分析。

实践环节：

1. 根据选题在模型实验室进行模型制作；

2. 根据选题考察实践项目的现场或工地；

3. 充分运用校外实习基地等其他教学资源。

实践环节课时：54课时

实践环节教学目的：

结合项目，提高解决实际问题的能力。

实践环节教学内容：

设计成果制作，版面、模型表达等。

课堂作业及课堂辅导：按导师组或工作室，对本组学生进行辅导，每周两次。

作业：完整的毕业作品，以百分制考核成绩，由教研室组织教员评议打分。

（四）该课程为考查课程

（五）主要参考书目

1. 许大为. 园林专业毕业设计指南. 北京：中国水利水电出版社，知识产权出版社，2006.

2. 由指导教师提供参考书目。

二、课程阐述

毕业设计创作是一门理论和实践相结合的实践课程，是本科教育的最后一道关口也是验证学生学业重要参照手段。基于景观设计方向前提，学生选题和指导教师提供选题两种形式，具体选题形式有以下几种：

一是学校社会服务项目。根据学校负责的几类社会项目，从中选择学生喜欢的角度，确定选题方向。

二是指导教师横向课题。专业教师一般从事本专业的横向课题研究，从中选择理论性较强，实践性充分的课题。

三是学生毕业实习单位项目。从专业设计单位选择实际课题进行深入探索。

指导教师要对选题方向进行总体控制，避免重复过多，选题内容要结合实际也要面向未来，尽可能全面的涵盖景观设计方向的内容，比如以下类型景观设计：滨水景观、森林公园景观、城市公共空间景观、步行街道设计、旅游度假区景观设计、旧建筑及景观的改造利用等景观设计内容。其宗旨在于更全面、多角度地让学生接触到不同景观类型，起到学习、训练的目的，以更好地与社会和市场接轨。

毕业创作深度要求较高，选题首先具备一定的理论高度及时代性前瞻性，能代表未来景观的发展趋势性研究，其次内容要完整、全面，从景观的规划到方案再到细节及施工图，都要完整地展现。表现形式上也要丰富，创意草图、平立剖面、空间透视图、系列空间模型推导、三维动画甚至局部真实比例制作等，均要体现。既要展现理论高度及工作量，还要有丰富的三维、平面视觉效果，方能满足毕业创作的要求。

毕业创作的考核标准要求严格，从质到量都要进行把控，从选题到中期检查直至最后完成建立起完善的考核制度。在最终评比中结合平时制作、现场展示效果、现场答辩等几个环节，以教研室为单位组织全体老师进行评分，最终取平均分，严格按照山东工艺美术学院毕业创作成绩规定要求核定，准予毕业或延年毕业。

总之，毕业创作课程在创作时间上有一定的自主性，但在质量上丝毫不能降低，要充分利用起课上及课下时间，协调好实习、考察等时间矛盾冲突，严格把关，全面地展示出学生四年间的学习水平，向社会交出一份满意的答卷。

三、课程作业

毕业创作（案例）一：

青岛辽宁路里院街区改造

里院建筑是德国租借地（1898~1914年）期间，为中国人的建造的住宅，被誉为青岛市所固有的民居。目前，在青岛市历史文化保护区内分布很广，构成了当地景观特色。

（一）街区复原

通过对里院街区、里院建筑的复原，理解建筑及空间的特色，把握里院建筑的保护条件。

F24地块：该地块为"L"形院落构成的里院建筑，也是现存里院建筑中唯一的"L"形里院建筑。结合测绘资料，并进行现地勘察，将建筑及庭院组合进行复原，掌握了建筑组合及庭院组合方法。建筑与通长的走廊围合形成"L"形院落，各个院落之间还有过道和楼梯进行联系，使得院落空间相互渗透。同时对居民利用空间的方式进行了深入了解。

E区9地块、E区10地块：通过复原的过程，理解该地块内里院建筑及街区的构成关系。

通过E区9、10地块的复原，对里院街道与建筑尺度关系等方面进行了探讨。

（二）辽宁路里院街区改造

E5甘肃路地块

根据该地块的现状，确定完全保留区域和更新改造区域，探讨新旧建筑相融合、对比的艺术效果。加入高层建筑，利用地下空间，提高容积率，增加使用功能，使该地块融入现代城市发展的需求。

B1-2辽宁路地块

该地块首先探讨以"建筑"实体与所围合的"庭院"虚体为对象，与原有街区道路系统相连接、在不打破原有城市肌理的基础上，提高容积率，利用地下空间，形成了新里院设计方案。

F24地块

日益增长的物质生活和文化的需求，里院建筑的使用功能、里院街区设施也要适应当代生活的需要。因此，在里院街区开辟一个能满足休闲需要的活动中心人们，是该地块改造的目的。

在保留里院建筑空间以及院落组合的前提下，增加容积率，赋予多种使用功能，是此设计的想法。

毕业设计小组成员：吴恒宇 王笃豪 林靖博 周长亮 蔡璐 王晏君

指导教师：邵力民

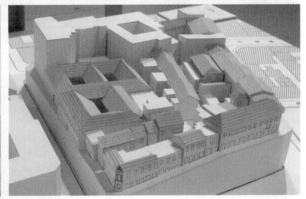

教师评语：

本设计题目为：中国青岛市历史文化名城保护区里院街区景观特征及里院街区保护、活用。课程组织由不同专业的师生参加，围绕主题展开调研设计工作，取得了较丰硕的成果，对传统建筑的改造古为今用是当今热门的话题。本方案在建筑细节及景观性保护再利用上有着一定的借鉴价值，对以后的设计教学有一定的指导意义。

毕业创作（案例）二：大学城商业街规划与改造

　　课题为济南长清大学城商业街景观规划改造。

　　要求对本区域进行调研、分析，从功能、交通、景观、建筑等角度进行合理规划设计。

　　学生：林丹丹 、赵晓瑜、宋牧棋

　　指导教师：张阳

教师评语：

近年来全国广泛兴建大学城，且多位于城乡交界处，在毕业设计中通过长期的调研对于济南长清大学城商业街提出一个相对合理的，适宜的改造方案。旨在通过对商业街的调研和提出改造方案，引起对全国广泛建造大学城行为的思考。

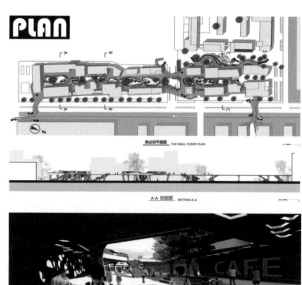

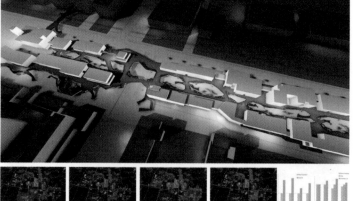

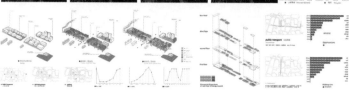

毕业创作（案例）三：淄博福泰陶瓷厂景观改造

　　在城市化不断发展过程中，一部分老旧工厂参差不齐的伫立在城市边缘，与现代化城市发展相背离，有些在市中区的工厂也普遍存在待改造和土地置换的问题。福泰陶瓷厂景观的改造，保留了原厂的大部分建筑，并在厂区融入陶瓷的历史和文化元素，既保证了原厂的生产，同时丰富厂区的功能性。

　　学生：2010 级景观三班 刘洋、李素莲、李亚丽
　　指导教师：郭去尘、李玉德、卜颖辉

357

教师评语：

本案例是工业厂房现代化演变改造的典型，陶瓷是中国几千年的传统文明及文化的典型代表，其融合艺术价值、实用价值、工艺价值于一身，对其厂区的改造是建立在对文化传承的基础上。方案从形式到功能均进行了细致的探索，赋予旧厂区新的活力。

课程名称:

毕业设计
——跨界
——博览建筑设计

主讲教师: 林磊

林磊: 毕业于同济大学建筑城规学院, 博士。上海大学美术学院建筑系任教, 副教授, 硕士生导师。长期专注于教学改革与创新, 在探索建筑设计与艺术相结合的教学实践中采用将开放式教学、跨界艺术探索和研究型设计融为一体的教学方法, 指导学生在各类建筑设计竞赛中多次获奖。

一、课程大纲

(一)教学目标

本次毕业设计主要以博览建筑设计为载体, 以"跨界设计"为研究对象, 尝试对不同艺术进行跨界研究, 探索"跨界设计"与建筑设计相结合的可行性, 学习研究型建筑设计方法。力图突破只从建筑学本身的功能、结构和形态出发的教学模式, 技术与艺术同行, 基础与创新并重, 培养人文建筑师。

(二)教学要求

1. 强调建筑设计的理念和构思, 要求学生掌握研究型建筑设计的方法和步骤。

2. 培养学生的人文情怀, 研究其他艺术的美学特征, 学习其他艺术的创作方法, 并将其运用于建筑设计领域。

3. 培养学生综合分析问题和解决问题的能力, 使学生在设计过程中把技术、材料、设备、结构、规范等各方面知识进行综合运用。

(三)教学重点与难点

本课程设计注重艺术与技术相结合的设计理念和设计要求, 需要突破的教学重点和难点包括:

1. 对研究型设计的理解和认识。

2. 对"跨界"概念的理解与运用, 研究相关艺术与建筑设计的契合点, 进行跨界设计, 并在建筑设计中体现相关艺术及其背后的人文思想和精神诉求。

3. 寻求建筑形态与功能设计、建筑结构与建筑空间表达的平衡点。

(四)教学方法

1. 多元化的教学形式

2. 多学科交叉的授课方式

3. 国际化的教学交流平台

4. 网络资源共享

二、课程阐述

（一）教学步骤

1. 多元化的教学形式

本课程采取灵活多样的教学形式，包括：

（1）参观调研：一方面，选取当地优秀案例进行参观调研，这样可以增强学生对建筑的直观感受，而不仅仅在书籍和网络上从资料中体会建筑。另一方面，要求学生自选基地并进行设计前期的基础调研工作。

（2）讲座：在课程中穿插一些与设计题目相关的讲座，扩展学生的知识面，使之了解本学科本行业发展的最新动态。

（3）自主学习：在整个教学过程中，启发学生自主学习的热情，提倡学生学习的主动性、互动性和创造性，从而提高教学质量。如在课堂上让学生讲解自己的设计理念和方案创意并互相点评设计方案，并就一些有争议的问题展开激烈的学术讨论，用集体的力量完善每一个方案。

2. 多学科交叉的授课方式

在课程中我们聘请了多位其他学科的专家和学者共同参与跨界教学任务，这些具有不同学科背景、不同研究方向、来自不同领域的专家和学者对艺术有着不同的经验和体会，对建筑设计也具有不同的认知度和兴趣点，可以帮助学生初步建构起某一艺术领域的知识体系，实现技术与艺术并重的教学目的。

3. 国际化的教学交流平台

在课程中我们引入多名外教进行教学交流活动与针对主题的现场讲座，并在课程结束时参与对学生设计作业的点评。这些交流活动的目的主要是让学生亲身感受到国内外不同的教学方法和风格，开阔眼界，激发学习热情。同时，这个平台的搭建也为我们教师提供了难得的学习机会，通过和外教一起探讨办学理念和教学方法，可以让我们领略到国际先进的教学理念，共同寻求建筑学教学的未来以及各种可能性，进一步提高本课程的教学质量。

4. 网络资源共享

信息社会为资源共享提供了极大的方便，本课程借助网络优势，搭建课外教学平台，如建立QQ群和微信群。通过这个平台，教师可以为学生提供大量的学习资料，引领学生共同关注行业最新动态，及时了解学生课下设计动态，有效促进教学互动。同时我们认识到，信息大爆炸也带来了人们的选择困惑，教师可以通过对网络资源进行筛选和整合，指引学生正确的学习方向。

（二）教学过程

在跨界设计课程中，教师帮助学生提炼艺术之精华，融合艺术之灵感，提高学生的设计与研究能力。这一过程分为四个阶段：解读期、困惑期、解惑期和超越期。

第一阶段：解读期

对跨界设计概念的解读是理解设计导向的第一步，在这一阶段的学习中，学生往往对跨界设计充满了兴趣，对艺术家们的各种跨界行为和跨界作品津津乐道，对自己未来的设计充满了幻想和各种期许。教师需要引导学生分析各种跨界给艺术所带来的冲击及其意义，与学生共同展望跨界的各种可能性。

第二阶段：困惑期

这一阶段进入了实质性的设计阶段，要求学生从艺术的本质出发，研究其他艺术门类与建筑艺术是否具有相关性，从而探究其跨界设计的可行性，确立跨界研究的方向和目标。如何在短期内培养起学生对多门艺术的认知和对其美学规律的掌握是授课的难点，训练和培养学生的跨界思维是这一阶段的关键之所在。我们一方面加强案例引导，寻求跨界的突破口；另一方面鼓励学生从兴趣和爱好入手，寻找自己熟悉和喜欢的艺术门类加以研究。

第三阶段：解惑期

本阶段要帮助学生在已经确立跨界研究方向和目标的基础上，进一步研究跨界的主题。本课程需要启发学生找到隐藏在艺术表象背后的深层次问题，从多种角度探讨建筑与其他艺术门类的内在联系，赋予建筑与其他艺术门类之间存在着的跨界设计理念。这一阶段具体的做法是让学生分别从建筑的视觉表达、建筑的感官体验和建筑的情感心理出发，研究建筑与艺术的跨界主题、跨界元素和跨界内涵。

第四阶段：超越期

这一阶段是学生跨界设计成果的展现阶段，也是学生超越自身设计局限大胆创新的阶段。每位学生借助不同艺术门类之间的对话与碰撞，激发艺术创作灵感，开拓新颖的艺术表达语言，进行跨界尝试。教师仍然要从以下几个方面引领学生运用跨界手段进行设计创新实践：处理建筑形态、丰富空间体验、强化材料感知和运用细部表达。

经过四个阶段的教学，学生体验到一个完整的研究型的建筑设计过程。

三、课程作业

自选基地，以博览类建筑为设计对象，运用"跨界设计"的方法完成建筑设计。

（一）成果要求

1. 博览类建筑设计要点专题授课及课题调研

要求学生完成资料搜集、基地分析、现场测绘等工作。调研过程强调实例分析与自选基地调研相结合，使学生理解城市历史与文脉、城市与建筑之关系，增进对基地环境的感性认识。通过课堂答辩进行考核。

2. "跨界设计"专题授课及概念设计

要求学生了解"跨界"定义，确定与选择建筑相跨界的艺术门类，研究艺术与建筑设计的相通性，寻找恰当的跨界点，确定设计概念和设计内容，学习如何运用跨界设计的方法进行建筑设计。通过课堂答辩进行考核。

3. 功能组织、空间创意与环境适应性设计

依据概念方案，进行空间、功能流线组织，借助实体模型、草图构思、数字模型等方法进行方案推敲及深化，强调功能、流线组织与环境适应性的相互促进。

4. "结构技术与空间表达"专题授课

结合所掌握的建筑结构与选型等技术知识，拓展建筑空间表达的途径，对建筑空间形态进行调整与深化设计，使建筑空间设计与技术方法相统一。

5. 毕业设计答辩

完成设计图纸内容，通过 PPT、视频等多种形式完成毕业答辩。

（二）图纸要求

每人完成不少于 6 张 A1 版面的图纸工作量，包含以下内容：

1. 设计说明。

2. 基地分析图、概念分析图以及功能、结构、景观等各类设计分析图。

3. 经济技术指标。

4. 设计图表达：

总平面图 1：500~1：1000

主要平面、立面、剖面图 1：200~1：300

所涉及的必要的局部平面详图 1：50~1：100

所涉及的建筑空间构造层面详图 1：20~1：50

建筑（空间）内外部效果图（数量自定）。

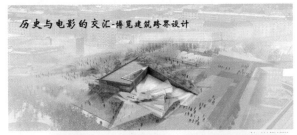

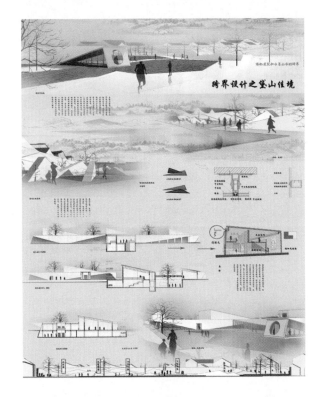

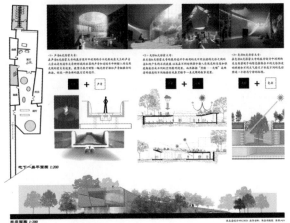

教师评语：俞炎玲同学的毕业设计作品——"历史与电影的交汇"，以电影蒙太奇的艺术手法展现出犹太人历史博物馆的空间特色，带来一定的视觉冲击。这件设计作品，随着电影语汇的植入，不断调节着观者情绪的变化，层层深入的空间，将人们带入一个又一个建筑与历史交织的故事中。

教师评语：马艺林同学的毕业设计作品。"黛山佳境"，充分运用了跨界艺术的设计手法，深入分析"远山黛"这种水墨山水画的艺术精髓，通过对其色彩构成的借鉴、笔法形态的提炼、美学思想的迁移以及人文精神的探索，创作出一座拥有"远山"意境的博物馆建筑，展现了设计者较高的艺术和人文修养。

教师评语：周健翔同学的毕业设计作品——"建筑与多媒体交互艺术"，运用了多媒体交互艺术"非线性叙事"特征，解构了传统艺术理论中的认识与审美方式，建构了一种全新的建筑审美体验。这个设计充分展示了时间与空间的互动、场所与人的互动、人与人的互动以及人与建筑的互动。

课程名称：

毕业设计

主讲教师：许慧

许慧：女，博士，深圳大学艺术设计学院环艺系系主任，主讲课程《景观设计原理》、《居住区景观设计》、《公园景观设计》、《滨水区景观设计》等，研究方向为城市景观规划、城市空间。

一、课程阐述

毕业设计以具体课题设计为基础，以完善的设计方案来体现学生的设计水平，充分发挥学生的专业特长，从而对大学四年的专业学习进行总结。从理论联系实践的角度出发，以实际的设计项目"深圳湾后海内湖湿地公园景观设计"、"深圳鹏茜矿国家矿山公园景观设计"、"深圳安托山采石场主题公园设计"作为毕业设计课题，指导学生完成毕业设计，从而让学生深刻体会设计的可操作性与现实性。

世界大学生运动会的召开对深圳的城市环境、休闲游憩、生态文化等进行了全面提升。伴随着深圳进入后大运时代，深圳湾的景观设计受到前所未有的关注，深圳湾后海内湖成为市民休闲游憩的新选择。课题选择后海内湖进行湿地恢复性景观设计，旨在为城

市生态修复与再生做出探索，并为城市居民提供科普、教育休闲的场所。基地位于深圳南山后海中心，内湖公园位于中心区东南部，占地 70 万平方米，其中水面约 37 万平方米，水体与深圳湾海水相通，基地目前为 F1 摩托艇赛场，未对公众开放。与基地相邻的深圳湾滨海休闲带已建成，后海 CBD 在建设当中。基于自身对基地的理解，对理想中的滨水区景观进行设计表达，如：滨水区广场设计、休闲绿地设计等，充分利用自然山水景观与人文景观，体现深港交融与地域文化，创造出高品质的滨水开放空间。

安托山片区是深圳最大的采石场，从 1997 年起开始大规模的爆破挖运土石方工程，近一半山体被开挖，自然山体损害和水土流失严重。一方面安托山公园自然山体生态修复工作刻不容缓；另一方面如果只采取地面复绿建设普通公园的改造方式，远远没有发挥该公园应

有的土地利用效率和价值，不能形成有效的文化传播载体和展现方式，缺少了人文价值和文化底蕴的展现和体验。课题以安托山公园的山体修复和景观生态建设为主，通过规划调整和用地整合，注入文化内涵，规划建设主题公园，探索高密度城市空间下的城市生态恢复与主题公园建设。安托山基地位于深康村以北、北环大道以南、侨城东路以西、沙河建工村以东围成的区域内，占地面积较大，现状主要为山体和采石场，周边有发电厂、混凝土厂、电动车充电站和工业厂房等，工业景观特色明显。设计要求在红线范围内选择一定区域进行详细景观设计，如能体现主题公园的节点、山顶广场、公园主入口等，设计内容与范围可自行确定。

深圳鹏茜矿位于深圳坪山新区，总面积约为 16 万 m²，是一座地下开采的非金属矿山，有地下 -40m 和 -90m 的矿道，喀斯特地貌独特，停采后景象破败。一方面国家矿山公园生态修复欲待解决，另一方面国家级矿山公园的旅游开发也刻不容缓，对当地经济发展和坪山新区的旅游发展具有带动作用。课题以鹏茜矿国家矿山公园景观设计为题，通过整体规划和生态修复，探讨后工业时代景观设计的方法与内容。深圳鹏茜矿矿山遗址位于深圳坪山区汤坑社区，北邻金碧路，西侧为赤子香路，南侧为横坪快速干道，基地内杂草丛生、开采遗迹遍布、水体污染。设计要求对矿山遗址进行恢复性景观设计，探讨遗址公园与城市居住、城市休闲的共生模式，对基地进行生态恢复，创造具有人文特色的遗址公园景观推动当地旅游发展。

二、课程作业

（一）基地位于深圳南山后海中心，内湖公园位于中心区东南部，占地 70 万 m²，其中水面约 37 万 m²，水体与深圳湾海水想通，基地目前为 F1 摩托艇赛场，未对公众开放。与基地相邻的深圳湾滨海休闲带已建成，后海 CBD 在建设当中。基于自身对基地的理解，对理想中的滨水区景观进行设计表达，如：滨水区广场设计、休闲绿地设计等，充分利用自然山水景观与人文景观，体现深港交融与地域文化，创造出高品质的滨水开放空间。

（二）安托山基地位于深康村以北、北环大道以南、侨城东路以西、沙河建工村以东围成的区域内，占地面积较大，现状主要为山体和采石场，周边有发电厂、混凝土厂、电动车充电站和工业厂房等，工业景观特色明显。设计要求在红线范围内选择一定区域进行详细景观设计，如能体现主题公园的节点、山顶广场、公园主入口等，设计内容与范围可自行确定。

（三）深圳鹏茜矿矿山遗址位于深圳坪山区汤坑社区，北邻金碧路，西侧为赤子香路，南侧为横坪快速干道，基地内杂草丛生、开采遗迹遍布、水体污染。设计要求对矿山遗址进行恢复性景观设计，探讨遗址公园与城市居住、城市休闲的共生模式，对基地进行生态恢复，创造具有人文特色的遗址公园景观推动当地旅游发展。

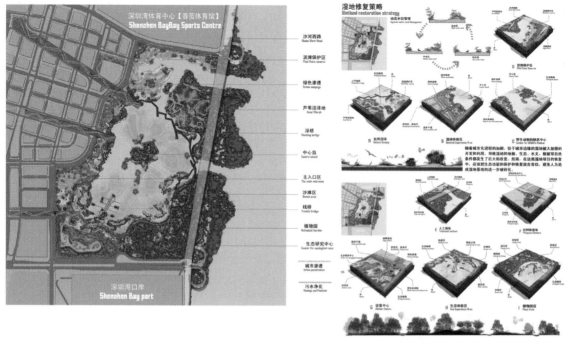

教师评语:

设计通过研究深圳经济特区近百年来海岸带湿地景观的生态价值,从景观生态学的角度对基地进行湿地生态系统的恢复,通过对场地的合理规划与设计使其形成具有自我调节功能的生态栖息地。设计充分考虑水陆交接地带的生态环境,通过源与汇、随机网络、空间渗透的设计手法,将后海内湖设计成为集生态、科普、休闲于一体的人工湿地公园,提出了"城市共生"的设计理念,成为设计的最大创新点。

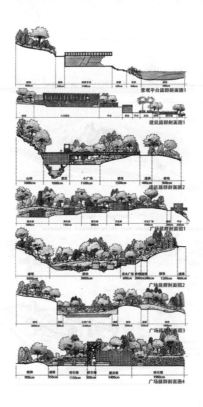

教师评语：

以恢复生态环境为目标，对安托山采石场进行了调研并仔细分析了采石场的地形特点。设计运用基底、线和簇群的设计手法使公园功能空间相互渗透，成为最大的创新点。设计对采石场公园的环境进行了详细的景观设计，具有较强的表现力和可操作性。

365

矿料重生——矿石广场 Mineral aggregate rebirth——the Place

村落延伸——村落生命 Village extension——Village life

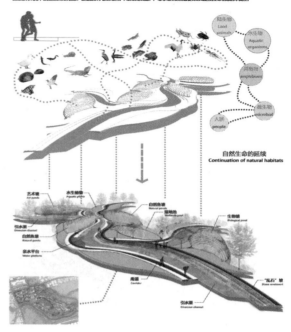

自然生命的延续——因水而活 Natural continuation of life——Live by the water

以水体的引入激活基底本身的特点，使其因块形成可持续的自然生命体系统。自然鱼塘与人工湿地的结合，相互补给；废弃矿具旧工业遗产的生态再利用，让自然生命的栖息、繁殖提供了新的场所。人群活动线道、广场等场所的营造使得区域达到生命栖息的本真性。

自然生命的延续
Continuation of natural habitats

教师评语：

设计从营造生命景观的角度对深圳鹏茜矿的景观环境进行了整体设计，符合城市对废弃地进行生态修复的理念，具有一定的现实意义。毕业设计报告书详细阐述了以"生命景观"为主题的设计理念和"因水而活、因地而生、因势而造"的设计手法，有一定的实践价值。设计针对基地生命荒芜的景象，提出以"生命景观"为主题的设计理念，结合"因水而活、因地而生、因势而造"的设计手法，将各种功能空间紧密联系。

教师评语：

设计从探讨废弃矿的记忆模式的角度对深圳鹏茜矿的景观环境进行设计探讨，毕业设计报告书详细阐述了"矿山记忆"选题的意义、创作构思和创作过程，以理论分析实践成果，对未来的设计实践有着重要的指导价值。该生以解决实际问题为目标，对现场进行了调研并仔细分析了鹏茜矿现状环境的特点，充分利用现有建筑，通过记忆廊、记忆源、记忆网的设计手法，对鹏茜矿的生态修复和文化延续提出了新的发展模式。

课程名称：

毕业设计

四川美术学院
设计艺术学院
环境艺术设计系

室内方向：龙国跃（副教授）
　　　　　潘召南（教　授）
　　　　　徐保佳（副教授）
景观方向：赵　宇（副教授）
　　　　　张新友（副教授）
　　　　　谭　晖（讲　师）
　　　　　韦爽真（讲　师）

一、课程阐述

课程名称：毕业设计
课程学分：10 学分
课程学时：260 学时
课程类别：专业必修课
课程安排：四年级下学期

（一）教学目的和任务

通过实际项目或虚拟项目的实际设计、分析，展示设计专业四年级学生全面的能力，从资料收集，分析整理，背景调研，到初步设计、深入设计，最后形成新颖别致，体现当代学院设计教学成果的设计成品，通过展板、资料、模型的方式向社会、学院汇报展出。

（二）教学方法与要求

运用多媒体等教学手段介绍和解读毕业设计相关资料以及当代优秀设计方案图集等，根据学术动态和专业方向，打开思路，优化设计选题，要求突出创意思想，以时代的观点、新颖的概念，然后在此基础上将设计思维与成果表达相结合，充分反映出自己的设计与表现能力。毕业设计成果还要紧密结合自己撰写的毕业论文，形成理论知识体系与设计实践成果的完美结合。

（三）教学内容与教学安排

1. 毕业设计相关知识理论讲授；
2. 影像多媒体观摩和分析相关优秀设计作品；
3. 毕业设计步骤：

（1）确定毕业设计方向和选题并进行讨论、论证；

（2）在既定题目的基础上，收集资料、进行概念设计并在全系毕业设计检查会上用 PPT 进行概念设计介绍；

（3）在设计概念确认的情况下深入、完善，进行方案设计，并调整设计理念与表现形式、整体与局部的关系；

（4）在方案设计确定后还要进行毕业设计方案最终陈述并完成设计作品表现和效果。

(四)课程考核：

在毕业设计作品汇报展出时由系主任组织毕业设计指导教师和其他专业教师集体评审，以培养目标与要求为准则确定成绩。选题与设计创意占 40%，设计表达占 40%，知识面占 10%，版面与展示效果占 10%。

二、课程阐述

通过本课程引导和培养学生关注当下地区、全国乃至全球范围的敏感或热点问题——环境保护、绿色生态、环保节能、可持续性，体现环境设计专业与社会的关系和价值。围绕环境设计的专业背景用今天的社会现象结合人与环境的关系进行毕业设计的选题。确定本届毕业设计主题："绿色、环保、可持续"。如何从环境设计专业的角度，针对生活、工作和生产建设的某个具体问题，提出解决方案，同时也是本年度毕业设计 / 论文的主题要求。

三、课程作业

在低碳设计和全球化下的背景下如何研究空间环境中人的行为特征构成原理与设计方法。通过实际项目或虚拟课题的实际设计、分析，展示本专业四年级学生全面的综合能力，从项目课题的背景调研、资料收集、分析整理，到初步设计、深入设计最后形成能够反映和体现学生个人本专业学习成果的设计成品，通过展板、文本、模型、动画等方式向社会、学院汇报展出。

四、获奖情况

2014 为中国而设计：中国美术奖提名，并入围第十二届全国美展 1 组最佳概念设计 1 组、优秀 2 组、入围 4 组；

2014 中国环境设计学年奖：银奖 2 组、铜奖 1 组、优秀奖 14 组；

2014 第十届全国高校景观设计毕业作品展：荣誉奖 1 组、优秀奖 3 组；

2014 第二届"中装杯"全国大学生环境设计大赛：二等奖 1 组、三等奖 3 组、优秀奖 2 组；

2014 第十届中国国际室内设计双年展：优秀奖 4 组。

作品名称：衍生·草木之间——生态茶空间设计

设计者：赵雪　　　指导老师：龙国跃

获奖情况：（1）荣获第二届"中装杯"毕业设计三等奖；（2）荣获 2014 第十届中国国际室内设计双年展优秀奖；
　　　　　（3）荣获第十二届中国环境设计学年奖室内设计最佳创意奖优秀奖。

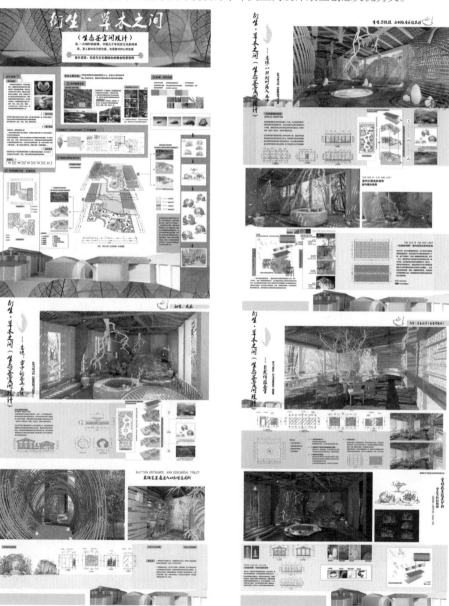

教师评语：该作品以传承中国古老茶文化为主要设计目标，以回归自然这一生态理念为核心来进行室内空间整体的设计和意境的营造。遵循绿色、可持续设计原则，符合当今社会的需求。突破传统设计中以男性阳刚之气来塑造茶的意境氛围，在设计中通过女性的柔美、包容来塑造具有归属感的茶空间环境。

作品名称："吾乡"酒店设计

设计者：路桐遥　　指导老师：潘召南

获奖情况：（1）荣获第二届"中装杯"毕业设计二等奖；（2）荣获2014第十届中国国际室内设计双年展优秀奖；

　　　　　（3）荣获第十二届中国环境设计学年奖室内设计最佳创意奖优秀奖。

A 整体概念
CONCEPTION

设计说明：

八大山人游园记
BaDa-ShanRen's travel notes

B 建筑部分
ARCHITECTURE

C 室内部分
INTERIOR

C₂

教师评语：该作品主题明确，设计围绕平遥古城两处老屋展开。在地域文化复兴的基础上重新设计院落结构，古与今交叠串联，组成当代与传统的对话。在关注传统、立足现代的基础上，又见平遥。基地功能定义为会所型酒店，设计主题围绕"八大山人游园记"展开，颇具特色。

371

作品名称：漂浮的叶绿体——解放碑高密度垂直景观概念设计

设计者：赵勇、陈育强　　　指导老师：潘召南、谭晖

获奖情况：（1）荣获 2014 为中国而设计中国美术奖提名作品；（2）荣获第十二届中国环境设计学年奖景观设计最佳创意奖；（3）荣获第十届全国高校景观设计毕业作品展优秀奖。

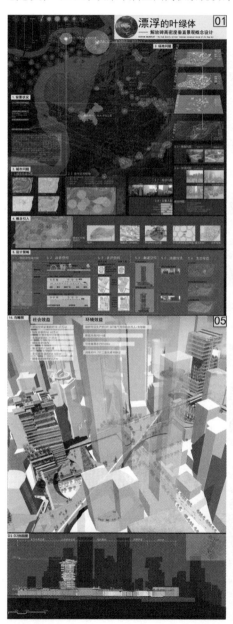

教师评语：该方案前期对城市建筑立体绿化和垂直景观做了大量的调研，立意好，从生态设计的角度找答案，设计中融入低碳、节能、环保、减噪、防尘等绿色理念。空间布局较为合理，且具有可行性和创新性，同时考虑到城市可持续发展等问题，对实际项目的实施具有一定的研究意义。

作品名称：社区药盒——青岛高密度社区里院的景观再造
设计者：王若琛、吴嘉蕾、周瑶　　　指导老师：赵宇、张新友
获奖情况：（1）荣获第十届全国高校景观设计毕业作品展荣誉奖；
　　　　　（2）荣获第十二届中国环境设计学年奖景观设计最佳创意奖银奖。

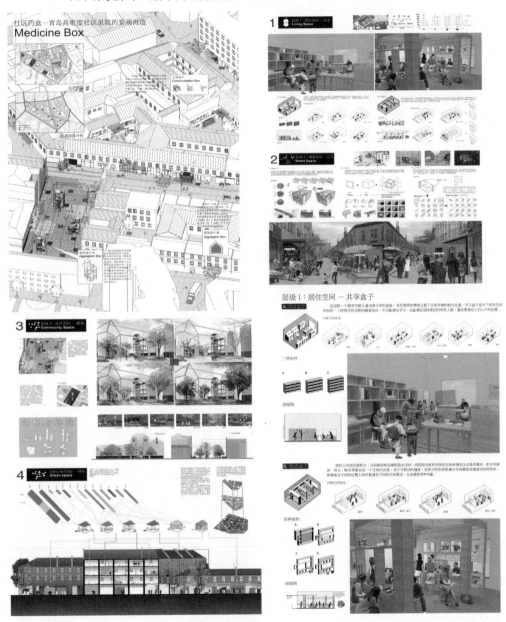

教师评语：本方案从调研分析到方案生成都有着较为清晰完整的思路，从新的角度对历史社区里院进行阐述，并且还对人的因素进行了分析，即使在小的场所里也要营造人们需要的适合人们交往的户外公共空间，在概念上给人一种耳目一新的感觉。作为小尺度的景观设计，将设计、概念融入景观细节。

主讲教师：彭军、高颖

彭军：教授，天津美术学院环境与建筑艺术学院副院长，英国布鲁乃尔大学、诺森比亚大学高级访问学者，中国美术家协会会员，中国建筑装饰协会设计委员会副主任，中国室内装饰协会设计委员会副秘书长。

高颖：副教授，北京林业大学园林设计学院学士，天津美术学院艺术设计学院硕士，德国汉堡品牌与设计学院高级访问学者。

一、课程大纲

（一）教学目的

毕业设计是体现本科学习的综合能力与展示专业成果与学识水平的最终课程。通过毕业设计全面考察学生掌握知识的广度及深度；并训练以学生综合专业知识为基础而展开的全面、系统地梳理与应用。检验学生的理论素养和设计创造能力；运用传统与现代科技化表达手段，创作高水平的原创设计作品。

（二）教学内容与进程

1.教学内容

（1）讲授内容

1）课题与选题；2）课题的准备；3）课题的策划；4）调研与素材收集；5）背景研究；6）创意思路；7）设计表达的计划。

2.教学进程（毕业论文写作与毕业设计在第八学期1至10周同步进行）

1）确定选题；2）调研与资料收集；3）初步方案；4）中期方案；5）方案完善；6）完成设计表达（手绘、电脑、模型、三维动画制作）；7）毕业设计作品展示。

（三）教学方法与手段

采取导师组形成对学生设计方案进行指导、阶段式审查、展览会评相结合的方法。

（四）作业要求与考核标准

1.毕业设计要求

（1）选题

1）室内设计方向选题：

A、建筑与室内空间；

B、居住室内空间；

C、商业室内空间；

D、公共室内空间等。

2）景观设计方向选题：

A、城市环境景观；

B、社区环境景观；

C、园林设计；

D、改建项目设计等。

（2）要求

1）选题：具有一定的分析研究与深入探讨的价值。

2）现场调研：对场地及其周边地区诸要素全面的认知。

3）场地分析：针对现状存在的问题提出解决问题的原则。

4）方案设计：空间组织清晰，尺度把握得当；解决问题方案具有合理性和创新性；对场地生态、文化价值有深入思考。

5）创意表现：图纸内容具有完整的平、立、剖面图，总体与局部表现图，创意过程及技术分析图，手绘、电脑、模型、三维动画制作；图面富有艺术感染力。

2.考核评分标准

学生毕业设计成绩整体由部分组成：一是毕业作品本身成绩小组分数分值占50%，二是毕业设计过程分值占50%，合计百分值，以此成绩登录上网，申请学位。

（1）第一部分成绩（占总成绩50%）由四方面组成，以100分计，最终以50%的比值累加总成绩。

1）其内容与分值包括

序号	评分范畴	满分值
1	设计水平	70分
2	设计表现	20分
3	展示效果与版式设计	5分
4	实物制作	5分
小计：		100分

2）其四项具体要求如下

A、设计水平重点考察

①选题的深度②设计的完整性及专项设计的深③设计中是否有独到的个人见解及研究性课题的发挥。

B、设计表现重点考察学生通过图面表现所反映的技能与技巧的水准，其中包括电脑渲染、手绘表现、动画演示。

C、作品展示空间内的版面设计水平和设计作品的空间展示效果。

（2）第二部分成绩（占总成绩50%），以100分计，最终以50%比例累加总成绩。

指导教师评分（占第二部成绩的40%）

具体评分要求：由各组指导导师组教师根据学生汇总的出勤情况及方案参与的程度酌情量分，除特例应尽量避免小组成员同样分数，应体现同组同学工作量之间的差距。其中每次导师审看方案的出勤占10%，共计五次，每次审看进展程度占10%。导师组应根据每个学生实际的过程参与程度量分，除特例应尽量避免小组成员同样分数，应体现同组同作量之间的差距。

二、课程阐述

（一）强调设计过程的完整性

毕业设计课程长达一个学期，时间跨度较长，因此对其整体过程各环节的把控尤为重要。选题的衡量与确定；项目的实地调研，机构的访问，现场的体察；原始素材的收集整理，问题的分析；设计概念的形成；设计的创造性、艺术性、科学性、可实施性等的斟酌与推敲；外在形式与内在结构的逻辑关系，对设计的理解，效果的表达，视频的后期制作，现场展示效果等诸多方面，允许学生有所侧重，但应保证各步骤有序、完整的实现。

选题简介：

● 选题地点：天津市河东区六纬路位于海河边上的第一热电厂，此选题地点是天津市唯一处位于市中心地段的火力发电厂，因为市中心区域的环境需求和地段价格，工业厂址向周边迁移，保留了远厂大片的旧厂房和工业遗迹，并要求重新规划和功能转换。第一发电厂的工业区分为新旧两个发电厂区和一个蓄水站区，分别位于厂区的西北区域，中心区域，东南区域，我们将其编号为1，2，3个地块，我将选择中心区域的2号地块。

一号地块：位于整个电厂的西北方向，该地块建设用地面积约为5.4公顷
二号地块：位于整个电厂的中心地段，该地块建设面积约9公顷
三号地块：位于整个电厂的东南方向，该地块建筑面积约为6公顷

● 城市区位分析：位于天津市海河边上的河东区是天津市区的一块中心地段，第一发电厂作为天津市老火力发电厂天津市老火力发电厂为天津市区的人民提供了几十年了电力保障，他的旧厂址对于天津市人民有着独特的感情，工业遗迹的保留是十分必要的；

由于原始的第一发电厂位于此地，造成了这块城市区域的环境破坏和水质污染，现在六纬路地段相对于其他地区环境恶劣，污染严重，建议破败，急需重新规划和功能转换，将原来的重工业区改造成为拥有独特工业文化同时兼具良好的市民环境与保证优质生活，城市基础设施完善的新文化产业园区.

天津市热电一厂项目选题与现场调研过程

● 二号地区现状：为1937年建造的旧厂区，早已停止工业生产，斑驳的红砖瓦墙，错落有致的工业厂房，纵横交错的管道，这是旧厂区给人的第一印象。该区域有一座大型火力发电主厂房和若干辅助的小厂房，厂房之间穿插运煤的铁轨，路边排列供暖的管道，主发电厂房房为堆放煤炭的大片闲置土地，周边仅有少量的绿化。

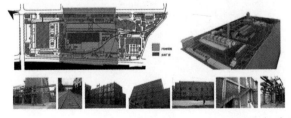

天津市热电一厂项目现状分析过程

（二）强调思考问题的深度

当下学生向多元化发展，有结合自身的成长经历将选题面向新农村建设居住环境的现代化规划；有挖掘地域的、民族的传统风格特征语汇在现代环境艺术设计的运用；有以全新的设计思维对建筑内外环境概念创意性

设计；有对现代城市开发建设中对历史遗存的尊重与生态保护在规划科学性方面的探索；有遵循"以人为本"的理念，去通过环境设计解决人们生活中的实际问题。在毕业设计中绝不能停留在功能的满足，空间布局的合理，艺术形式的体现的探讨上，更要求学生加深对社会的关注、对历史文脉的关注，通过深入实地考察、严谨

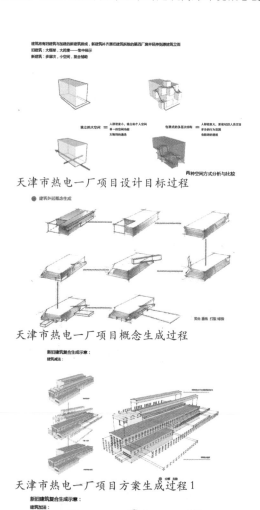

天津市热电一厂项目设计目标过程

天津市热电一厂项目概念生成过程

天津市热电一厂项目方案生成过程1

天津市热电一厂项目方案生成过程2

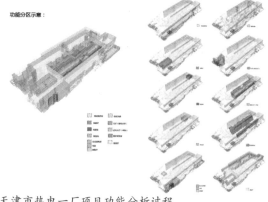

天津市热电一厂项目功能分析过程

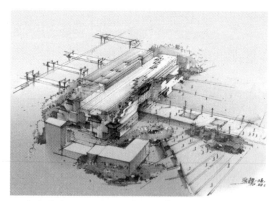

天津市热电一厂项目手绘方案草图过程

天津市热电一厂项目方案效果表达过程

的分析，将感性印迹与理性思维、设计创意与科学理念进行有机融合。

弘泉·序曲——内蒙古呼和浩特新城区毫沁营乌兰不浪村可持续发展方案，学生以自己童年成长的故乡为题，意在通过设计改变乡村落后的现状。从使用功能出发，切实设计适用性强的建筑；可持续发展角度，力求

开发当地旅游资源，开发农业养殖；出于生态方面的考虑，设置雨水回收及浮岛系统，利用沼气能源；从文化的视角，积极挖掘非物质遗产等，思考问题完整而深入。

（三）深入挖掘所在城市的课题资源

天津市近年来的城市建设步伐加快，加之城市自身所蕴含的地域景观特色与深厚的人文底蕴，都为毕业设计的实践与研究提供难得的课题项目来源。

天津的五大道是迄今中国保存最为完整的外国洋楼建筑群，承载着天津人的历史记忆。2011年完成交点——天津市五大道之睦南道建筑景观设计、情境——天津市五大道历史风情博物馆室内设计等方案。目前，五大道景观综合提升工程正持续进行中，而这些方案，为工程的实施提供了诸多的借鉴。

滨海新区的大力发展建设也为其提供许多可研究的案例，先后完成睿界——天津市（南港工业区）动漫产业基地景观建筑设计、水印·津湾——天津市滨海新区于家堡滨水景观概念设计，其中多项设计在天津市大学生创意设计大赛中获得一等奖。

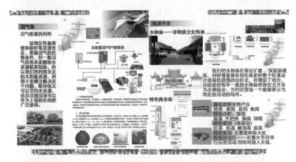

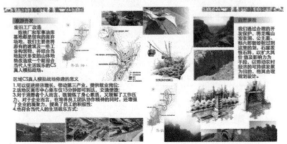

传承 交织 演绎——天津民园市民文化中心设计节选

交点——天津市五大道之睦南道建筑景观设计节选

心灵的呼吸——天津市滨海新区盐生植物生态研究中心建筑及室内设计节选

睿界——天津市（南港工业区）动漫产业基地景观建筑设计节选

三、课程作业

艺·界——天津市现代美术馆　景观·室内设计 / 作者：
盖也、贾会颖

教师评语：

美术馆位于艺术家居住聚集的环境之中，所处地理位置独具特色，充满着强烈的艺术与学院气息。该设计方案力求把大众认为神圣的艺术殿堂与城市住宅区融为一体，使艺术融入普通市民的生活，用艺术来影响生活。景观作为美术馆与城市连接，通过建筑形式和功能与景观连接，创造出文化内涵，审美内涵，精神内涵相统一的环境。室内设计对空间元素和各个独立空间进行链接，既保留各空间功能的完整性、空间特征、尺度感，又共同构成整体的室内环境系统。通过美术馆典雅优美的环境和艺术气氛，营造一个愉悦轻松的文化休闲场所，满足人的物质需求与情感需求。

（四）加强校际间的联合交叉辅导

以往的毕业设计，一般都是由本校的导师带领毕业生独立完成一个项目，为了让学术交流从概念化的专业教学信息交流转变为直接交叉指导本科生完成毕业设计的全过程，我们和其他多所院校先后组建联合毕业设计指导课题组，几所院校的师生在同一平台上，共同经历开题、中期会审、结题等环节，期间导师还交叉到对方院校进行指导。这样学生可以在较短的时间内充分体验多所高校的不同教学氛围，从不同的老师那里得到更多的指导，接触不同的思考方式，充分利用教学资源，全面提升了设计水准。

（五）邀请知名设计师作为实践导师

如今的设计教育已由原来的高等教育单一知识型培养转变为知识与实践并存型培养，还特别聘请设计名家担任"设计实践导师"，这些既是一线设计师，又是设计机构负责人的"实践导师"们，以自身多年积累的实战经验，为即将走向社会的高校学子讲授毕业前的"最后一课"，传授实用就业技巧，帮助他们养成更好的就业态度，建立走向社会实践的信心。

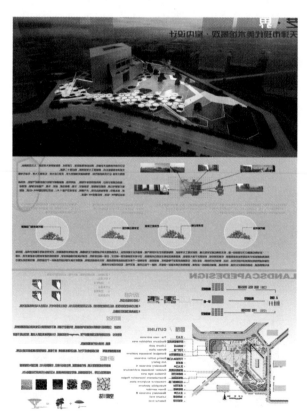

课程名称:

北京制造
——Made in Beijing

中央美术学院
建筑学院

主讲教师:六角鬼丈

六角鬼丈:1965 年于东京艺术大学建筑学科本科毕业之后,进入矶崎新事务所工作,1969 年独立开设六角鬼丈计画工房。他从 20 世纪 90 年代开始在东京艺术大学任教,2004 年就任该校美术学部长,2009 年 9 月开始作为特聘教授受聘于中央美术学院建筑学院。代表作品有:"杂创的森林学园"、"东京武道馆"、"立山博物馆"、"曼陀罗游苑"、"感觉美术馆"、"东京艺术大学美术馆(取手馆、上野馆)"等。

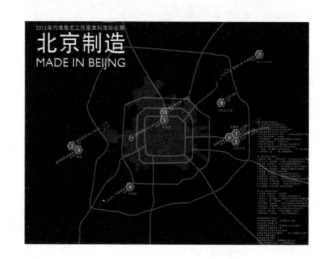

一、课程大纲

中央美术学院的建筑学科教学,采用了毕业生研究室制,即进入五年级的毕业生选择科研导师,进入各研究室。每个研究室由导师组织教学团队指导 10 名左右的毕业生课题。

六角工作室的教学,主要突出中央美术学院建筑学院作为艺术院校开设建筑设计专业的特点,以培养未来从事设计工作的建筑家为主要目标。

在教学中,六角先生注意鼓励学生自主思考,教学内容循序渐进,并且针对每位学生因材施教。

本科毕业班教学:

作为从大学阶段进入社会之前的最后一个课程设计作业,具有特殊的意义。因此,本工作室的教学原则,是由学生自己找出设计题目中希望解决的核心问题,自行设定设计任务书。

结合学生们的设计题目及设计场地背景进行相应的指导,使学生"由环境设计出发展开至建筑设计",即

从场地环境,设计内容,规模等方面,考虑整体各方面的平衡,进而引导学生们完成能够解决各自设计中核心问题的建筑组合(空间、结构、功能)设计。

如 2011-2014 年,六角工作室的设计题目大方向定为"Made in Beijing"(北京制造),学生们通过深入北京城区进行考察,分别选定了为改善城市生活环境质量的旧城改造、旧工厂区域的再利用以及增强社区活力的复合设施设计等不同方向的设计课题。

毕业设计教学分五个阶段完成:

第 1 阶段,把握用地与周边环境,对场地周边环境进行调查,分析并提出整体性的设计概念。

第 2 阶段,以现状调研为基础,对所需设施进行分析,制作建造设施功能结构图。

第 3 阶段,进行整体设计及具体建筑各设施设计,通过建筑模型与图纸进行设计研究(这阶段包括了中期汇报与讲评的过程)。

第 4 阶段,完成设计图纸、模型成果的制作。

第 5 阶段,正式汇报,展示及讲评。

二、教学形式

六角先生在课堂教学与参观中使用日语进行教学，使用 PPT 幻灯片进行讲授，讲评与课堂讨论过程使用日文汉字板书，并结合生动的绘画、圈改，翻译工作由其私人聘请的教学助手薛翊岚女士负责。

薛翊岚，2009 年于东京大学建筑学科博士毕业，供职于六角先生的建筑设计事务所。

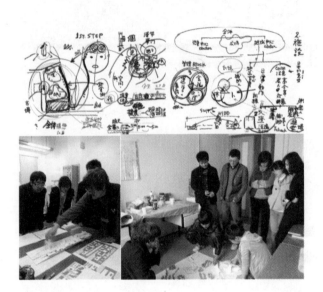

三、支撑课程

六角工作室的课堂教学以设计辅导课为核心，辅以讲座、参观等课程形式。

课堂教学注意多方位地开拓学生的设计思路，除课题指导外，还注意通过实例分析、解读，加深学生对建筑、空间、设计之间关系的理解。

设计课穿插专题讲座，对于建筑的设计手法，设计实例进行讲授。

如"认识及创造空间"相关讲座：
（1）由解读环境至设计构思　2 次讲座
（2）解读空间 1～3　　　3 次讲座
（3）设计方法 1～5　　　5 次讲座

此外还以小住宅设计、集合住宅设计、公共建筑设计等为题进行讲座。同时，不定期的邀请其他老师及建筑师进行特别讲座。

四、学生作业

（一）课题成绩包含两方面
（1）综合评价：包括选题判断力、设计能力、理解能力、设计理念以及发表能力。
（2）学习态度：出勤率、努力程度。
（二）作品展示及提交要求
每次设计课成果均以展示汇报的形式展现，学生现场对自己的设计作品进行展示，并做现场汇报，现场回答师生的提问。
展示内容包括调研成果、设计草图、设计方案图纸、设计效果图、总平面图、设计模型、视频等多媒体展示等。
（三）作品存档文件要求
每学期课程需要每名学生提交文件档案光盘。

五、课程阐述

本科毕业设计——大题目"Made in Beijing"。
预期通过学生自主地寻找课题，引导学生主动思考，理解时代性、社会性、技术性、"个体"与"集体"，"虚"与"实"的差异，以及从"尺度感"等不同的视点复合多种要素的思考探讨。找寻可称之为"Made in Beijing"的课题！发现其中应该得以改造的问题点，尝试对未来北京的空间意向提出提案！

六、课程作业

城市触媒——更新"城市孤岛"的未来

　　基地的选址位于北京三环外CBD附近的东郊市场，是位于高楼林立的中心商务区域之中，一片混乱无序低矮破败的区域，犹如城市中的"孤岛"。

　　针对如何使该地区完成自我更新，如何与周围城市更好的融合成为本课题的问题点，提出了本课题的题目。

　　通过置入一种城市触媒以影响和刺激该地区的更新进程。引入新区域的人流，投入新型的城市公共室内外空间，改善该地区的交通状况等手段，使东郊市场的环境进行自我调节与改善。使其在不被完全摧毁的情况下，依旧保留自己的特征，逐渐融入整个北京的大环境之中，更大程度的挖掘他对城市推动作用的潜力，完成本次北京制造。

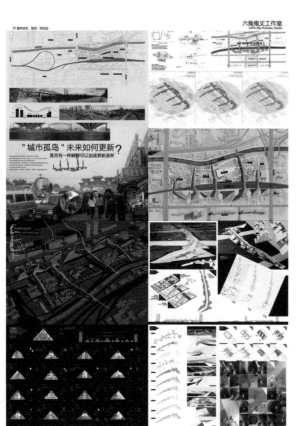

四相混合

——多功能建筑的组合以及连续空间体验的创造

　　提出课题设问，在一个密集居住区中存在的中央美术学院，作为一个专业性极强的学校。美院对社会应该做些什么？大学与社区应该是怎样的关系？

　　课题选址位于朝阳区望京花家地南街去往望京西路与北四环东路的快捷道。紧邻美术学院建筑学院一侧。

　　作为美院所缺少的设施，面向社区的场所，以及对学校活动空间与教学空间的补充。为该设施设定了三种不同功能，A社区艺术馆，B教育综合体，C活动中心。各个功能在空间、流线上相互碰撞、交叠，期待在各种力量的刺激下产生新的社会活动，刺激出新的艺术形式。

菌——古城寄居
胡同文化与市民文化

选址位于鼓楼地区。通过置入新的建筑内容，制定新的空间使用秩序。选择过滤鼓楼这一旅游观光地的游客与老城居民生活的矛盾。新功能、新空间以及新的秩序犹如一种菌，慢慢地扩散影响着老城。

立交眼
——四惠立交桥社区活动中心

选址位于四惠立交桥。在逐渐成为巨型尺度的超级城市中，以汽车优先的看似合理的大型立交的副产品，是极具特色但却被忽略的城市空间。

将桥下半地下空间改造成人人可进入的自行车跑道和运动休闲空间。在此基础上，向四周扩展，引入光照与绿地。在复杂缠绕的立交桥之间，搭建起一个完全内向型的圆环建筑。形成一个集运动、健身、休闲于一体的社区运动中心。

一动一静，一个外向开放，一个内向封闭的配对体量，与立交桥形成功能上的互补。丰富了原有空间，同时将原来只有机动车行的立交桥改造成为人车混行的都市新风貌，实现真正的城市空间自更新。

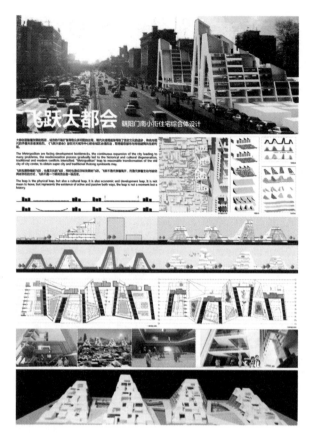

飞跃大都市

——朝阳门南小街住宅综合体设计

《飞跃大都会》旨在创造一种老城区与超级都市共生的可能性，寻找历史文化与都市讯息共存的平衡点。或许超级都市中的各种问题可以理解为一种病，"带病生存"这一古老的东方医学理论也许可以为超级都市提供一种存在的可能。

飞跃既是物理意义上的飞跃，也是文化的飞跃，同时也是经济和社会发展的飞跃。飞跃不是代表着离开，而是代表着主动与被动两者存在的方式，飞跃不是一个瞬间而会是一段历史。

通过多功能建筑的组合以及连续空间体验的创造，寻求历史与未来的共生、异质文化的共生、部分与整体的共生、内部与外部的共生、理性与感性的共生、宗教与科学的共生、人与技术的共生、人与自然的共生，甚至还包括经济与文化的共生，共生哲学涵盖了社会与生活的各个领域，将城市、建筑与生命原理联系起来。

立体街区——新型集合住宅模式设计

传统街区中街道空间串联起不同的功能区，人们可以自由地在各功能区之间游走穿行。住宅区、生活区、娱乐区之间没有明确的界限，这一点带给人居住的环境感和社区的归属感，以及住户之间的邻里感。

现今城市高层集合住宅大量兴起，但却有越来越多的人开始怀念传统街区带给人的居住环境感与归属感。

本课题希望将"街道"的理念引入建筑。在集合住宅中加入其他公共功能，用"街道"将其相连，共同为使用者提供一个"居住的环境"，将传统只可在平面上展开的街区模式应用到大型集合住宅设计中，形成一个集多种功能于一体的"立体街区"。

通过对一个虚拟模型 A 的设计来探求立体街区体系实现可能性以及所面临的问题，最终形成立体街区原型 A 的系统模型。通过系数变化产生出 B、C、D。进而通过 ABCD 之间比例和组合方式的不同来适应各种基地的需求，探寻立体街区理念。

立体街区
——新型集合住宅模式设计

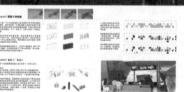

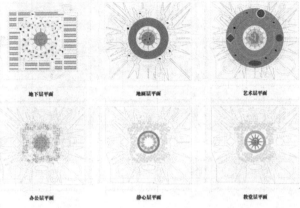

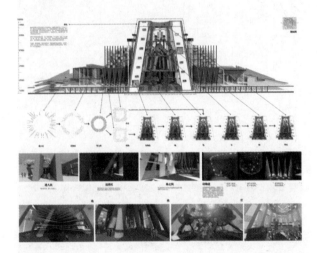

一座山一座城——CBD 核心区的愈场

以一座山来安慰一座城。如同曼陀罗的模式，营造诗歌意境中的空间。以一种山的稳重与平静的气质，平抚繁忙的国贸人的内心。

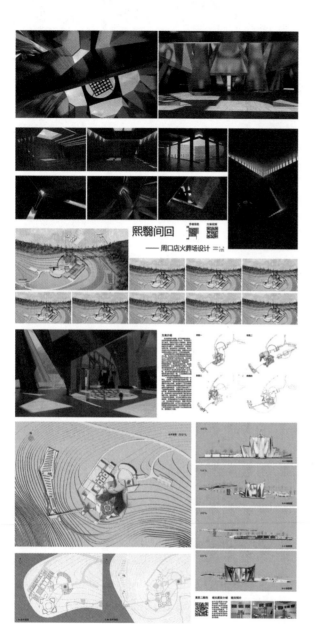

熙翳间回——周口店火葬场设计

　　通过光影在空间中的变幻，营造出非凡的时空感受。为悼念亲友的人们提供一种非常态的环境氛围。通过空间感受的艺术处理，安慰那些因亲友离世而悲伤的心灵。